电力安全工器具
预防性试验实验室建设

张劢　许蔚　顾燕苏 等　编著

中国电力出版社
CHINA ELECTRIC POWER PRESS

内 容 提 要

电力安全工器具是电力行业在基建、运行、检修、维护等工作过程中必备的专用工器具，其主要作用是：保护一线员工的生命安全；保护现场设备的安全，防止事件或事故的发生，保证电力设备高效、安全、可靠地运行。为保证电力安全工器具的合格可用，确保在使用时能充分发挥其对于作业员工和设备的安全保护作用，电力安全工器具的全寿命周期管理尤为关键。在电力安全工器具进入电力企业后，还应坚持执行预防性试验制度，加强和规范预防性试验工作，确保在生产一线使用的工器具的安全可靠。为此，编著者们根据 DL/T 1476—2015《电力安全工器具预防性试验规程》中的规定、针对 25 大类电力安全工器具的预试，编写了《电力安全工器具预防性试验实验室建设》一书。

本书详细介绍了预试实验室建设所需的厂房条件、试验装置（设备）要求和试验方法等，分别包括概述、电力安全工器具管理现状、电力安全工器具预试实验室建设基本要求、电气预试实验室试验装置及其布置、力学预试实验室试验装置及其布置、电力安全工器具预防性试验项目及方法、电力安全工器具预试实验室验收和电力安全工器具预试实验室资质 8 章内容。

本书可供从事电力安全生产管理与工器具实验人员使用，也可供从事电力行业基建、运行、检修相关工作的人员学习参考。

图书在版编目（CIP）数据

电力安全工器具预防性试验实验室建设/张劢等编著. —北京：中国电力出版社，2021.7
ISBN 978-7-5198-5634-2

Ⅰ. ①电… Ⅱ. ①张… Ⅲ. ①电力设备–安全设备–电工试验–实验室管理 Ⅳ. ①TM7-33

中国版本图书馆 CIP 数据核字（2021）第 086654 号

出版发行：中国电力出版社
地　　址：北京市东城区北京站西街 19 号（邮政编码 100005）
网　　址：http://www.cepp.sgcc.com.cn
责任编辑：邓慧都（010-63412636）
责任校对：黄　蓓　常燕昆
装帧设计：张俊霞
责任印制：石　雷

印　　刷：三河市万龙印装有限公司
版　　次：2021 年 7 月第一版
印　　次：2021 年 7 月北京第一次印刷
开　　本：880 毫米×1230 毫米　32 开本
印　　张：14.125
字　　数：329 千字
印　　数：0001—3500 册
定　　价：72.00 元

前　言

安全是一个永恒的主题，它是人类最重要、最基本的要求。安全生产既是人们生命健康的保障，也是企业生存与发展的基础，更是社会稳定和经济发展的前提条件。而在电力行业，由于其发、供、用同时进行的特殊性以及高风险性，因此也就决定了其更需要安全生产。如果一个电厂经常发生事故，就不可能保证稳定地发电、充分地利用设备资源，这将直接影响电厂的经济效益。对于电建、输电、变电运行、配电供电等电力企业来说，同样也必须保证均处于安全运行状态，才能保证电力系统的整体安全，才能有效发挥电力在国民经济中的先导作用。

电力安全工器具是电力行业在基建、运行、检修、维护等工作过程中必备的专用工器具，其主要作用是：保护一线员工的生命安全；保护现场设备的安全，防止事件或事故的发生，保证电力设备高效、安全、可靠地运行。

为保证电力安全工器具的合格可用，确保在使用时能充分发挥其对于作业员工和设备的安全保护作用，电力安全工器具的全寿命周期管理尤为关键。电力安全工器具的全寿命周期管理主要包括生产、采购、验收、使用、预防性试验（简称预试）、保存、报废等环节，而生产、使用、保存、定期预试是全寿命周期管理链条中的重要环节。

鉴于目前电力安全工器具生产企业在人员结构、技术力量、生产条件与能力、生产流程与质量检验保障等方面实际存在着诸多不规范的现状，作为电力安全工器具的终端用户，电力行业必须对此有着清晰的认识，必须突出强调把好优选采购、规范入库、验收测试等入门关。在产品进入电力企业后，还应坚持执行对设备、装置的预试制度，加强和规范电力安全工器具的预试工作，确保在生产一线使用的工器具的安全可靠。为此，笔者根据 DL/T 1476—2015《电力安全工器具预防性试验规程》中的规定，针对 25 大类电力安全工器具的预试，详细介绍了预试实验室（包括电气实验室和力学实验室）建设所需的厂房条件、试验装置（设备）要求等；同时，还结合和依据相关标准中规定的预试要求，针对各类电力安全工器具的预试周期、预试项目和方法等进行了探讨，并提出了切实可行的建议。

本书共分 8 章：第 1 章简要介绍了电力安全工器具的定义、分类及其作用（由许蔚执笔）；第 2 章根据实际调研情况，客观说明了电力安全工器具的生产、采购、预试等的现状，强调了确保电力安全工器具合格可用的关键环节（由张劢执笔）；第 3 章介绍了电力安全工器具预试实验室建设的基本要求（由张劢、许蔚执笔）；第 4 章、第 5 章分别列举了电气预试实验室和力学预试实验室中必备的一些典型的试验装置（设备）（由张劢、顾燕苏、王春胜、宗晓茜、姚旭东、华伟跃、吴俊杰、许蔚、毛强、夏涛、路利军执笔，邸耀卿、付斌就图例等提出意见）；第

6 章根据 DL/T 1476—2015 等相关标准，针对 25 大类电力安全工器具的预试周期、项目及方法提出了建议（由张劢、顾燕苏、路利军、宗晓茜、姚旭东、吴俊杰、毛强、陈许议执笔，路利军、邸耀卿、付斌就图例等提出意见）；第 7 章阐明了预试实验室验收的相关要求和过程（由张劢、路利军、许蔚、马丛淦、姚旭东、王春胜执笔）；第 8 章简要介绍了电力安全工器具资质认证情况（由许蔚、顾燕苏执笔）。全书由许蔚统稿。本书编写过程中，得到著名电力安全专家戴克铭先生的悉心指导和鼎力帮助，为此，编著者致以特别鸣谢和深深的敬意。

为便于开展电力安全工器具的预试工作，本书根据现行 DL/T 1476—2015，结合实际拍摄了预试短视频，并采用二维码方式分别附于第 6 章每一项试验项目起始处。短视频的试验方法与书中描述可能有所不同，但执行标准、试验要求与目的完全一致。读者可以通过扫描二维码获得短视频实时观看和学习，使试验工作更加规范和正确。短视频摄制者为：邸耀卿、于谦、王维信、戈文文、胡佳康、李建松、高光辉、陈剑峰、李伟、刘振松。

我们希望，本书能对电力行业电力安全工器具的预试工作提供一定的参考与借鉴。同时，热切希望业内同行就电力安全工器具的试验进行共同探讨，为电力行业的安全生产添砖加瓦。

在本书的编写过程中，我们得到了电力工业电力安全工器具质量监督检验测试中心、国网北京市电力公司、国网杭州市供电公司、国网福建省电力有限公司、国网重庆市电力公司、国网四川省电力公司、霍尼韦尔安全防护设备（上海）有限公司、杭州紫阳电气安全设备厂、保定市汇邦电气有限公司、河北惠科电力安全工器具检测服务有限公司、广州市恒力检测股份有限公司、乐清市华东安全防护器材厂、常州新兰陵电力辅助设备有限公司、凯比特安全设备（上海）有限公司等单位的鼎力支持，在此表示衷心的感谢。

编写本书的过程，也是我们不断学习的过程，受知识、经验所限，书中难免存在错误和不妥之处，诚恳地希望广大读者和同行们批评指正。

编　者

2020 年 11 月

目　　录

1 概　　述

1.1　电力安全工器具定义

根据《中华人民共和国安全生产法》和国家安全生产监督管理总局（其职责现已被整合划归至2018年3月新设立的国家应急管理部）于2015年12月颁布的《用人单位劳动防护用品管理规范》等法律法规的相关规定，为保证员工在生产活动中的人身安全，“生产经营单位必须为从业人员提供符合国家标准或者行业标准的劳动防护用品，并监督、教育从业人员按照使用规则佩戴、使用”。

电力安全工器具的配置与使用是贯彻落实国家安全生产防护要求的重要一环。

本书所称“电力安全工器具”是指为防止触电、灼伤、坠落、摔跌等事故，保障工作人员人身安全的各种专用工具和器具。

近年来，安全警示围栏、安全标识牌、安全警示桩等也逐渐被列入其中。在电力生产过程中进行勘察、基建、安装、调试（试验）、操作和检修等作业时，都应当根据不同的作业场所、电压等级、作业内容、所涉工种等规定，按对应的要求正确使用相应的电力安全工器具。

通常来说，广义的电力安全工器具可分为带电作业用电力安全工器具、常用电力安全工器具和警示类器具三大类。由于带电作业用电力安全工器具属于特殊用途的安全工器具，其性能、生产、引用标准、使用环境、试验及保管等均有特殊要求，故按惯例常单列为“带电作业用电力安全工器具及其使用、试验、管理系列”。而且，带电作业用电力安全工器具在进行预防性试验（以下简称预试）时，执行的标准为DL/T 976—2017《带电作业工具、装置和设备预防性试验规程》。在实验室进行预试时，不仅是试验方法、电压电流等级、配备的试验设备等与常用电力安全工器具存在较大的差异，而且试验参数与技术条件等也完全不同，因此，带电作业用电力安全工器具的预试实验室一般不与常用电力安全工器具预试实验室设置在同一厂房，以避免发生混淆，埋下安全隐患。由于带电作业用电力安全工器具一般均在涉电作业场所使用，其对电气性能要求较高，因此，在预试工作中通常的做法是：在其外观检查得到认可的前提下，先进行涉及机械力学等方面的试验，待力学试验合格后再在电气实验室进行电气方面的相关试验；在进行完规定的各项试验后，根据试验取得的数据，依据标准规定的数据区间参考值要求来判断试品合格与否，有的还要根据一定的计算方法计算、或进行参数比对等工作，最后方能确认带电作业用电力安全工器具的性能合格与否。

据此，带电作业用电力安全工器具不与常规使用的普通型电力安全工器具混列。通常被称为“电力安全工器具”的是指常规用于不带电作业场所的普通型电力安全工器具，而将带电作业用电力安全工器具在称谓前冠以“带电作业用”字样，以示区别。这样的区分方法在相关的诸多标准中已经得到充分的体现。本书以下所称“电力安全工器具”均是指经常使用于不带电作业场所的普通型电力安全工器具。

电力安全工器具按用途性质可分为绝缘安全工器具、一般防护安全工器具和安全警示类器具。本书主要阐述为满足电力安全工器具的定期预试工作而建设的电力安全工器具的预试专用实验室必须具备的厂房、设备、装置等软、硬件基本条件，以及探讨电力安全工器具预试工作开展的方法与要求等内容。由于安全警示类器具通常仅要求对其进行随时抽查和定期检查外观，一经发现破损或字迹模糊等缺陷必须即刻更换，故无需对其进行预试。对安全警示类器具不作阐述和深入研究，仅针对绝缘安全工器具和一般防护安全工器具这两大类进行阐述。

绝缘安全工器具又分为基本绝缘安全工器具和辅助型绝缘安全工器具，一般防护安全工器具又分为个人安全防护器具和共用类安全防护器具。

基本绝缘安全工器具是指能直接操作带电设备、接触或可能接触带电体而不会造成作业人员触电的电力安全工器具。辅助绝缘安全工器具是指其绝缘强度不能承受设备或线路的工作电压，仅用于加强基本绝缘安全工器具的保安作用，以防止接触电压、跨步电压、泄漏电流、电弧等可能对作业人员造成伤害的电力安全工器具。此类电力安全工器具虽然是辅助类工器具，但是在电力生产过程中起着重要的作用，同时也极易由此引发各类事故，因此，对此类电力安全工器具的正确认识、选购、使用、保管等都必须给予高度重视。

一般防护安全工器具是指防止作业人员在作业过程中发生事故的电力安全工器具，或一旦发生事故时，可以减轻事故对作业人员伤害程度的电力安全工器具。这类器具大量的是用于个人或公共安全防护措施（或称之为再保护）的必备用品，因此可以分为个人安全防护和公共防护两大类。其中，占大多数的是针对个人进行安全防护的器具，国际上通称为 PPE（Personal Protective Equipment）。

PPE 涉及的范围十分广泛，可以说，涵盖了各行各业，也有多种分类方法。可以按人的生理部位划分，比如头部防护、面部防护、眼部防护、呼吸器官防护、耳部防护、手足部防护、躯体防护等；可以按器具使用的材料划分，比如面纱棉布制品、丝绸呢绒制品、皮革制品、橡胶或合成橡胶制品、五金制品等；按用途划分，可分为通用类防护用品（也称一般防护用品），专用防护用品（也称特种防护用品）等；按使用性质分，可划分为防尘用品，防毒用品，防酸、防碱和防油用品，防高温、防热辐射用品，防水用品，高空作业用品，防噪声用品，防冲击用品，防放射性用品，涉水作业用品，防微波和防激光辐射用品，绝缘用防触电用品，防机械伤害和防脏污（主要指防刺、割、绞、碾、磨损及脏污等）用品，防寒用品等。

由于专业的 PPE 在实际使用中较为复杂，且更多的是突出人的生理保护要求，而非针对作业环境，但在电力系统中，作业范围宽广，作业环境林林总总且差异性较大，因此必须根据不同的客观环境（尤其是面对较为恶劣的环境条件时）来配备有针对性的安全防护器具。由此可见，电力行业主要是依据特定的防护要求和环境条件来配备电力安全工器具，而非其他行业笼统地按照某种条件或要求进行配备。

对于一般防护安全工器具，电力行业主要从用途上进行划分，且除了 PPE 以外，还根据电力系统的作业特点添加使用了一些其他（包括公共防护类的）安全工器具。

现在，有些单位将一些与安全有关的设备、装置、器具、工具等列入电力安全工器具，甚至将一些小型机具、劳动工具等都列入电力安全工器具，严格来讲，这样做混淆了电力安全工器具的定义，因为以上这些装置、工器具等从根本意义上与前述的电力安全工器具有着本质的区别。比如，有些单位将钢丝绳、线路作业用扒杆、紧线工具等列入电力安全工器具，这显然是不妥当的；还有些单位将正压式空气呼吸器等列入电力安全工器具，从某种意义上讲，列入本身并没有太大的歧义，但是，由于正压式空气呼吸器已被明确是属于公安消防系统归口管理和检测的专用防护器具，并且有相关文件强制规定其预试和定期检查必须由公安消防系统进行，因此也就不在电力安全工器具范畴之内。同样，SF_6 气体检测仪、氧量测试仪属于由国家质量监督检验检疫总局（其职责现已被整合划归至 2018 年 3 月新设立的国家市场监督管理总局）下辖的各地级质检部门实验室进行定期试验和校准的专用仪器，也不在电力安全工器具预试范围内。另外，液压或电动工具等也不能列入电力安全工器具。诸如此类还有很多，这里不再一一列举。

总之，电力安全工器具的范围较广，而 DL/T 1476—2015《电力安全工器具预防性试验规程》仅对较为重要且应加强定期预试的种类做了基本的划定，针对划定的 25 大类电力安全工器具进行定期预试，应该能够保证电力生产一线作业过程中的电力安全工器具使用安全。对于一些具有特定意义的小型机具、通用劳动工具的预试（如有必要或要求）工作，可以在电力安全工器具预试专用实验室条件许可的情况下，设置或安装相应的试验设备进行预试，也允许在条件许可的情况下借用电力安全工器具预试设备或装置进行试验，但其概念和意义、要求都必须与电力安全工器具明确区分开来。本书将重点围绕 DL/T 1476—2015 划定的 25 大类电力安全工器具进行阐述。

1.2 电力安全工器具种类

依据 DL/T 1476—2015 所列，电力行业涉及和实际使用的电力安全工器具的品种主要有：属于个体防护装备的安全帽、安全带、安全绳、速差自控器、自锁器、缓冲器、导电鞋、个人保安线；属于基本绝缘安全工器具的绝缘杆、携带型短路接地线、电容型验电器、核相器、绝缘罩、绝缘隔板、绝缘绳、绝缘夹钳；属于辅助绝缘安全工器具的辅助型绝缘手套、辅助型绝缘靴（鞋）、辅助型绝缘胶垫；属于登高工器具的登杆脚扣、登高板、硬梯（含竹梯、木梯、铝合金梯、复合材料梯及梯凳）、软梯、快装脚手架、检修平台（含高空组合平台）。

另外，还有一些工器具也列入了电力安全工器具系列，但不在 DL/T 1476—2015 范围内。如防静电服（静电感应防护服）、防电弧服及配套装具、安全防护目镜、过滤式防毒面具、正压式空气呼吸器、SF_6气体检测仪、氧量测试仪、耐酸手套、耐酸服、耐酸靴等。其中，有一些工器具无需进行预试工作，或受条件限制暂时无法对其进行预试工作；还有一些工器具，国家对于从事其试验工作的单位和资质另有规定，或直接指定由相关部门机构承担其试验工作。

还有一些是近年来被列入的、无需进行预试的安全警示类工器具，如警示标识牌等。这类警示标识牌是警示类器具的统称，包括安全围栏（网）和标识牌两大类。其中，安全围栏（网）包括用各种材料做成的安全围栏、安全围网和红布幔。而标识牌则包括各种安全标识牌、设备标识牌、锥形交通标、警示带等。

1.3 电力安全工器具在生产中的作用

现代工业化生产实质上是现代机器设备在充分采用最新科技成果条件下进行的工业生产活动，由此生产出无数传统产品，也每时每刻创造出完全崭新的产品，每天都在刷新各种各样的记录，改变着传统的思维观念和生活、生产方式，甚至改变着人们固有的观念。但是万变不离其宗，无论现代工业如何飞速发展，最基本的观念、理念、手段、方法等都依旧无法脱离。

虽然电力安全工器具在社会上从不同的角度和需求出发存在着许多种说法，但究其本质，电力安全工器具的存在与应用主要还是应该围绕是否能够保护一线作业人员的生命安全与电力设备的可靠运行这一特定范畴，其最终目的就是在现代科技大机器生产活动中保护现场人员的人身和生命安全。

任何涉及安全的工器具，其研发、生产、使用都是以生产现场的保护需要为出发点，以科技发展的应用为基础，依据安全工程学、人体工程学和人因工程学这三门涉及安全的最基本理论，结合各行各业的客观实际，设计出针对不同防护部位、具有种种安全防护功能、防护作用的器具或装具，是对这三门学科综合利用的结果。电力安全工器具是安全工器具的一个分支，是针对电力行业特点，结合电力生产的现场实际而研发的专属电力行业的一个安全工器具体系，其中既有通用类的，也有专门针对电力生产实际的，综合起来形成一整套电力安全工器具体系，并随着科技的不断进步，新的电力安全工器具会不断涌现，老的电力安全工器具会不断升级换代。随着电力安全工器具标准规范的不断建立、更新与完善，各种电力安全工器具的管理也日益规范与严格，就标准体系而言，正在逐步形成一个完整的电力安全工器具标准规范体系，该体系的建立与完善为保证电力生产一线的安全起到了不可替代的重要作用。

电力系统是一个集发、输、供、用全产业链为一体且同时发生的特殊行业，也是一个集高科技广泛应用、高端人才集中密集、高风险时时存在、社会责任重大而必须严格管控的特殊行业。基于这些特点，电力系统的发、输、供、用全产业链有着严密的设备、人员的安全防护与保护体系，有严格的规划、设计、基建、运行、检修等安全管理的规章制度。遵照国家和行业管理部门的安全管理理念与要求，遵循安全工程的客观规律，为确保避免和减轻减少可能的各类安全事件与事故，电力系统从“以人为本”的人性化安全管理理念出发，以“安全第一，预防为主，综合治理”的安全管理宗旨为中心，为一线员工的人身与生命安全提供尽可能可靠、安全的技术防护，为安全生产服务。电力系统紧紧围绕着“保人身、保设备、保电网”安全保护要求，建立了一整套较为严密的安全防护体系，而电力安全工器具是该体系中的一个重要组成部分，也是电力系统为一线员工提供的可靠保护之一，因此，电力安全工器具的配备是否到位，遴选是否适用，使用是否正确，存放是否规范，质量是否可靠等就显得至关重要。

由于专业的差异性、认知的局限性以及电力安全工器具应用上的特定性，作为终端用户的电力部门，要求所有电力企业员工对各类电力安全工器具均具有十分清晰的认识，是存在一定困难的，也是不现实的。

电力行业严格执行国家对于员工安全防护的规定，从实际工作出发，普遍采购、配备、使用各种所需电力安全工器具。根据不完全统计，一般一个地市级供电单位配置的各类各用途、各电压等级、规格型号等电力安全工器具最少的达 8 万件左右，极少数供电单位达到20余万件之巨，甚至更多。在全国范围内，电力行业的基建、发电、供电等主要电力建造、生产运行集合而计，涉及的电力安全工器具数量之多简直就是天文数字。而在实际生产活动中，只要有作业，必然使用到电力安全工器具，区别仅仅在于使用的电力安全工器具需要根据施工（作业）的内容不同而不同。仅从使用频次方面而言，电力安全工器具的使用频次在所有工具、仪器仪表、防护器具等中是最高的，用量也是最大的，也是最直接用于保护作业人员的。比如，安全帽几乎人人一顶，接地线、绝缘杆则近乎有操作就必用此类电力安全工器具。电力安全工器具是为了保护现场一线员工作业安全而配备的，从某种意义上讲，是一线员工的最后一道安全防线。正因为如此，电力行业在《电力安全工作规程》等多个生产标准、规程、规范及对应的管理规定等文件中突出强调：为了保证一线员工的人身安全和电力设备、装置的完好性、可靠性，要求在使用电力安全工器具时，必须使用合格可用的电力安全工器具。

所谓合格可用，不仅仅是电力安全工器具上有合格标签，更重要的是各一线使用单位还必须建有电力安全工器具的使用与试验记录，并且在相关台账中明确地反映出来。虽然大量高新技术不断在电力行业广泛应用，但是就电力安全工器具而言，目前电力安全工器具的台账等资料可能还有手工形成的，还存在较大的漏洞，未达到本质安全要求的闭环式管理的模式，也就有可能因管理不到位而形成缺失或不足。遗漏的电力安全工器具安全隐患就为酿成事故埋下了前提条件，一旦条件成熟，引发事故也就成为必然。

随着认识的不断提高和科学技术的快速发展，电力行业普遍使用的网络技术、数据传输技术和电子自动化技术等，使得电力安全工器具使用管理的技术应用成为可能，电力行业的各相关单位也积极地将新技术广泛运用于电力生产的各个方面。电力安全工器具的数字化远程应用管理也已提到议事日程，估计在近几年内会有实质性突破，电力安全工器具的使用记录和试验档案、管理台账等都将电子化，这就从根本上可以有效避免某些不法生产企业的违法造假行为，也促使电力安全工器具的管理与使用更加规范，也就能保证使用单位在电力安全工器具使用寿期内严格按照 DL/T 1476—2015 的要求对电力安全工器具定期进行预试，继而保证电力安全工器具合格可用，达到保证安全生产的目的。

2 电力安全工器具管理现状

要实现电力安全工器具的有效管理，就要了解其从生产、采购、验收、使用、预试、保存直至报废的全过程。只有全面了解这一过程，并根据实际情况分门别类加以分析，方能认清电力安全工器具存在的问题，进而针对存在的问题研究和探讨对应的解决方法，也便于深入领会电力安全工器具预试工作的重要性，以严格管理为出发点，编制各种相应的制度和规范，继而正确地对待、理解和认真执行电力安全工器具预试工作，并且进一步强化电力安全工器具的全周期寿命管理，以切实保证在用电力安全工器具的安全可靠性。

电力安全工器具从生产到报废的全寿命周期中主要包括生产、采购、验收、使用、预试、保存、报废等环节。而生产、使用、保存、定期预试是全周期寿命管理链条中的重要环节。

完整的电力安全工器具全周期寿命管理应该从工器具产品的生产环节抓起。产品生产与销售的流程主要包括原料的采购与验收、图纸设计、生产加工工艺编制与执行、产品加工、阶段性检验、零部件与成品组装、成品检验、成品抽样试验、产品库存、产品运输等过程。电力安全工器具生产企业应在有条件的情况下或逐步创造条件，以保证产品安全可靠为前提，编制严格、有效、规范的管理方法，保证所生产的产品符合对应标准与设计要求，符合电力行业现场使用需要。电力行业可以要求电力安全工器具产品生产企业提供相关的原材料规格型号、基本加工方法及工艺、产品参数、合格证书、使用与保存要求及方法等资料，以此作为电力安全工器具全周期寿命管理的基础数据。就目前而言，我国绝大多数电力安全工器具生产企业的规模、规范等都存在较大、较多的不足，要做到提供原始数据尚有较大的难度，还有大量的工作要做，因此，需要产品生产企业和电力行业用户积极进行沟通，产品生产企业还需要从多方面进行改进，改变目前大量存在的落后生产方式，广招人才，增加技术开发力量，加大经济投入，尽可能利用新技术、新工艺、新材料，更新产品生产设备，以数字化为基础，提高自动化程度，进而提高产品性能、质量，研发更加先进的新产品。

电力行业用户使用电力安全工器具是以安全生产的基本要求为出发点的，就此而言，电力企业用户是电力安全工器具的终端用户，这也就决定了电力行业用户是电力安全工器具全周期寿命管理中最重要的一环。

电力行业用户判断安全工器具优劣的主要依据是其符合相关标准、满足现场安全防护要求、取得较为满意的性能、相对经济技术分析指标较为符合电力行业的实际等。而进行这些评判的主要依据就是对每一类、每一规格型号的电力安全工器具进行全寿命周期的综合评估。因此，实行电力安全工器具的全周期寿命管理就必然采用闭环方式，对于电力行业用户来说，就是从采购到报废的全过程都必须严格按照编制的相关管理规定执行。

2.1　电力安全工器具生产基本情况

本书将从电力安全工器具生产企业的基本情况，电力安全工器具生产过程的基本情况，电力安全工器具产品研发与销售、技术支持、技术服务的基本情况等几方面来详细介绍目前我国电力安全工器具生产的现状。

2.1.1 生产企业基本情况

由于电力安全工器具产品总体技术含量较低，准入制度不严（基本没有门槛），标准尚未形成体系，相对来说，生产条件、设备、工艺等要求都不高，而电力安全工器具的品种、规格型号又较多，因此，目前我国电力安全工器具生产企业众多，全国范围内的生产企业应该有几千家。而全行业中，大型且成规模的生产企业基本没有（个别外资企业除外），中型企业也仅有少数几家，总体还是以小型企业为主，甚至还存在一定数量的作坊式企业。社会上还游离一定数量的无厂房、无产品、无生产人员的“三无企业”，这些乱象严重威胁着电力行业的生产安全。

通常，电力行业用户见到的电力安全工器具产品说明书或者生产企业介绍有很多，且印制精美，产品种类和规格涵盖了电力安全工器具的大多数甚至是所有产品。这些生产企业大部分确实是生产实体，但其产品宣传手册所列的产品却不一定都是其自己生产的，其中的部分产品是其他生产企业的产品，以上生产企业在这些产品上贴了自己的标牌后冒充自身产品，生产企业对此类相互交换产品的做法称为“串货”。为了以最少的投入、最快的时间达到投标的要求，提高中标可能性，生产企业采取“串货”的做法来应付“大单式”招投标。从社会发展和进步角度来说，通常应该是社会越进步，社会分工越精细，则对应生产企业所生产的产品越单一，也就越专业，产品越做越精细，质量才越有保障。生产企业为了自身的生存和利益，尤其是出于经济利益的考虑，采用生产企业之间的“串货”方式来应对目前某些电力企业的不合理招投标方式，是不负责任之举。究其实质，“串货”的做法为电力行业的安全生产在安全工器具采购环节埋下了可怕的安全隐患。

总之，目前我国电力安全工器具市场上无主导品牌，产品质量参差不齐，电力安全工器具产品的可靠性十分脆弱。

2.1.2 生产过程基本情况

按照国家对于产品责任的规定，依据正规生产和质量管控的 ISO 标准系列要求，任何生产企业都必须建立健全相应的质量控制与保证体系，保证从原材料采购到产品生产、阶段检验、成品检验到库存保管，产品销售到售后服务与售后技术支持、技术服务等一条龙的产品终身责任与服务过程。

然而，我国实际的电力安全工器具产品生产过程中，现状不容乐观。基于上述生产企业的基本情况，通常正规的电力安全工器具生产企业都应取得经国家质检部门（现国家市场监管部门）认可和颁发的产品保证体系资格证书（即 ISO9000 或该系列证书），但是实际上，稍稍深入到生产企业了解就可发现，ISO9000 系列证书只不过是生产企业为满足生产许可的一个“护身符”“挡箭牌”，实际生产过程中，目前较正规的电力安全工器具生产企业（剔除作坊式、家庭式“公司”和“三无”“影子”公司）在生产原材料选用、采购及采购入库检验，加工制造方法与工艺，制造过程质量阶段试验与检验，半成品与成品试验与检验，产品保存与运输规范等环节普遍存在着一系列问题。

为了适应目前普遍存在的招投标不规范或不合理状态，生产企业利用了电力行业普遍存在的工器具采购单位检验验收手段较弱，对于电力安全工器具适用标准（电力安全工器具自身未形成标准体系）掌握程度较低、理解较浅，电力安全工器具采购工作重点仅从压缩成本角度出发而更多地侧重于低价或较低价采购电力安全工器具，较为缺乏对电力安全工器具的综合评估与分析，较少考量电力安全工器具的质量、售后技术支持与技术服务等弱点。电力企业通常对于事先已经入围的电力安全工器具生产企业不做实地考察，采购的主要依据就是电力安全工器具生产企业提供的产品宣传手册和对应电力安全工器具的产品合格认证报告。在电力安全工器具招投标过程中，仅从经济角度考虑，这样的采购方式的确降低了电力部门电力安全工器具的采购经费，节约了开支；然而，在产品销售利润空间被严重压缩、各项成本逐年上升、改革开放的人口红利逐年递减的大环境下，为了维持企业的生存和追求利益最大化，电力安全工器具生产企业普遍存在压低成本进行生产的行为，从选用价低质劣的原材料开始，到最后形成最终产品，都有这样那样的不规范行为，可以说，这种不规范贯穿了生产的全过程。

2.1.2.1 使用不符合要求的原材料

基于上述原因，在电力安全工器具生产过程中，使用不符合要求的原材料或价低质劣的原材料的情况屡有发生。比如，在短路接地线生产过程中，为降低生产成本，有个别生产企业甚至选用不符合标准规定的原材料。接地线生产中典型的不合规就是接地铜导线的加工，生产企业未按要求选用符合要求的电解铜棒，而选用劣质电解铜棒。在冷拔拉丝加工过程中，因原材料材质较差，为了能够用于生产接地线，近年经检测认证的接地线电解铜线丝往往冷拔成丝时线径普遍在 0.15～0.21mm，根据产品标准，接地铜导线均必须选用高档电解铜棒（或无氧铜棒），先将电解铜棒经多道冷拔拉制成合格的单根铜丝线，再经并搓、绞合等加工工艺生产出符合标准规定的接地铜导线，继而按产品标准要求加工成不同规格型号的个人保安线或接地线。本书建议以最常用的截面积为 16mm^2 的个人保安线或接地线为例，通常采用单根丝径为 0.08mm（r 为 0.04mm），测试数据积累最佳铜导线的总根数为3200根左右的组成 16mm^2 线径为宜；以 25mm^2 的个人保安线或接地线为例丝径为 0.10mm（r 为 0.05mm），则总根数在 3200 根左右的组成 25mm^2 线径为宜，以此类推。同时不建议选用单根丝径高于 0.15mm 或总根数少于 2000 根的铜导线加工成的个人保安线或接地线。理论和实际都证明单根丝径越细，同单位截面积的电阻值越小，所制出的铜导线安全系数越高；反之铜导线同截面积总根数过低或单根丝径过高将直接导致产品阻值呈几何增长，影响产品质量，尤其是在产品使用一二年后的电阻值迅速增大，安全系数直线下降，甚至导致无法使用。合格的铜导线通过外覆透明、耐高温、柔软的绝缘护套（即硫化软护套），完成接地软导线的加工，待与导线端线夹、接地端子、汇流夹、接地端线夹等部件以及绝缘操作棒（或绝缘线夹）组合而成完整的接地线。由于使用较差的原材料，不可能加工出达到这样细径的冷拔电解铜线丝，一般拉到一定线径即自动断裂。电力工业电力安全工器具质量监督检验检测中心在进行产品认证型式试验时，接地线线径经破拆检测统计，常见的基本上在 0.21mm 左右，是质优接地线单根电解铜线丝的 2～3 倍，致使接地电阻呈几何级的增长，直接影响接地线的性能和接地防护要求（目前已经发现有用杂铜或铜铝合金作为接地线接地导线基材的，其危害更大）。接地线外表面采用透明过塑工艺，以防止使用过程中因拖拽接地线，而使接地线与地面、线杆等摩擦，造成接地线损坏、断股等，降低其安全技术参数，甚至因破口而直接影响正常使用。应该说，这样的工艺对保护接地线是完全有效的。但对于电力行业而言，采购进来的接地线是成根成组的，根本无法对其进行有效检验，只能通过测量其成组直流电阻数值来校验（应该说明的是，接地线成组直流电阻测试所得数据不是接地软铜线的直流电阻，所测得的数据反映的是整组接地线的阻值状况，是通过测试接地线成组直流电阻的方法来判定被试接地线是否合格可用）。实际上，用劣质基材或接地线单根线径为 0.15～0.21mm 加工而成的接地线在新品时，只要工艺管控好，其成组直流电阻数值完全可以合乎标准所规定的技术参数。问题是，一旦这类接地线投入使用，由于其本质的低劣，电力行业尤其是一线使用者根本无法有效判断接地线的优劣，也不可能掌握劣质接地线老化或腐蚀的变化，这种变化曲线只有通过测试才能得到充分的反映，即只有按照标准要求对接地线逐项做试验，方能检验出不合格项。而且，这种入库检验方式对于电力物资部门也是一个沉重的负担，显然这是不现实的。应该指出的是，标准规定的技术参数区间是对产品整个寿命周期内仅允许变化的参数区间，既是对新品的要求，也是对即用品的要求，参数区间涵盖了产品的一定安全技术冗余。因为当接地线使用过一定时间后，其成组短路接地电阻值会呈幂型曲线上升，如果不坚持进行有效的定期检验，就会对一线作业人员构成潜在的安全威胁（这也是必须对电力安全工器具进行定期预试的根本原因）。而作为电力安全工器具产品的第三方认证部门，目前的手段只能做到对生产企业送检的产品严格按照标准的要求进行检验检测，并仅能在产品合格检验报告中强调来样检测合格，要求生产企业严格按照与来样合格试品完全相同的生产材料、生产方法、产品质检进行产品的生产和销售。上面的案例十分典型，必须引起电力行业高度重视。还有更为恶劣的是，有不少采用杂铜生产短路接地线的生产企业，在送样检测时，很可能试验样品是完全按照标准规范正常生产的产品，也可能是用其他企业生产的产品冒充；在取得检测合格报告后，实际产品生产过程中不选用标准规定的电解铜材质，而选用杂铜或铜铝合金材质作为接地线的基础材质，当然，大批量生产销售的就是这类杂铜或铜铝合金产品。以上种种不合规做法均给电力行业的安全生产造成了极大的安全隐患，必须对其给予足够的重视，并采取相应的对策。

另一个典型的案例是安全帽的生产。安全帽可以由多种基材加工而成，市售安全帽主要有编织安全帽（以竹、藤等植物材料为基材）、铝合金安全帽及工程塑料为基材的安全帽，目前电力行业普遍使用工程塑料为基材的安全帽。按照规定，安全帽的帽壳必须是由高强度的工程塑料（通常采用高强度 PVC 粒子）注塑而成，并经冲击、穿刺、挤压等力学试验，有一定的强度要求及老化要求。按照 GB 2811—2007《安全帽》和 GB 2812—2006《安全帽测试方法》及 DL/T 1476—2015 规定，安全帽在自生产日期起的 2.5 年后开始进行预试;安全帽在电力行业各单位使用极为普遍，只要出现场必戴安全帽，是所有电力安全工器具中使用频次最高的。多数电力行业单位坚持按标准要求采购、使用、检测、报废安全帽。因安全帽定期测试是目前唯一一种采用抽检方式进行试验的电力安全工器具，尽管标准要求抽检需从最严酷的使用条件中抽取，但由于“最严酷”较难量化，为减少可能的疏漏，有的单位出于安全的考量和安全帽属于低值消耗品的特点，自行规定安全帽的使用周期为 2～3 年，到期即更换。同样是为了降低成本，争取利益的最大化，一些不良生产企业在使用注塑机进行帽壳注塑的过程中，投料时加入一定数量的废旧塑料，完全破坏了安全帽应有的安全性能。这类夹杂有不合格或不合规塑料的安全帽，其在新品时，完全可以通过型式试验的检测；而当其老化到一定程度就极易出现问题，而电力行业是无法事先了解和掌握其变化规律的，也就必然极易引发事故。由于安全帽在电力行业中的应用极为广泛，只要进入作业现场，就必须正确佩戴安全帽。根据统计，在全部各类事故中，因安全帽引发的事故在所有事故中占比较大。如果电力行业管理部门或使用者稍有疏忽，极易产生严重后果。除此之外，在 DL/T 1476—2015 预试规定中，安全帽是目前唯一采用批次抽检方式进行预试的安全工器具，这就意味着，一旦该批次抽检合格，而恰恰有隐患的安全帽就成了“漏网之鱼”，那么这颗“定时炸弹”就时时悬在安全帽使用者的头上，且使用者根本无从知晓。凡此种种，均是所有管理者、安全监管人员、作业参与人员都绝对不能接受的，也是绝对不能允许的。

2.1.2.2 质量管理形式化，未真正落实到位

在电力安全工器具的生产过程中，虽然大多数正规生产企业都通过了国家 ISO 9000 质量管理体系的认证，但是由于多种原因，在生产实践中，真正按照国家规定严格履行 ISO 9000 系列标准进行质量管控的生产企业少之又少，能够对产品进行成品的最后质量检验已经算是一家“负责任”的企业了，产品上的合格证、相关标签等仅仅是一种形式，犹如格式文本一样，样子好看却没有实质内容。生产企业的这种对产品不负责任的质量管控与质量保证的做法，对于作为终端用户的电力行业而言，无疑又是一大安全隐患。

任何一个产品从设计、原料加工到形成产品的生产过程都要经过若干道工序，按照 ISO 9000 质量管理体系的要求，每一

道工序都应该按照设计图纸编写的生产工艺进行，按工艺要求进行阶段检验检测，并在最终形成产品后必须进行成品的出厂试验与检验。这是保证产品质量最终达到设计要求而必须完成的步骤，也是保证产品合格可用的前提。但是，在电力安全工器具生产企业中，实际的执行情况要比理想状态差之甚远。在前述的某些电力安全工器具生产企业中，从企业的管理者到产品的生产者，对于产品质量的意识和理解普遍都与国家的规定相差太大。企业之所以取得 ISO 9000 系列资质认证，仅仅是因为没有这个资质，企业将无法通过国家质量监管部门的监管，也就无法正常进行生产，无法参与用户单位的招投标，而并非真正按照 ISO 9000 标准的要求来进行产品的质量管理。

实际上，大部分电力安全工器具生产企业没有建立健全一整套质量保证体系，多数生产企业没有专人担任专职质量员等保证产品质量的岗位，没有专门检验测试场所和仪器、设备或装置，没有相应的加工步序验收单，没有阶段测试流程，多数生产企业没有相应产品的试验设备或装置，没有出厂检验流程。有的虽然设置了测试设备或装置，但在实际工作中，没有开展真正意义上的产品出厂试验，或对产品仅做标准要求出厂试验的部分项目，由此极有可能为电力行业采购后的使用埋下安全隐患。

曾经有某电力安全工器具生产企业委托一专业的表面处理厂对其生产的一款登杆脚扣进行淬火及表面处理工序。出于种种考虑，表面处理厂采取了偷工减料的作业方法，未按照规定的工艺要求，即对该产品的淬火应采用均衡同时投入淬火池的方法，而是违反操作规程和工艺要求，把需要进行淬火处理的产品集中装于一筛架进行堆山式的淬火处理。这种方法简单、速度快，但对于产品而言，必然造成淬火不均、产品强度达不到设计要求的后果。未均衡淬火最终导致产品部分淬火不足、部分淬火过硬。淬火不足的，产品强度不够，在使用时产品就可能扭曲变形，无法使用；淬火过度的，产品强度过大，由于刚性过大，在使用中承受的剪切力不符合要求，就容易断裂从而引发事故。某供电公司作业人员在使用此类不合格登杆脚扣进行登杆作业时，就曾发生过脚扣伸缩围杆瞬间横向切断的事件。幸运的是，发生脚扣伸缩围杆横向切断时，作业人员刚刚迈出第一步，距地距离较小，未酿成人员伤害事故，因此称其为事件。经事后对脚扣生产企业的生产过程进行调查后才了解到，因环保要求，目前国家环保部门规定以省为单位集中建设表面处理厂，其目的一是保证表面处理后的残液可以得到有效的无害化处理，以保护环境；二是便于集约化、专业化生产，保证质量和有效监督。因此，表面处理这道工序必须委托专业厂家来承担，电力安全工器具生产企业自身是无法完成该道工序的，也没有能力对此进行质量检测。表面处理工序外委过程中，电力安全工器具生产企业违反 ISO 9000 质量保证系统的要求，没有对外委企业进行驻厂监督和质量认证，被外委的表面处理厂出于降低生产成本的目的，同样也没有严格按照相关质量保证体系的要求严把质量关，致使其生产的脚扣产生严重的质量问题。电力安全工器具在生产过程中的质量管控松懈程度由此可见一斑。

正规的或成规模的电力安全工器具生产企业通常建有或购置有产品的试验设备或装置，然而，其中的大多数却还是没有严格执行原材料质量检验、加工过程的零部件检验、部件组装检验以及产品的成品检验（出厂检验）。少数生产企业即便进行了检验，但为了减少和节约生产成本，也大多流于形式或选择性地进行部分项目的出厂检验。所购置的试验设备或装置仅仅是为了应付相关质量监督部门或生产许可部门的检查。而正因为缺失了重要的质量把关，所生产的电力安全工器具的质量就受到严重的威胁。

对于电力行业用户而言，必须清醒地认识到电力安全工器具产品生产过程中存在的种种不足和缺陷，同时在不可能迅速从根本上改变现状的前提下，必须针对存在的问题和缺陷制定电力行业的相应的质量管控与隐患排除、防范措施。现在最有效的方法和措施应该是：对于即将进入电力行业的安全工器具，严格把好采购时的质量验收关；对于在用的电力安全工器具，坚持按照 DL/T 1476—2015 的要求进行定期预试，排除一切可能引发事故的隐患，把由电力安全工器具引发的事故概率降到最小，从根本上保证一线作业人员的人身与生命安全。

2.1.2.3 产品保存和运输环节存在的问题

除了在生产、质量控制等环节存在着诸多不足之外，电力安全工器具生产企业在产品的厂内保存与产品销售后的出厂运输方面普遍存在一些问题。

由于电力安全工器具的生产企业总体形成规模化生产的不多，产品生产之后的保存条件有限，因此多数生产企业在产品厂内存放时采用集中堆放的方法，存放的环境条件一般以自然环境条件为多（大量的成品集中堆放在成品库的地上，但对于许多产品，尤其是涉电产品（比如绝缘杆等），是不允许直接置于地面的）。这种自然堆放方法简单，但无法满足产品标准所要求的存放要求（依产品不同存放要求有差异），而且这样的存放方法会因未满足对应产品涉及的相关标准存放规定而可能导致产品在存放期间即已经报废而不能使用。对于绝缘鞋（靴）、绝缘手套，最常见的不规范存放与运输的方式主要表现为：未在绝缘鞋（靴）、绝缘手套成品内层扑撒薄层滑石粉，以防止粘连；运输过程中，未分别装置于专用盒（套）内，而是叠摞式运输，严重影响绝缘鞋（靴）、绝缘手套的防护性能。从严格执行标准规定的原则和对电力行业用户负责的态度出发，这些不合格的存放方法必须得到根本改变和避免。

另外一个可能导致产品损坏的因素是运输。在产品运输中，电力安全工器具生产企业通常采用低成本的运输方式。在运输各环节中，首先是使用非电力安全工器具生产人员或临聘人员进行装卸，由于此类人员不懂得电力安全工器具运输的基本要求，因此进行野蛮装卸，导致产品在装卸过程中即已损坏。简单的外观损坏可以通过肉眼观测较容易筛选出来，而隐形的损坏，尤其是“内伤”，筛选就比较困难，有的甚至经过入库测试也未能筛选出来。由于电力行业接收产品一般来说基本归口物资部门管理，而物资部门的相关技术手段较弱，人手较少，几乎不可能对采购的每一件工器具进行仪器设备上的检测入库，因此，这就可能造成不合格产品混入电力行业，从而对电力一线员工的使用构成安全隐患。从严格管理的角度出发，应该在技术规范书和采购合同上都写明生产企业的保存条件和运输技术要求等；同时，强调电力行业自身要加强对采购入库产品的验收工作，并通过制度化使之规范，而物资部门也不能简单地将采购产品未经验收流程而直接要求生产企业按分配清单运送至基层使用单位，防止带有安全隐患的产品对一线员工造成伤害。针对入库验收把好电力安全工器具入口关近年来已经逐步被重视，有些电力企业已设立专门机构，并配备专门人员，开始对新购工器具进行验收测试。对于所有新采购的电力安全工器具，必须先行进行验收测试，只有在测试结果符合招投标合同约定的技术条件、技术要求后，方能在所在单位各部门间分配和分发。

2.1.3 产品研发与技术支持、技术服务的基本情况

当前的电力安全工器具总体技术含量较低，准入门槛不高，基本上是一种劳动密集型生产状态。就企业发展而言，任何一个企业要想有所发展和做强，其人员和资源分配基本上应该是研发、生产、销售“三驾马车”齐头并进，做到研发、生产、销售的阶梯式模式，这样企业才能充满活力。电力安全工器具生产企业的现实情况是：技术力量普遍较为薄弱，技术人员层级不高，研发创新能力严重不足。大多数生产企业的电力安全工器具产品以模仿、抄袭为主，自身没有或基本没有研发人员和研发能力；生产流程基本停留在初级状态，少数单位自动化、数字化技术应用尚在起步阶段，多数单位仍未进入此阶段；生产出来的产品质量管控较差，有的企业甚至没有产品管控。各生产企业基本上最重视的是销售，销售人员在全员分布上相对占比也较大，各稍有规模的生产企业都是全国遍布销售人员。生产环节上，各生产企业一线人员的差异性较大，一方面与生产规模有关，一方面也与生产的产品有关，更重要的是与企业的决策者有着极为重要的关系。基于这样的一种状态，各成规模的生产企业除了产品生产外，基本没有新品研发或产品升级换代的能力，由此，对售后的技术支持和技术服务能力必然较弱。

如前所述，电力安全工器具生产企业为了维持正常的公司运作，大量“串货”。就现实情况看，各生产企业已由原来多品种尽可能自产自销以保证企业的利润开始转变为，自身企业仅生产少数产品，多数产品相互“串货”、贴牌，并以此尽可能地降低生产成本，与相关生产企业形成产品生产、销售同盟，以

保证各企业自身的利润。这种格局的形成实质上严重影响了电力安全工器具的质量，安全隐患的危机四伏，也必然严重影响电力行业的安全生产。

综上所述，电力安全工器具生产企业在人员结构、技术力量、双创能力、生产流程与质量检验保障、厂房条件、设备状况、生产条件与能力、仓储运输、企业管理基础与实际等各方面与现代企业均存在着较大的差距。作为电力安全工器具的终端用户，电力行业必须对此有着清晰和明确的认识，必须突出强调把好优选采购、规范入库、验收测试等入门关。在产品进入电力企业后，应坚持电力行业长期执行的对设备、装置、器材的预试制度，加强和规范工器具的预试工作，确保在生产一线使用的工器具的安全可靠。

2.2 电力安全工器具质量监督与检测检验认证

尽管电力安全工器具品种、规格、型号、生产企业繁多，但目前具有相应资质的、能够对电力安全工器具质量进行检验测试认证、由国家质检总局（现国家市场监督管理总局）委托中国电科院监管的国家级电力安全工器具专业认证单位只有“电力工业电力安全工器具质量监督检验测试中心”。近年，国家电网公司浙江省电力公司建设，由质检系统相应部门审核并颁发国家认证资质的浙江省电力公司下属的“国家电力器材产品安全性能质量监督检验中心”也已取得国家级电力安全工器具检验测试专业认证资质。

除此之外，省级的检验检测单位由各省质检认证部门颁发对应的省级证书（仅允许国家级质检部门颁发国家级证书，省级质检部门颁发省级证书），比如国网浙江省电力公司下属嘉兴供电公司的三产“嘉兴市恒光电力建设有限责任公司安大安全工器具检测中心”、广州恒力安全检测技术有限公司以及其他一些具有省级质检部门颁发省级认证资质的单位等。取得认证资质的区别在于颁发认证证书的单位不同，国家级的检测中心允许在全国范围内开展对电力安全工器具的相应认证（依据资质证书附件的规定，可以分别开展型式试验、预防性试验、阶段试验，也可以同时开展上述几项试验认证等），而具有省级资质的检测单位仅允许在资质颁发的相应省级区域内开展相应检测业务。目前，由于检测市场尚在逐步形成过程中，参与检测业务的试验委托方和进行检测的检验检测方对此要求与其中的区别尚不完全了解，还有待进一步梳理与理顺。当前，作为检测委托方的电力行业，亟需了解与掌握以上相关规定，以防止某些不法或诚信度较差的检测单位钻空子。已经发现有少数有资质的检测单位为了经济利益有意对委托检验的电力企业隐瞒其资质的性质及适用范围。因此，建议电力行业在委托第三方进行相关试验时，在正式委托前必须详尽地了解该测试单位的具体情况，到实验室现场实地勘察，查看资质证书（包括资质证书的有效时间，资质证书附表所列允许进行测试的依据、项目、电压等级等），只有在其附表所列项目中的方可委托其进行相应测试。查看测试单位取得资质时，在相应质检部门登记的内审员证书至少有 2 人，且在有效期内，另外还需查看试验员证及其持证有效期，被批准颁发资质证书的测试单位的程序文件和质量手册等。

所有取得资质的检测单位在得到国家或省级质检部门颁发的认证资质证书时，同时在证书后均有附件，附件中明确标明该认证资质证书中所认定的认证范围以及认证依据的标准等，凡未在附表中列入的测试种类和测试依据均不得开展测试工作。

从产品质量监督检验认证检测的实际出发，目前已持有认证资质的检测认证机构在检测能力和人员安排等方面均只能对电力安全工器具产品生产企业送检的样品进行型式试验，而没有时间、精力再对生产企业进行入库随机抽检。本着对产品生产企业负责和对电力行业使用单位负责的一致性，为保证生产企业销售的产品和进行型式试验合格的产品能达到基本一致，在“电力工业电力安全工器具质量监督检验测试中心”出具的相应的检测报告中均注明测试认证单位仅对来样提供证明，且要求产品生产企业在生产与合格报告同样产品时，必须保证所生产、销售、运输等环节的产品与送样认证合格的产品采用同样的材料、同样的工艺、同样的生产流程、同样的质量检验方法、同样的包装运输手段等，方能运用对应的检测报告。同时，还要求生产企业按照 ISO 9000 质量管理体系文件的规定，提供对应的检测检验与质量检验保证文书。

现持有国家级证书的“电力工业电力安全工器具质量监督检验测试中心”等资质持有单位虽然挂有“质量监督”的字样，由于上述原因不可能对电力安全工器具质量进行有效的监督，目前的产品质量状态仍然处于“良心”工程，产品质量只能依据生产企业对其产品质量认知与重视程度来保证。鉴于此，建议电力行业在购置电力安全工器具时，通过“三公”原则上的招投标，同时建议必要时应对中标企业采用“飞行”考察的方法，突袭实地考察生产企业的生产情况，做到对所购电力安全工器具质量有清晰的了解，以保证所购产品符合招投标要求。

资质认证单位由于多种原因只能对送样进行型式试验，通过型式试验的产品则颁发型式试验的试验报告，生产企业则凭借试验报告对电力行业销售其对应的产品。但是，在实际购销活动中，仍存在很多不尽如人意之处。最典型的就是一部分生产企业购买正规生产企业生产的电力安全工器具，通过“贴牌”的方式冒充其产品送检试样，在通过型式试验并取得合格试验报告后，对电力行业实际销售的产品就是采用与送检样品完全不同的材料、工艺、方法生产出来的产品，其质量也就无法得到保证，给电力行业带来极大的安全隐患和事故威胁。引发事故之后，产品销售或造假者往往用一个简单的假冒伪劣来充当“挡箭牌”，认为当地政府税务部门和市场监管部门已经对其进行经济处罚，属于违规。殊不知，事故对于电力行业的伤害不仅仅是金钱、生命与鲜血，还有人伦、社会影响与社会责任，这里既有有形的损失与悲痛，更多的是无形的心理压力，绝不是经济处罚和违规处罚那么简单。电力行业已经不乏这样的血的案例，应对此予以充分的认识，并不断提高警惕。

此外，根据相关规定，任何一份合格试品的型式试验合格报告都有一定的有效期，目前规定为 3 年，在相应的试验报告上和型式试验出具单位官网上具有明确的标注。电力行业各使用单位应该十分清楚地了解和掌握该信息。而产品的生产企业也必须在其销售的产品协议书等一类的商务文件中用重点标注的方式列出，告知产品购置单位，以保证购置单位的知情权和便于购置单位进行有效管理。

2.3 电力安全工器具采购与验收现状

电力安全工器具在电力行业的使用范围十分广泛，包括了发电单位、电建基建施工单位、供电单位等在内的所有单位。由于电力安全工器具的使用关系到广大一线作业员工的人身和生命安全，因此，在电力安全工器具生产、储运、采购、验收、保存、使用、维修、保管，直至报废前的整个寿命周期内，均应确保电力安全工器具处于合格可用状态。结合电力安全工器具生产的实际情况，对于电力行业用户而言，为保证电力安全工器具的合格可用，首要任务就是把好电力安全工器具的采购和验收关。电力安全工器具的采购必须正规化、标准化。严格规范进货采购招投标工作，依照国家招投标工作的法律法规及相关规定，坚持“三公”原则，从招投标源头上保证所采购工器具的质量符合用户实际要求。

现阶段，在电力行业内，不论发电单位、供电单位还是基建施工单位，通常都能够按照国家关于物资采购必须经过社会化招标的规定，依照招投标流程进行电力安全工器具的采购。但是，招标过程中技术规范书的作用以及评标中商务分、技术分的权重分配等大多有待商榷。

针对当前电力安全工器具采购过程中技术要求不规范的情况，应该在采购招投标文件中突出强调技术规范书的作用。招投标用技术规范书是从技术方面着手，结合实际需求和应用，依据需采购电力安全工器具的相关标准，经过技术部门认真论证与研判编制而成的，是保证所采购进入电力单位的电力安全工器具产品符合国家相关标准、质量要求以及实际应用需求的一份重要的规范性文件，应当得到高度重视和严格贯彻执行。

最近几年，招投标过程中的低价中标较为普遍。由于经济等方面的原因，在采购招投标过程中，安全监察与生产技术部门相对话语权较少，物资部门话语权较多，最后中标的往往是电力安全工器具价格相对较低的供应商。的确，低价中标为招标的电力单位节省了一定的经费，降低了生产成本。但是，鉴于前述当前电力安全工器具生产企业大量的不规范生产的现象，电力行业面对的是众多微小企业或家庭式作坊，乃至“三无”“贴牌”公司，简单的低价中标应引起电力行业招投标单位的高度重视。在招投标中，如果采购到的电力安全工器具确实属于性价比较高、质量可靠的产品，应该说是一个不错的结果，但现实往往是另外一回事。一个企业要生存，必定要有一定的生存（利润）空间，否则就不可持续，甚至破产消亡，这是最为简单的道理。一旦企业的生存空间被挤压到一定程度，为了生存，正规企业可能会通过缩小规模、转行、重组等经营手段另寻他路，而原本就属于微小企业或家庭式作坊的电力安全工器具生产企业，绝大多数都采用了前述的许多不正当经营方式来维持企业的生存（这里姑且不提即使有些有规模的电力安全工器具生产企业也有混于其中的案例），进而假冒伪劣产品必然会借机充斥市场。而电力行业用户一旦招到此类产品，原本用于保证员工人身和生命安全的产品就会即刻转为“悬在使用者头上的一把刀”，事故的发生不可避免，这是电力行业任何一个单位都不希望看到的结果。曾经有单位在招投标中未规范执行招投标程序，被不法生产企业利用，采购了由“三无”“贴牌”公司提供的假冒伪劣产品，最终由此引发事故，经营者虽被当地市场监管部门科以重罚，但电力行业的一位员工为此付出了生命的代价，绝对值得全行业深思。

另外，有些单位虽然未采用最低价评标价法而采用了综合评分法进行评标，且综合评分法中经济标的评审采用报价平均方法，但是，在实际的招投标过程中仍存在着不规范之处，致使有些性价比不高、甚至产品质量不符合要求的电力安全工器具进入了电力行业，为电力安全生产埋下了隐患。因此，电力行业用户在严格规范招投标工作的同时，应该适当扩大生产、技术、安监部门的话语权，以保证所采购的电力安全工器具的质量足以为作业人员的人身和生命安全提供保障。多数单位在招投标过程中，一般是由招标中心出面，物资部门总领，协调相应的生产、技术、安监部门开展相关工作，由招标中心组织多方面专家进行评审、打分等流程后，再经归结，填写评审报告和评审意见建议，最后送相关主管领导定夺。招投标中一般分为技术分、商务分和价格分三部分，多数单位的招投标评分比例为 4:3:3，尽管技术分占比为 4，分值为最高，但实际上，由于商务和价格都是物资部门为主导，因此技术分的权重依然无法充分体现其重要性，这也是常常出现低价中标的重要原因之一。由此建议，在电力安全工器具招投标工作中应适当提高技术分权重，以突出电力安全工器具的重要技术保障作用。

在招投标工作的评判阶段，评审专家通常是从先期建立好的专家库中随机抽取的。近年来，各招标单位采取了多种措施，逐步规范评审流程。比如，不提前抽取和推迟通知，评审时采用封闭式评审，断绝一切对外联系等，以此来保证评审工作的严肃性、保密性，进一步体现了“三公”原则。随着制度设计的逐步完善，招投标工作日趋成熟。为进一步提高招投标工作的质量，建议在各项规章制度日趋建立健全的基础上，对评审专家库做出相应的提升，在保证评审专家达到一定水平和认知的基础上，通过专家库要求的提升，促进评审专家的责任感和提升使命感，继而切实保证购入电力安全工器具的质量。对于在库或预备入库专家，可以通过相应的培训、考试（考核）、发证等方法来保证和提高评审专家库的评审水平。

目前，电力行业各单位结合数年招投标工作中存在的不足问题，已经开始着手修订原有的招投标制度，进一步完善招投标工作的具体方法，以保证质优价优的高性价比电力安全工器具进入电力行业各相关单位。

为了保证经招投标购置的电力安全工器具达到技术规范书所要求的技术指标，确保产品质量，购置单位应加强电力安全工器具的入库验收工作，设置并严格把好试验验收的关口。对于个别单位在电力安全工器具送到单位清点数量、目测质量后即分送各使用部门，或直接要求产品生产企业将所购置产品分送至各使用部门，凭汇总使用部门的签收单认可验收的简单验收方式，应杜绝。

对于新购入的电力安全工器具，各购置单位应设有具有相应试验能力的实验室，配备必要的试验人员，把好电力安全工器具入库验收关。验收时，严格按照采购合同条款和招投标时的技术规范书执行，并进行必要的抽检试验，保证入库电力安全工器具的质量符合要求。目前，有的电力企业物资部门已经建有或正在建设对采购入库的电力器材、设备、装置、器具等进行试验检测的设施（实验室），目的就是要保证采购的器材、设备、装置、器具等能符合合同要求，能满足作业现场使用的需要。只有经验收合格的器材、设备、装置、器具，方才可以进入配置、使用阶段。对于电力安全工器具的入库验收工作也可将该项工作与经常性的预试工作结合在一起，如本单位设有电力安全工器具预试实验室，则可由其承担该项工作。如委托社会试验认证机构进行电力安全工器具预试工作，则可采用经竞争性谈判的方法，签署明确的责权利协议，委托验收。

总之，必须严格把好电力安全工器具验收入库关口，这既是保证新购置产品质量的必要且重要的手段，同时也是奠定电力安全工器具全周期寿命管理基础的重要的第一步。

2.4 电力安全工器具配置与存放现状

在招标采购进来的电力安全工器具中，应该有一定数量的工器具作为备品备件入库存放。对于电力安全工器具而言，无论是经验收后配发到具体使用的部门或班组，还是作为备品备件保存在物资库房，都应当按照相对应工器具标准或规范要求的存放条件和存放方法进行存放。为此，国家能源局于2015年7月1日颁布了新编行业标准DL/T 1475—2015《电力安全工器具配置与存放技术要求》，并于2015年12月1日起正式实施。就目前来看，这份行标尚存在一些不完备之处，并不尽如人意，尤其是缺乏推荐性的各类各电压等级站（所）配置与存放工器具的建议附表，仅从原则上做了一些规定和要求，在实际应用中仍有许多不足，尚有待修订时将其补齐，使之更具有可操作性、严密性和科学性。但就电力安全工器具配置存放角度，DL/T 1475—2015给出了原则性的要求，对规范电力安全工器具的配置与存放能够起到一定的作用，特别是对推动电力行业电力安全工器具全周期寿命管理起到了积极的作用。

从目前电力行业一线单位电力安全工器具现场实际配置与存放的情况来看，客观地说，情况不容乐观。总体而言，在电力安全工器具配置与存放的规范化、标准化管理方面，供电单位的情况略强于发电单位，供电单位、发电单位的情况强于电建基建施工单位，全电力行业的情况远好于承揽电力系统各类工程的外包单位。

在电力安全工器具配置方面，从各供电单位和发电单位工器具配置的实际情况看，应该说也不是十分理想，还存在较多的问题，亟待改进。虽然电力行业各单位的领导管理机关基本上都有原则性的配置规定，但由于基层单位的实际情况复杂多样，再加上经费等因素的制约，能够按照配置规定做好工器具的配置确实不易。问题主要表现在配置优化方面，普遍存在凭经验配置或依据经费多少来配置的情况，并非依据电压等级、装机容量、设备实际、班组人员、既有电力安全工器具需要更新等实际情况进行配置，这就导致现场使用电力安全工器具时出现有的闲置、有的不足等情况。

另外，目前，我国 1000kV 特高压设施已经正式投入运行，但由于种种原因，电力安全工器具的配置未能与设备投运同步，出现了特高压运行时电力安全工器具“缺席”的尴尬局面。就实际情况而言，1000kV 特高压专用的电力安全工器具现在尚未问世，500kV、750kV 超高压专用电力安全工器具也还有待改进与完善。在这种情况下，既需要电力安全工器具生产企业加紧研发，更需要电力行业的强势介入，投入力量参与相关器具的研发、标准的编制、产品的试用与评估以及定型产品的推介。结合前述电力安全工器具生产企业的现状，依靠微小企业研发生产超高压、特高压电力安全工器具是不现实的。至于初成规模的中型电力安全工器具生产企业，由于前述基本没有研发能力的客观情况，因此也只能由电力行业研发单位挑选相对实力较强、信誉较好、具有较高责任心的产品生产企业介入其中，在条件较为成熟的情况下逐步通过有偿技术转让的方式将通过了技术鉴定、型式试验认证的成熟产品转让至企业，完成超高压、特高压电力安全工器具的生产转移工作；此后，再由接受技术转让的生产企业严格按照研发产品的材料、工艺、组装、成品试验等要求，对接收的并经鉴定的产品进行批量生产，最终服务于电力行业。

在电力安全工器具存放方面，大部分使用单位能够按照各电力安全工器具相关标准要求的技术条件和管理规定进行存放，保证了电力安全工器具处于随时可用状态。但也存在不足，常见的不足表现为存放不达标，未做到规范存放，有个别单位的存放处于无序状态，有的单位甚至以堆放的方式进行放置。

比如，对于绝缘杆的放置，既未放置于专用工具袋中，也未按照标准规定存放于专用存放架上，更未按电压等级分别存放，更有极少数单位直接将绝缘杆堆放于地面。而绝缘杆类工器具性能的优劣受环境条件的影响较大，尤其是在南方地区、沿海地区、尘埃高密地区。因此，上述不规范的存放方式极有可能对绝缘杆的性能造成不良影响，从而形成安全隐患，最终导致事故的发生。同属于基本绝缘安全工器具的接地线等产品的存放也存在此类问题。

又如，安全带是直接关系到登高作业人员生命安全的重要防护器具。按照标准要求，在存放时，必须将每一条安全带规整整齐之后再按其编号整齐排列放置于专用存放架上，以保证安全带在经预试合格后处于可用状态。但是，在个别单位，安全带未经规整就直接堆放式存放在架子上，有的相互缠绕着堆放，有的还是堆放在地上，或和其他工器具、工具等混放。这些不规范的存放方式极易导致安全带出现各种各样的问题。轻者是到需要用时不能使用，重者则可能由于安全带的意外损坏而埋下安全隐患，如使用前再不仔细检查，就很可能在现场使用时导致事故的发生。

再如，绝缘靴（鞋）、绝缘手套是运行、检修中常常用到的电力安全工器具，是涉电作业中较为重要的安全防护器具。实际生产活动和存放中有着较为严重的问题，最典型最直接的问题就是绝缘靴（鞋）、绝缘手套在电力行业多数单位普遍存在未按规定存放。绝缘靴（鞋）、绝缘手套是特种橡胶制品，由于橡胶的自然特性，会随着生产和使用时间的延续逐步老化，而橡胶又有一定的黏着性，当环境等外部条件适当，即可能发生粘连，为此特别突出强调对绝缘靴（鞋）、绝缘手套的存放必须采用正确的方法。然而在作业现场和基层电力安全工器具存放库房常常可以看到绝缘靴（鞋）、绝缘手套随手或随意放置，致使影响绝缘靴（鞋）、绝缘手套使用寿命，严重的可能因为不正确的存放而为绝缘靴（鞋）、绝缘手套埋下安全隐患，引发事故。绝缘靴（鞋）、绝缘手套正确的存放方式为：必须在每次使用完后对其进行清洁，在绝缘靴（鞋）、绝缘手套内适度扑撒少量滑石粉，再加以存放。存放时尤其强调对绝缘靴（鞋）、绝缘手套必须使用专用存放支架，其中，存放绝缘手套必须使用指形架，采用倒置的方法将绝缘手套倒置于专用指形架上，并存放于符合绝缘手套标准规定的存放环境库房。同样，绝缘靴（鞋）也要求采用专用存放架的形式倒置存放于符合绝缘靴（鞋）标准规定的存放环境库房。

至于梯具的存放，按照要求应该存放于电力安全工器具库房内的专用支架上，不得露天存放，且要求梯具须横向存放，存放时应将一侧梯架挂于支架上，并保证梯具距地面和墙面分别有 200mm 的距离，以保证梯具不会受潮，随时可以使用。现实中，梯具的保存常常被人忽略，常见的存放形式是依墙斜靠存放，这种存放形式直接导致梯肩长期受力，极易使梯具因长期疲劳而改变应有参数，缩短使用寿命，直至损坏。还有少数单位甚至将竹木梯置于室外随意摆放，一旦遇有雨雪天气，露天存放的梯具直接被雨雪水淋湿。这种存放方式将直接影响梯具的寿命，导致梯具损坏、性能不达标等安全隐患。

此类例子还有很多，电力安全工器具存放的不规范都直接影响到其完好性、安全性、可靠性、可用性，亟待通过标准的落实加以规范。

2.5 电力安全工器具使用现状

在电力行业中，经过多年来的不懈努力，“安全第一”的理念已深入人心，人人知道在任何作业中都必须按规定佩戴或配用相应的安全工器具，而且一般也都能做到。但是，要使得电力安全工器具能真正对现场作业人员起到有效的保护作用，在把好采购、存放、配置关口的前提下，还必须对使用人员进行培训，使之能够做到正确使用。电力行业管理部门应当充分认识到，作业人员对于电力安全工器具的相关知识和使用能力不是与生俱来的，只有经过培训，了解了每类电力安全工器具的不同特点及相关的薄弱点，掌握使用要领，才能做到正确地配置和使用。

在电力安全工器具的实际使用中，目前普遍存在的一个较为严重的问题是未能按照产品说明书和现场保护的需求进行正确的使用，这就使得电力安全工器具未能充分发挥其保护作用而可能存在安全隐患，一旦条件吻合，事故就不可避免。因此，这种可能性是绝对不能允许的；同时，这种可能性也是完全可以避免的。

比如，安全帽是电力行业中最常使用的个人防护用品，每个人都知道进入现场必须佩戴安全帽，但是，对于安全帽的组成部件、各部位（部件）的作用、如何正确佩戴等，大多数人却不甚了解，在作业现场常常可以看到安全帽随意佩戴，最常见的是耳朵未放在耳环内、下颚带未扣或未扣紧、帽体不正等，而这些都是正确佩戴的要点，现实中也因此类非正确佩戴而引发过惨痛的事故。某电厂升压站值长在一次设备检修时不慎由构架摔跌而酿成惨痛的人身伤亡事故，事故调查时发现，该值长的安全帽在摔跌时被甩出五六米远，经模拟演示最后得出的结论为，当时值长在构架上，在其发生高坠时，因未正确佩戴安全帽导致安全帽在摔跌发生时飞出，致使值长摔跌时头部直接击砸在主变压器吸油池的鹅卵石上，最终酿成重大伤亡事故。

据此可见，诸如此类的未能正确佩戴安全帽的“小事”，都会埋下安全隐患，一旦发生事故，就很可能直接关系到佩戴人员的生命安全。据相关数据统计，在电力行业所有事故总数中与安全帽相关引发的事故占较大比例。如果作业人员经过培训且做到正确佩戴，则安全帽引发的事故即可直线下降，甚至可以完全避免。

又如，某单位在进行实操训练时，由于受训人员未经电力安全工器具正确使用的严格培训，加之该单位对于培训中所用电力安全工器具在管理制度上、现场管理与监护上的不足和缺失，该名受训人员在无人监护的状态下擅自穿用某种电力安全工器具，且在出现险情后因未经使用培训，不懂得、更未掌握在紧急情况下如何正确处置，完全凭借本能和下意识处理，结果因处置不当而最终酿成严重后果。此次事故给涉及的家庭造成无尽的痛苦，给实训单位、派出单位造成恶劣的影响和损失，教训极为深刻。

再如，高空救援系统或应急救援系统是近年才引入电力行业的新型专用安全防护器具，通常在使用高空救援系统或应急救援系统中的各设备、装置、器具时，必须正确使用方能起到高空有效救援和应急处置的作用，因此必须掌握一定的技能技巧及良好的心理素质，而这一切都依赖于事先严格的培训和定期轮训，并经过考核合格方允许使用或作业。

由此可见，电力安全工器具使用培训工作的重要性。

首先，人资培训管理部门应该将电力安全工器具基础理论和使用的技能技巧列入新员工上岗培训科目的必修课中，使每一位新入职员工都能较好地掌握相关安全常识和正确使用安全工器具。培训内容必须包括电力安全工器具的种类、特点、基本原理与作用、正确使用的要点与使用技能技巧、产品的不足或有待进一步改进的方面、目前使用应特别注意的要素或方面、紧急情况的处理等，并且配合进行实操训练。通过系统的培训，确保新员工对电力安全工器具有一个较为清晰的认识，了解电力安全工器具的性质和特点，能够初步掌握电力安全工器具的使用要领，特别是应能初步掌握一旦发生紧急情况下能做到冷静、正确地处理复杂的情况，从而有效地保障电力安全工器具使用者的人身与生命安全。其次，对于老员工，也应根据具体情况，定时定点、有计划地进行电力安全工器具的轮训或再培训，以进一步提高老员工使用电力安全工器具的技能技巧，让电力安全工器具真正起到对一线员工的安全保护作用。在定期轮训中，应加入电力安全工器具使用的强化培训内容，及时更新相关的安全防护知识。另外，对于新型电力安全工器具或升级换代的电力安全工器具，则应邀请研发人员从原理、特点、技能技巧、注意事项等多方面加以深层讲解与剖析，开展专项培训，帮助管理者理解和制定相关的管理文件，帮助一线作业人员较好较快地掌握和使用。

在一线作业现场，除了因未经培训而导致的电力安全工器具配置与使用的不正确之外，还普遍存在着多种违规或擅自改变电力安全工器具使用用途和方法的案例。最常见的是，在雨雪天气时，有个别员工将绝缘靴（鞋）当雨鞋穿用等，这类违规使用不仅仅直接影响到绝缘靴（鞋）的使用寿命，而且由此延伸可能导致其他电力安全工器具的滥用，严重的可能出现现场应该使用电力安全工器具时却无合格可用的对应产品或由于使用了被滥用过的产品，而因滥用已经埋下安全隐患，一旦使用到此类电力安全工器具，则极易引发事故。

由于电力安全工器具配置、使用的特殊性，在充分认识的基础上，应当加强管理，通过在人文管理、制度建设、人员安全意识等方面强化正确配置、使用、存放等的重要性，使得从高层领导到基层一线的每一位电力员工都能清晰地认识到，电力安全工器具的不正确使用就是违章，而且是严重违章，必须杜绝。

电力安全工器具的使用经验是在无数事故中总结得出的，是用血与生命的代价换来的，作为电力人都应该牢牢铭记。在使用电力安全工器具时，必须突出强调电力安全工器具的正确使用。每一位电力人都应从安全意识、安全文化入手，时刻坚守“安全第一”的理念，对作业中涉及的每一件电力安全工器具都必须熟练地掌握其使用方法，并坚持做到正确使用，只有这样，才能充分发挥电力安全工器具在作业中对作业人员的安全保护作用。

2.6 电力安全工器具预试现状

在电力行业内，按照相关规定，为了保证设备、装置的正常运行，除了进行必要的状态检修和定期停机停电检修外，还必须定期对其进行预防性试验，根本目的就是为了保证其可靠性。基于前述电力安全工器具生产企业的现状和作为终端用户电力行业的客观实际，为确保一线作业的安全，必须特别强调对电力安全工器具的预试工作。在整个寿命周期内，电力安全工器具的预试工作既是连接生产和使用的一条纽带，也是保证生产安全和员工人身安全的重要关口。由于电力安全工器具是一线作业人员人身安全的最后一道防线，虽然电力系统有一次系统、二次系统的多重保护，虽然由电力安全工器具引发的事故概率极小，但是电力行业作为高级人才密集、高新科技普遍与广泛应用、高风险时时相伴、社会责任特别强烈的“四高”产业，为确保电力行业的健康发展和安全生产，突出强调“以人为本”的安全管理理念，必须按照相关法律法规为现场作业人员提供可靠、安全、合用的电力安全工器具。而做好电力安全工器具的定期预试工作，是保证电力安全工器具合格可用的最重要技术手段之一。只有做好预试工作，才能保证电力安全工器具在整个寿命周期内处于合格可用状态，才能为每一位一线作业人员的人身与生命安全保驾护航。

目前，在发电或供电单位，通常由专门的可靠性中心此类部门对电力安全工器具的定期预试进行严格的管理和监督。相对而言，基建安装单位在这方面的管理比较薄弱，与发电或供电单位相比情况会差一些，但也仍有相应的管理部门。当前主要的问题是如何将电力安全工器具的定期预试工作落到实处以及如何开展预试工作。

纵观整个电力行业现实生产中电力安全工器具的基本情况，其合格可用的程度不容乐观，导致这一现状的原因也是多种多样的。但是，也不难看出，其中的一个主要原因是对电力安全工器具进行预试这一要求的执行力度不够。总体来说，各单位对于 DL 408－91《电业安全工作规程（发电厂和变电所电气部分）》、DL 409－91《电业安全工作规程（电力线路部分）》，原国家电力公司于 2002 年颁布的《电力安全工器具预防性试验规程（试行）》（国电发〔2002〕777 号文）（简称国电发〔2002〕777 号文），由国家质量监督检验检疫总局、中国国家标准化管理委员会颁布的 GB 26859—2011《电力安全工作规程（电力线路部分）》、GB 26860—2011《电力安全工作规程（发电厂和变电站电气部分）》，以及由国家能源局、中国国家标准化管理委员会颁布取代“国电发〔2002〕777 号文”的新编标准 DL/T

1476—2015 等文件的执行力度均不够理想（虽然有现行 GB 26859—2011、GB 26860—2011，但 DL 408－91、DL 409－91 作为行标目前仍然有效，两者并不冲突。由于种种原因，在某些方面，DL 408－91、DL 409－91 可能较 GB 26859—2011、GB 26860—2011 更适用于电力行业。经了解，发电单位更多地仍在使用 DL 408－91、DL 409－91，仅对与 GB 26859—2011、GB 26860—2011 相冲突的条文以内部文件形式加以规范。比如 GB 26859—2011、GB 26860—2011 规定高低压界定点为 1000V，而 DL 408－91、DL 409－91 规定为 250V。——编者注）。

比如，自国家电力公司于 2002 年颁布国电发〔2002〕777 号文起，电力安全工器具的预防性试验就由原来的抽检变更为国际通行的普检（除安全帽因特殊原因保留抽检外），并且在 GB 26859—2011、GB 26860—2011、DL/T 1476—2015 中均延续了同样的要求。表面上看，由于预试工作改为普检后造成了预试工作量的成倍增加，给已经处于饱和状态的一线试验人员增加了极大的工作量，导致现有人员可能无法完成增加出来的预试工作，实质是管理部门和试验人员对电力安全工器具安全可靠性的重视程度不够。要解决此类难题，方法总是有的，关键还是在于领导层的安全意识、管理设计思路的突破、试验人员的工作责任心。仅就工作责任心而言，现行《安全生产法》有多项条款突出强调了安全生产责任重大，详列了对触及和违反《安全生产法》具体的追责及法律追究等规定。《安全生产法》中关于安全责任入刑的规定，凸显了国家对生命的敬畏与重视，换个角度讲，就是要求每一位领导者、安全工作者必须更加清晰、深刻地认识到肩上的责任与担当。相比其他一些工作，电力安全工器具预试工作仍然是较为容易达到预期目标的。

与原国电发〔2002〕777 号文相比，现已颁布执行的 DL/T

1476—2015 主要从严格标准规范意义上做了重大调整和变更，也就必然给实际的电力安全工器具预试的工作和要求带来相应变化。要满足电力安全工器具预试工作的要求，通常有两种方法：一是自建相应的预试实验室，二是委托社会上持有国家质检总局（现国家市场监督管理总局）及下属省级质监局（现省市场监督管理局或厅）颁发的 CMA 资质证书（仅国家质检总局和各省质监局有权颁发 CMA 资质证书，其他级别质检部门或机构、组织无权进行此类证书的颁发工作。国家质检总局与下属省级质监局颁发的 CMA 资质证书的区别在于，前者是国家级的证书，后者是属地省的资质证书，省级证书仅限于在属地省内开展检测工作。有关资质证书内容将在第 8 章加以详述——编者注）的单位进行预试。对于计划由本单位完成工器具预试工作的电力生产企业，就需要自建实验室或完善已有相关实验室。就目前大多数单位的实验条件来说，一方面，需要调整、提供必要的实验厂房或场地，配备、添置必要的设备装置；另一方面，还需要配备必要的专职人员开展和参与电力安全工器具的预试工作。而采用外委方式进行预试工作的电力生产企业，在选择预试单位时，必须严格审查其资质，查看 CMA 资质证书，特别是查看资质证书附录中许可的试验项目和电压等级限制等；此外，建议组织相关专家前往外委单位实地考察试验条件和人员结构情况，建立相应的档案资料并加以保存。

开展电力安全工器具预试工作必须全面、严格地按照相关标准规范进行，但是实际情况不容乐观。不论是电力行业自建的预试实验室，还是社会上有 CMA 资质证书的实验室，在开展电力安全工器具预试的过程中，大多数均未严格按照相关标准要求进行，主要表现如下。

（1）仍然沿用以前的抽检方法进行预试工作，而试验的方法却又用的新的静态方法，然后再参照原来的计算方法来评定、推算其他同批次电力安全工器具的合格与否。采用这样的试验和推算方法必然为电力安全工器具的使用埋下安全隐患。因为以前的试验方法主要采用的是破坏性试验，试验时经过一定比例的抽取试验，取得相应参数，按规定的计算方式计算，推断出该批电力安全工器具本次试验结果的合格与否，再决定该批工器具是否继续使用或报废。新编 DL/T 1476—2015 的预试方法采用国际通行的普检方式进行，即对所有电力安全工器具在规定的试验周期内逐件进行试验（除安全帽仍采用抽检外），分别对每件试品做出合格与否的结论，以保证在用的电力安全工器具时时处于合格可用状态。前一种试验方法的特点是相对试验工作量较小，但由于采用抽检方式进行试验，当在同批次抽检时，如果抽取的样品正好是该批次产品中较好者，试验结果也比较理想，以此判定的被试产品合格可用就有可能隐藏了安全隐患，因为该批次产品的整体损坏曲线并未真正掌握，这种判定有一定的偏颇，这是不希望出现的现象，也是抽检的弊端。后一种试验方法（DL/T 1476—2015 的规定试验方法）是采用国际通行的静态平衡试验方法取得参数，并要求逐件试验，经试验取得参数后再比对相应标准的参数要求，以此判定被试产品本次试验合格与否。这种方法可以有效地避免上述弊端，被试合格产品质量有保证，但由于采用逐件试验方法，大量的电力安全工器具按周期试验（周期多数为一年），工作量极大，是一个较重的工作负担。前述预试时沿用抽检方法，试验方法采用静态方法，然后再参照原来的计算方法来评定、推算其他同批次电力安全工器具的合格与否，显然是不能真正达到预试目的的，必须抛弃。

（2）进行预试时，预试项目未按相关标准要求进行，试验项目不完整，存在漏项、缺项现象。而漏项、缺项是预试工作的大忌，一旦各种条件吻合，因为漏项、缺项导致的安全隐患必然会引发事故。

（3）在对电力安全工器具进行预试时，采用了不正确的试验方法，造成这种情况的原因也很多。

首先，对相关标准的研读不到位，理解不深、不透。比如，对于安全帽的预试工作，按照 DL/T 1476—2015 要求，应从最严酷的场所每批每次挑选抽检各 2 顶进行预试，并根据预试结果对该批安全帽是否合格可用做出判断，而 GB 2811—2007、GB 2812—2007 则规定按同批不同购置（使用）数量抽取相应数量的帽子进行试验，可见两者差异很大。但细细研读 DL/T 1476—2015 可以发现，DL/T 1476—2015 的要求要比 GB 2811—2007、GB 2812—2007 严格得多。尽管由于“从最严酷的场所”未量化，掌握起来有较大难度，但是，只要认真执行，还是可以做到的。因此，应该坚持认真执行 DL/T 1476—2015 的规定。

其次，试验设备、装置配备不全。建设实验室必定有所投入，否则将无法开展预试工作，这是预试工作正常开展的前提。当然，各实验室在建设之前应该根据各自的经济实力、任务来源、被试产品的品种、规格型号、实验室所处环境条件等规划好定位，不可盲目行动。如果实验室是有的放矢建设的，那么试验用设备、装置应与原设计相一致，也就不存在试验设备、装置不健全的问题。然而，由于种种原因，实际在进行预试中仍然存在因试验设备、装置不健全而无法完成试验的情况，导致试验缺项、漏项或测试方法不正确等。比如，按照已经正式发布的新修订的 DL/T 971—2017 的规定，如果没有专用支架，就无法正确地进行电阻管泄漏电流试验。

再次，实验室建设时考虑不周全。实验室建设的定位十分重要，应该既要考虑到建成之后承担试验任务的适用情况，又要有一定的前瞻性，要预留一定的发展空间；不仅仅要考虑到试验变压器容量、电压等级、安全距离等因素，还应考虑到周边环境等因素。目前，有些预试实验室因建设时考虑欠缺，当建成后进行预试时才发现无法正常开展工作；而且，已建成的预试实验室普遍面积不大，厂房高度有限。比较典型的是梯具的预防性试验，一般梯具的长度为6m多，梯具试验架的高度通常在8m左右，也就是说，当需要对梯具进行预试时，如果厂房高度达不到要求，也就无法安装梯具试验装置，继而也就无法正常地开展对梯具的试验工作。

还有，就是认识不到位。由于种种原因，电力安全工器具预试工作长期以来未得到足够的认识和重视，正因如此，在开展预试工作时，存在着组织、技术措施欠缺，考核监督力度不足等现象。某些自建实验室的单位，往往认为有实验室就可以承担预试任务，对实验室配备人员、实验人员资质与能力的考核不严，对实验室设备、装置配备情况与条件未加以全面、综合的考虑，使得建成的实验室实用性较差，在承担试验任务时往往就会出现试验缺、漏项或试验方法不正确等现象。而有些委托社会实验室进行预试工作的单位，对实验室考察不严格或制约条件不缜密，极易产生更多、更严重的问题。

总之，试验方法不正确的现象是多方面原因造成的，归根结底，还是工作责任心欠缺的结果。

其实，在所有不负责任的试验作业中，最为恶劣的当属极个别单位未经预试就私贴（或称违规粘贴）预试合格标签、编造试验数据等不规范行为，这种性质恶劣的违规行为给电力安全工器具埋下了极其危险的安全隐患。不可否认，目前这种违规行为依然存在，甚至不在少数。而国家与行业编制以上的标准、规范并推行的目的，就是要突出强调电力安全工器具的定期预试，使之逐步形成制度，因为这是保证电力安全工器具合格可用的重要手段，也是安全技术保障的基本条件之一。

2.7 确保电力安全工器具合格可用的关键环节

要保证电力安全工器具的合格可用，就必须在采购、保存、使用、试验、报废等涉及全周期寿命管理的各个环节上加强管理，使每个环节相互衔接、丝丝入扣，形成闭环管理。只有这样，才能使电力安全工器具在整个寿命周期内时时处于安全、可靠、合格可用的状态，充分发挥其在安全生产中的重要作用。

2.7.1 严把电力安全工器具购置关

电力行业在采购安全工器具时，首先要严格把好入口关。在充分了解情况的基础上，尽可能地将“三无”贴牌“影子”公司、家庭作坊式生产企业排除在外。采购时，应组织对口专家对型式试验合格报告、送检样品、产品目录等进行认真的研究和比对，辨别真伪，防止某些生产企业使用过期合格报告、混淆送样样品与实供产品的界线，以劣充优，在其中做假，扰乱正常的招标采购工作。

由于电力安全工器具品种、型号、规格都很多，因此，在招标采购时，必须将选型、质量、生产企业资质（最好含生产条件、生产环境、质检情况、企业规模等基础条件)、价格、售后技术服务、技术支持等作为重要因素进行考虑与权衡，尤其应坚持突出电力安全工器具的质量要求。建议必要时，围绕招投标技术规范书在购置合同（协议）中增加相关补充性条款，框定参与招投标用的评审样品与购置实样如何保持一致，以及违规后的惩罚条款。近年来实行的招标采购方法为电力行业节约了可观的生产经费，但就电力安全工器具质量保证角度而言，仅考虑节约经费是远远不够的。

电力安全工器具是为一线员工作业时提供贴身保护的必备装备或装具，无论如何都应该把切实可靠地对一线员工起到保护作用、防止或避免各类人身伤害事故的发生置于首位，只有在这一前提下去考虑开展电力安全工器具的采购工作才是正确的思考与管理方法。事实证明，一味追求低价中标，到头来吃亏的还是作为终端用户的电力行业。因为对于任何一件有安全隐患的电力安全工器具来说，只要时间、地点、方法、人员等各项因素相吻合，必然会引发事故。虽然一线员工是电力安全工器具的使用者，要求其依照标准和规定正确地配置、使用、存放是完全应该的，也是可以做到并做好的，但一个人的能力、知识、时间、精力都是有限的，要求一线员工对电力安全工器具具有清晰、准确的辨析能力就是勉为其难了，既不现实也不妥当。因此，要想确保在用电力安全工器具的合格可用，第一关就是要把好购置关。

针对近年来电力安全工器具生产中的复杂情况，在进行集中采购时，只要条件允许，建议采购单位组织相关专家采用“飞行抽查确认”，即事先不进行通知，组织相关人员直接进入预选或预入围电力安全工器具生产企业现场进行实地考察和调研，检查电力安全工器具生产的实际情况，以对预选或预入围生产企业进行二次认证。以此来规避采购风险，确保所采购的电力安全工器具在生产、保存、销售、运输等过程中完全满足技术标准规定的要求，保证购入电力安全工器具的安全可靠性。调研人员可以实地了解和目睹电力安全工器具生产的全过程，做到心中有数，也便于采购入库后在电力行业企业内包括现场正确使用等在内的全周期寿命管理。这样做，确实会增加相关人员的工作量，但是可以较为清晰地掌握产品的材料、生产、质量等情况，为招投标精选打下坚实基础。应当说，此方法不失为保证电力安全工器具质量的一种有效途径。

电力安全工器具招投标过程中，应严格审查参投单位的资质，对于所有参投产品的合格报告书必须逐件通过网上查核，保证每一份产品合格报告均为真实、有效的。凡在“电力工业电力安全工器具质量监督检验测试中心”通过测试的产品合格报告书，自签发之日起有效期均为三年，并可随时在网上进行查核，查核网址为 www.dlaqjc.com。查核时，只要在查核栏中填写报告编号（DAZ××××××）即可。如果未显示查询结果，则所输报告已经过期。另外，建议招投标中要求生产企业提交参与招投标的产品试验合格报告书的正本，复印件、扫描件无效；并且，在对产品试验报告进行检查时，应仔细检查报告中的照片、数据（曾经发生过生产企业篡改试验数据和通过电脑 PS 技术编造数据的事件，应引起充分重视），以保证合格试验报告书的真实性，这也是维护“三公”原则的基本要求。

在中标合同或协议文件中，建议电力行业各单位作为甲方，应维护好自身利益，为确保购置的电力安全工器具与见到的招投标样件、试验合格报告书中样品相一致，必须在购置合同（或协议）条文中写明："本合同（或协议）所购置的电力安全工器具必须与招投标样件、试验合格报告书中样品相一致，即供货方承诺所供电力安全工器具质量与试验合格报告书相一致，所有参数均符合对应产品标准规定的要求。所供产品供货方承诺保证采用与招投标样件相同的基础材料、相同的加工工艺、相同的阶段检验、相同的组装方法、相同的出厂检验并颁发出厂检验报告，悬挂对应的出厂检验合格证，保证出厂产品编号的唯一性，承诺产品的包装、厂内存储、运输方法等均严格遵守对应标准规定的方法和条件，承诺产品售后服务严格按照国家相关规定和甲乙双方的事先约定（具体约定内容另立）。"另外，还应约定相关的售后服务的方式方法、技术服务技术支持的有效追溯期，以及相关费用安排等，以最大可能地避免电力行业购置电力安全工器具时可能出现的种种问题，免除后顾之忧。

2.7.2 强化电力安全工器具入库验收关

加强入库验收，是保证电力安全工器具能真正起到保护作用的重要手段。

经招标采购的电力安全工器具在入库时，必须严格按照产品的执行标准和招标时的技术规范书要求核对电力安全工器具的名称、规格、型号、数量、包装、质保书等，并坚持入库验收。验收方法可采取抽样方式，对于少数特别重要或首次采购的品种、首次入围厂家的产品则应逐一验收，对曾经有过不良记录或信誉不高的厂家如一旦重新入围和中标，则必须在购置合同或协议上明确规定验收条款，同时切实落实对其产品的逐一验收工作，以有效保证购买其产品的质量与招投标中要求的一致性。虽然在我国标准体系上要求企业标准严于行标，行标严于国标规定，但是，因我国企标采用的是地市级质检部门报备制，相对管控与审查较松，而且企业标准总体严密性、严谨性、科学性较差。只有行标、国标，必须经过国家相关单位组织对应专业专家进行严格评审、国家主管单位组织专业审查并通过方能形成执行标准，因此，企标的严格程度值得商榷。基于此，在验收时必须明确规定：凡有国家标准或行业标准的，不使用企业标准。必要时，可以在招标采购的技术规范书中提出：移交产品时，必须附带执行标准的文件或文本，以钳制产品生产企业利用电力行业是终端用户，对产品适用标准掌握不是十分了解或掌握的弱点，钻电力行业的空子。

应该指出的是，由于某些国标在电力行业使用中并不完全适宜，为此，电力行业各单位提出或编制了更适合本企业的企标，比如，《国家电网公司电力安全工作规程（变电部分）》《国家电网公司电力安全工作规程（线路部分）》《国家电网公司电力安全工作规程（配电部分）》《中国南方电网有限责任公司电力安全工作规程》一类的企标较国家标准 GB 26859—2011、GB 26860—2011 更加严格、严谨、严密，明显更适应于对应下属各企业。对于发电企业而言，1991 年版的行业标准 DL 408－91、DL 409－91 也较国家标准 GB 26859—2011、GB 26860—2011 严格得多，很多发电企业目前仍然在使用 DL 408－91、DL 409－91 进行安全工作规范管理。因此，对于电力行业内部企标及相关实施细则，以及招标文件中由技术部门编制的技术条件、技术规范等文件，仍应坚持严格遵照执行。同时，由于电力行业的特殊性及基于严格的安全要求，主张并建议凡有电力行业标准的不考虑使用国家标准，国标则主要用于参考与比对。因为就目前来说电力行业标准大多数较国家标准更严格，更贴近行业实际。各具体电力安全工器具采购、使用单位应根据相关标准和上级领导机关的有关要求编制相应的管理规范，严格电力安全工器具的入库验收制度和入库程序，不得放松入库管理，保证入库的电力安全工器具符合标准要求，符合管理规范，符合采购招标合同或协议。

入库验收一般不委托第三方进行，可以交由本单位或上级单位（如省电科院）进行验收试验。如确有困难，则应在报请相关部门及领导且得到批准后交第三方进行验收试验，但必须由验收责任承担方（比如物资部门或技术部门、安监部门）派员全程监督测试工作，以保证验收工作的质量，同时要求被委托的第三方出具测试报告。

2.7.3 规范存放电力安全工器具

电力安全工器具的存放具有一定的条件和环境要求，这是由电力安全工器具的用途、构成材料、器具结构等多种因素决定的。以往，由于历史原因，对电力安全工器具的存放环境和条件的研究与认识不足，往往将其与其他通用型工器具同样对待。因为没有相关的标准和具体要求，存放条件与存放方式的随意性较大，常常可以在基层单位的存放场所看到混杂堆放的情况。近年来，随着安全管理水平的提高和认识的逐步深入，各项规章制度的建立与完善，电力安全工器具的存放条件、环境、方法等都有了较大的改观，从根本上扭转了以前无序存放的局面，但仍应清醒地认识和看到不足以及亟待改进的地方。电力安全工器具存放的不足主要表现在规范化程度不高，认识尚不全面。

电力安全工器具入库后必须按照 DL/T 1475—2015 要求的存放技术条件进行保存，防止由于保存不当造成工器具质量、性能的下降。

近年来，随着电力行业自身强有力的发展以及安全管理理念的不断深入，电力安全工器具的保存条件从根本上得到了极大的改善。多数基层电力单位较为重视包括电力安全工器具在内的各类工器具的存放条件提升，添置了功能完善、能自动调整保存环境的“智能式”工具柜，有的更是升级建设了智能工具库房，较为彻底地改善了电力安全工器具的保存条件，使电力安全工器具存放环境、质量保障等都得到较好的落实，为电力安全工器具的有效寿命管理提供了基本条件。在肯定成绩的同时，还应冷静地看到，在电力行业内，仍有个别单位对于存放条件的认识存在不足、距离 DL/T 1475—2015 的要求还有一定距离。这个距离既包括软件，也包括硬件，还有待进一步地提高认识、抓紧落实、逐步完善。严格来说，电力安全工器具的存放不仅仅要求有一个固定的存放库房，而且，对于库房有着一定的要求，除了通常的除湿、恒温、防尘等之外，还应远离酸、碱、盐及各种化学污染源、放射源、强电磁及强电场等对电力安全工器具会产生质量影响或可能造成安全隐患的各种不利因素。另外，大部分的电力安全工器具要求配备必要的专用存放台架或存放专用装具，对诸如梯具、检修平台等一类较难存放的电力安全工器具也有相应的存放要求与方法。电力安全工器具的存放均要求采用定置定位的方式，这样存放的结果除了整洁、明了，更重要的是使之在存放期间得到良好的保存，保证电力安全工器具时时处于合格可用状态。

2.7.4 合理配置电力安全工器具

电力安全工器具的配置需要做大量的分析，包括技术分析和经济条件的评估。只有通过较为科学的经济技术分析和综合评估，才能制定较为合理的电力安全工器具配置基本原则。另外，还应结合单位实际，编制相关配置制度，以保证安全生产的需要。

目前的现状是，多数电力生产企业电力安全工器具的配置并不十分合理和科学，缺乏严谨的论证与分析，通常的做法是上级主管部门（安监或运维）根据基层单位上报的需求统计加以归纳，并与上年或前期比对，结合经费、成本条件等给予平衡，编制购置计划，存在较大的随意性，这样的配置可能造成安措经费或技改大修费用的紧张和资源的浪费。

新编行标 DL/T 1475—2015 规定了电力安全工器具配置的基本原则，但鉴于 DL/T 1475—2015 的局限性和不足，从严格电力安全工器具使用管理的要求出发，电力行业各单位还应依据标准和各单位的具体情况、电压等级、环境条件等诸多因素，在经全面评估的基础上，编制基本符合本单位电力安全工器具的配置原则和具体方法，使之既能满足现场实际作业需要，也能较为贴合本单位经济、管理及环境条件的实际。

2.7.5 坚持执行电力安全工器具定期预试制度

电力安全工器具在运输、保存、使用的过程中都会产生一定的损坏或损耗。这类损坏或损耗都可能对其质量、性能、完好性、可靠性等产生不良影响，且这些影响往往不是简单地通过肉眼可以观察到的。即使有些表面的破损肉眼可以观察到，但要确定器具的质量、性能、完好性、可靠性，最重要的手段还是要通过检测仪器、检测设备的参数来判定（少数明显可以直接判定报废的器具除外，比如断裂的安全带）。

电力安全工器具从形成产品到报废都有一定的寿期，对其进行定期预试，可以为判定工器具的状态提供较为严格和科学的依据。通常，对于电力安全工器具的报废，除了按照事先编制的相关规定，达到使用期限即予以报废（如有些电力生产企业规定，安全帽使用时间达到2～2.5年即予以报废）外，最科学的就是对预试中得到的数据进行分析后来判定该件电力安全工器具是否应给予报废。如果某电力安全工器具可以并允许经修复后再使用的，则应按照管理程序办理相关手续后，将其归入修复管理系统进行相应处置。反之，如果某电力安全工器具根据预试分析结果判定应予以报废，则必须坚决予以报废，而不考虑包括电力安全工器具价值等其他因素，并在报废过程中，必须以人为破损（通常采用人为破口方式）的方式进行报废处理，防止由于种种原因而导致应报废的电力安全工器具被误置和误用，继而可能引发事故。

长期以来，为了保证各类电力安全工器具时时处于安全、可靠状态，电力行业一直坚持执行定期预试制度。电力安全工器具的预防性试验是指为了发现其安全隐患、预防发生人身和设备事故，按照对应标准中规定的与其安全性、可靠性等相关的关键试验方法和项目，定期对在用或在役的电力安全工器具进行检查、试验或检测。通过对预试取得的参数进行分析，可以对被试验电力安全工器具的安全性、可靠性等做出判定，并由此决定是继续使用，或者返厂检修，或者予以报废等处理。预防性试验的根本目的就是保证在用或在役电力安全工器具的安全可靠性，保证被试验电力安全工器具在电力生产中充分发挥其本质作用。因此，对电力安全工器具进行定期预防性试验是保障电力行业的安全生产的重要技术措施，起着极为重要的作用。

在 DL 408－91、DL 409－91 中，对于电力安全工器具的预试有较为具体的规定。国电发〔2002〕777 号文对试品种类、试验项目、试验方法等做了较大的调整，使之更科学、更完善、更具指导性。在后来的 GB 26859—2011、GB 26860—2011 中，对于坚持工器具定期预试工作，也有具体的规定。2015 年，国家能源局正式颁发了 DL/T 1476—2015。该规程中详细列举了必须进行预试的 25 大类工器具，并且分别给出了试验的依据、方法、例图、参数、周期等，使电力安全工器具预试工作有了更为具体且可操作的依据。因此，必须坚持依照 DL/T 1476—2015 的规定与要求定期对电力安全工器具进行预防性试验，确保预试工作的正常进行，继而达到保证电力安全工器具的安全可靠性的目的。

3　电力安全工器具预试实验室建设基本要求

要对电力安全工器具进行预试最基本的条件就是要有可用于进行预试工作的场地，即实验室厂房、相应的试验设备与装置，实验室环境条件要能满足进行试验的各种电力安全工器具的试验条件、相应的试验人员的资质要求和辅助人员要求、用于满足试验所需的各对应软件等。在诸多条件与要求中，首先就是实验室的基本要求。

3.1　预试工器具的种类与基本预试要求

3.1.1　预试工器具的种类

按照 DL/T 1476—2015 的规定，电力安全工器具的预试工作涉及除标识标牌（仅通过外观观察损坏程度来决定保留或更换）以外的所有电力安全工器具，归结为 25 大类，分别为 8 种个人防护装备、8 种基本绝缘安全工器具、3 种辅助绝缘安全工器具以及 6 种登高工器具，详见表 3－1。

从试验应用的器材、设备、装置、设施、试验手段等方面进行划分，这 25 大类工器具涉及的试验又可分为电气试验和力学试验两大部分。25 大类工器具的预试中，大部分主要涉及力学试验，涉及电气试验的工器具中有一小部分试验跨电气和力学。鉴于实验室的设置按力学和电气进行划分，因此本书中的描述也按力学和电气来区分；同时，在跨学科试验方面，书中将做出特别提示。

表 3-1　　DL/T 1476—2015 要求进行预试的电力安全工器具清单

序号	个人防护装备	绝缘安全工器具		登高工器具
		基本绝缘安全工器具	辅助绝缘安全工器具	
1	安全帽	绝缘杆	绝缘手套	登杆脚扣
2	安全带	携带型短路接地线	绝缘靴（鞋）	登高板
3	安全绳	电容型验电器	绝缘胶垫	硬梯（含竹梯、木梯、铝合金梯、复合材料梯及梯凳）
4	速差自锁器	核相器		软梯
5	自锁器	绝缘罩		快装脚手架
6	缓冲器	绝缘隔板		检修平台（含高空组合平台）
7	导电鞋	绝缘绳		
8	个人保安线	绝缘夹钳		

3.1.2　基本预试要求

（1）要依据各单位的电力安全工器具台账，按照 DL/T 1476—2015 规定的预试周期定期收集电力安全工器具。凡是到期或即将到期的在用电力安全工器具，都必须对其进行预试。需要指出的是，因安全帽属于低值防护工器具，个别单位编制了安全帽到期直接报废的制度，因此允许不对其进行预试即进行报废处理（对于安全帽的管理，本书仍建议严格按照 GB/T 2811—2007 和 GB/T 2812—2006 规定的要求进行管理，以维持标准的严肃性）；处理时，既要在管理台账清晰记录，并且必须对报废的安全帽加以人为破口，防止因其回流作业现场而埋下安全隐患。同时，由于 GB/T 2812—2006 规定自生产之日起计算，30 个月（2.5 年）后即对安全帽进行预试，故安全帽的直接报废制度中必须明确写明报废周期在国家标准规定的自生产之日起 2.5 年之内，以确保在用安全帽的合格可用性与安全可靠性。

（2）将收集到的电力安全工器具按照一定的方法进行归类，确定试验排期，并按照 DL/T 1475—2015、DL/T 1476—2015 的规定对预试电力安全工器具集中分类后按要求归入待检区，并按标准规定进行存放。预试实验室根据预试试验的需要划有分区，其具体的内部区域划分将在实验室分区布置中进行较为详尽的阐述。总体而言，不论实验室规模大小、试验等级高低，都必须按照 DL/T 1475—2015 的要求进行分区，做到有序管理、有序试验、有序交接。

（3）只要是处于在用状态的电力安全工器具，在台账上都必须详细记录电力安全工器具的以下信息：采购入库的原始数据（目前，有些电力行业使用单位提出或计划提出原始数据应该以生产企业提供的生产数据为原始初始数据。应该讲，这样的设想是对的，但客观来说，在目前国内生产企业的现实状况下，恐怕很难做到——编者注），历次预试数据及结果，使用情况等。同时，建立相关数据库，方便随时检索调阅；并且应该设置一定的权限，防止因种种原因或目的发生人为更改数据等，以保证数据的可靠性、真实性。未建立或健全台账管理的电力行业单位应根据相关规定和管理要求及时进行完善。

（4）应保证预试实验室内预试设备与装置的完好性，除进行定期的校核与设备水平检查评估外，还应强调加强平时对预试设备及装置的维护、检修与保养。

（5）加强实验室环境条件的检查和维护。应时时保证实验室内部环境条件满足实验室规定的要求，保证实验室内部的整洁，对于外界环境条件的变化应加装相关设备进行在线检测、监督与跟踪，防止环境条件无法满足试验要求时进行试验而导致设备、装置的损坏，防止和避免因环境条件不能满足试验要求而误试验产生的试验结果的不准确，进而给被试验电力安全工器具埋下安全隐患。

（6）承担电力安全工器具预试工作必须具备必要的资质。按照现行国家关于产品质量管控的要求规定，所有参与或准备参与电力安全工器具预试工作的单位或实验室都必须具有合格有效的资质，最基本和最重要的资质就是必须具备由国家质检总局（现国家市场监督管理总局）或省级质监局审核颁发的产品质量实验室资质证书，即 CMA 证书，同时要求所持证书及附表必须与参与试验的项目一一对应。有关内容详情请参见第 8 章。

对于仅服务于电力行业本单位内部的预试机构，即第二方预试实验室，允许不取得 CMA 证书，但该实验室必须在省级以上主管部门，比如省级安监部备案批准，划定服务范围，严禁预试工作超越本单位系统（如地市级供电公司无论主业或是三产企业的第二方预试实验室，仅承担本地市级供电公司的电力安全工器具预试工作，不得承接包括本地区电厂、或地市级供电工程的外部工程公司的电力安全工器具预试工作）。这类第二方预试实验室的试验厂房、设备或装置、测试人员等均应在省级安监部备案批准。

3.2 预试实验室厂房建设、环境条件与基本要求

3.2.1 预试实验室厂房建设

预试实验室厂房建设应该根据所承担或欲承担的电力安全工器具预试任务来进行规划和设计。本书以最典型和最实用的对用于220kV电压等级作业防护的电力安全工器具进行预试的实验室建设为例进行阐述。

总的说来，电力安全工器具预试技术要求相对较低，对于每一类电力安全工器具产品的预试项目和预试标准要求在原有对应产品出厂试验、型式试验的基础上都有较大的简化。进行预试的目的仅仅是检查测试被试电力安全工器具在使用中可能发生的隐性损坏或产品因使用而可能导致技术参数达不到标准规定的基本要求等，经过测试取得用于判定被试电力安全工器具是否可以继续使用的技术数据，继而形成向对口管理部门提出判定建议的技术报告。

基于电力安全工器具预试的基本要求和目的，对应的预试实验室厂房建设标准与进行电力安全工器具产品认证型式试验的实验室相比要求要低，也比通常涉电的高压实验室和综合机械实验室要求要低。

以往电力安全工器具预试实验室以混凝土框架结构作为厂房主体为多。近年来，随着钢架构技术的广泛应用以及施工技术的日臻成熟，加之钢架构具有施工方便、快捷、工期短等特点，以钢架构为支撑框架的实验室厂房越来越多。

尽管预试实验室厂房结构较为简易，更突出实用，但厂房的安全、技术等条件必须要达到规定的要求，不能有丝毫放松。

电力安全工器具预试实验室厂房建设的基本条件参照 GB 26861—2011《电力安全工作规程 高压试验室部分》执行，尤其是电气预试实验室，应充分考虑其试验的特殊要求与特点。

根据预试任务和预试工作性质，预试实验室厂房主要分为电气实验室和力学（或称机械）实验室两部分。另外，根据预试工作的特点，实验室必须建有相应的标准化存放库房，还应根据厂房实际条件，在适当位置设置预试电力安全工器具的待检区和已检区。待检区和已检区之间应留有充分的距离相隔，以防止混淆。这两个区域的大小要视承担测试任务的试品总量和实际每期试验的数量来确定，还应兼顾客观环境条件的许可程度。已检区内必须分成具有一定面积的合格区和不合格区（报废区）两部分，通常合格区的总面积大于不合格区（报废区）的总面积。

通常所说的已检区中分为合格区和不合格区（报废区）是就“已检”这一概念而言的，已检区并非一定是设置在一起的。相反，从严格管理的角度，合格区和不合格区（报废区）须更加严格地进行分隔，以防止合格试品与非合格试品发生混淆，进而将非合格试品混入合格品中，埋下安全隐患。因此，建议在实验室条件许可的情况下，合格区和不合格区（报废区）应分别置于两个不同的地点或实验室区域。同时，为严格监督管理已试试品中的非合格试品，预试实验室可以根据承揽预试任务时与委托单位的相关协议，凡委托外部预试实验室进行处理的不合格试品，必须由承担预试任务的试验方在实验室现场的不合格试品区中直接对不合格试品进行人为破口，且允许委托单位相关人员进行现场督察，杜绝报废试品回流进入应用现场，造成安全隐患。而对于某些送试单位要求自行处理不合格试品的，则必须将合格试品与不合格试品分开运回电力安全工器具使用单位，并在运回不合格试品时，必须用书面报告的形式告知送试单位其预试试品不合格电力安全工器具的名称、规格、数量等，最好是附有不合格试品逐件编号等专指性标记清单，且在移交现场将报告连同不合格试品经清点核准后当面移交，双方签字验收，各自存档，以确保合格试品的正常使用，绝对杜绝不合格品混入合格试品中，造成安全隐患。如预试工作是由电力行业使用单位自有第二方实验室承担的，则必须根据上述原则，同样严格管理，采用现场破拆不合格试品等工作方法，坚决杜绝由于管理上的疏漏或实验室的缺失导致不合格试品回流作业现场，构成安全隐患。某些不合格试品可能可以经生产企业或专业单位更换零部件或维修之后继续使用，但作为专业预试单位不得参与该类工作，以防因种种原因而可能酿成后患。另外，凡是经过修理或更换部件计划继续使用的电力安全工器具，必须从管理制度和试验上有具体的条文及要求的明确规定，在完成维修后只有经过再次试验且合格后方能投入重新使用。可能条件下可以对返修后投用的修复电力安全工器具单列账目，编制修复电力安全工器具使用与管理的专项制度，在试验、存放、使用等各方面从严监控，以此来保证所有在用电力安全工器具的安全可靠性。

电力安全工器具预试实验室建设设计中，应留有能满足试品进出实验室和设备维护等需要的通道，具体方案需结合实验室实际情况合理设计，以防止实验室投运后，因通道设置不合理，设备维护或试品进出对设备造成伤害或对试品造成损坏。

电气预试实验室与力学预试实验室的基本条件大多相同，两者区别仅仅在于试验的应用学科不同，相应地某些要求有所不同。厂房面积方面，由于力学实验室设备或装置体积庞大、笨重，且数量多于电气实验室，因此力学实验室面积一般都大于电气实验室。

电气实验室一般宜有一套大容量的工频无局放试验变压器成套装置（建议尽可能布置有一套大容量的工频无局放试验变压器成套装置，但同时允许各电气预试实验室根据各自具体情况酌定）。通常情况下，一个高压实验室应该不止一套试验变压器成套装置，而是根据试验任务及实验室规模，在宜布置一套大容量的工频无局放试验变压器成套装置的前提下，再适当布置相对容量较小的试验变压器成套装置（主要出于经济技术分析，以最优化需求和最低成本核计）。大容量的工频无局放试验变压器成套装置在电气实验室被称为主试验变压器成套装置。在电气实验室厂房布置时，由于大容量工频无局放试验变压器成套装置的电源箱、控制系统、保护系统等按照GB 26861—2011要求是置于控制操作室内的，因此，在布置电气实验室设备时，通常首先考虑的就是主试验变压器的位置安排，一旦确定其定位后，再依据厂房面积、厂房平面情况设计其他电气实验设备或装置的布置。

电气实验室的设备装置布置除了主试验变压器的定位外，绝缘杆、验电器一类的电力安全工器具为较长型工器具，且电压等级越高其长度越长，因此，在设备装置布置时应对于绝缘杆试验架、验电器试验架等装置的布置给予认真的考虑，做到合理布置。电力安全工器具预试所用的某些试验装置是可以移动的，在不进行试验时允许将试验装置相对集中地置放，当需要进行某种电力安全工器具试验时直接将对应试验装置或台架置于合适的场地进行试验工作，这样可以相对压缩实验室占地面积，不足之处是不同试品采用不同的试验装置或台架，因此对每一种具体的电力安全工器具试验都需要根据试验装置或台架的不同而调整试验场地，而调整试验场地既要考虑到试验装置或台架的摆放，又要考虑电气设备的引线走向等，更需要特别注意试验装置或台架、试品摆放的安全距离（这是一个三维立体空间概念，必须周全地加以充分考虑），保障必要的试验人员在试验区域内的活动空间，以保证试验的正常开展。

由于大部分需进行力学预试的单件电力安全工器具试品都较小，因此，相对于电气实验室来说，力学实验室面积要求主要考虑试验设备、装置的空间需求，考虑试品的长度或高度，其安全防护主要依靠设备分区和操作安全网分隔来达到。对于较大型的拉力机（如 50t 或 100t 级拉力机），应尽可能置于力学实验室较偏且安全裕度较大的地方，并采取严格的安全防护措施。拉力机吨位大小主要由实验室承接所需进行力学预试的电力安全工器具实际来决定，实验室建造单位中长期规划也是考虑的重要因素，同时也需从市场角度来认真进行设备选型。梯具及检修台架等超长、超高、超宽工器具的预试场地配备的金属网状安全防护围框不得低于 2m，这是由于梯具及检修台架等试验是在一个门式装置上进行的，加上梯具一般高度为 6m（如测试多层快装脚手架和检修平台，DL/T1209.4—2014《变电站登高作业及防护器材技术要求 第 4 部分：复合材料快装脚手架》、DL/T1209.2—2014《变电站登高作业及防护器材技术要求 第 2 部分：拆卸型检修平台》允许多层搭设，且规定每层高度为 1.9m，通常 3 层即已经高度达到 6m），因此试验门架高度通常为 8m。安全防护上考虑到一旦飞车，其飞溅物呈不规则飞溅，因此 2m（普通人高低于 2m，如欲提高安全防护水平，可适当增加高度）的防护高度应能满足对人体安全防护的需求。同时还应要求防护围网必须具有一定的强度，一般认为强度要求在最重被试试品重量的 1.1 倍较宜。由于防高坠工器具试验装置是一个钢构架组成的测试装置，且因主要用于对刚（柔）性轨道的自锁器进行 100kg 条件下的冲击试验，以考核自锁器的可靠性。加之防高坠工器具试验装置还可进行其他试验（有的实验室甚至已经将其拓展为对线路上用扒杆的测试），故该套装置比较高且大，已见市售装置高度达 15m 左右，而 100kg 的坠重试验物在考虑到极端（自锁器失效）情况下可能对地面的冲力应该不小于 6000kN，因此，必然对地面有较大的冲击力，为保证试验效果和尽可能保护试验场地的结构，同时考虑到通常力学试验厂房的高度普遍不用高达 15m 以上，故防高坠工器具的预试场地一般在预试厂房的外面另辟 $30m^2$ 左右的地方装设，同时必须以高度 3m 的可视金属网状围栏进行安全围框，试验器具可能触及的地面必须做软化处理，通常宜用 6m×6m（不应小于 5m×5m，条件允许时可以设置更大区域）黄沙坑作为高坠冲击物缓冲落地池。已有实验室采用泡沫海绵软垫作为冲击下坠物的缓冲物，其特点是保证了试验场地的整洁，但由于高坠试验试品往往下坠冲击力甚大，一般泡沫海绵软垫的承受力有限，故极易损坏，更换会很快，因此不建议采用这种海绵软垫用作高坠冲击物的缓冲物。

在预试实验室厂房建设的同时，厂房设计部门还应在详尽分析的基础上及时对厂房内待装设备、装置等进行较为合理科学的平面布置设计。厂房建设一经完成并经验收合格后，试验设备、装置即按设计布置图布置安装与调试，在经过相关部门或有关专家对厂房布置设备与装置依设计布置图验收合格后，还必须在实验室厂房内，对照标准要求，用规定颜色和图形勾画设备框线、分区线、通道标识线等。厂房内的各分隔区也必须按规定勾画清晰图线，以明确各自功能，保证预试工作安全、有序进行。

根据国家质检总局（现国家市场监督管理总局）关于实验

室建设的基本要求，厂房试验区域内的相关安全警示标识必须显著，各设备与装置名称、设备责任人、设备使用条例、维护与管理周期、设备台账等均应在设备区域内公开张布，既方便作业人员遵照执行，也便于监督管理。

预试实验室必须注重厂房安全，在选址、环评、建造等环节，必须摸清厂房所处外界地质、地震、水文及周边环境等情况。通常预试实验室厂房应选在相对地质条件较好的区域建造，厂房抗震烈度不应低于7度。所选拟建造实验室周边应远离酸、碱、盐、尘高密度地区，远离化学污染、强磁场、强电场、强电磁辐射等不利环境，远离水源、高温、高湿环境。选址、设计建造预试实验室厂房时，还必须充分考虑消防、电源、用水等要求，并对可能的火灾、水灾、风灾、地震等自然灾害做出相应的防范。对于计划建造在沿海（高盐密地区）、高寒、高海拔等特殊地区的实验室，还须有针对性地考虑对应灾害的防范措施。

在预试实验室厂房的处理上，必须突出强调的是接地网的建设和避雷装置的完善。在预试实验室全部建好、设备装置就位后，最好对电气实验室的地坪进行防静电处理。

电气实验室的空间尺寸必须满足试验区最小尺寸要求。试验区最小尺寸包括高压试验设备与实验室墙壁、最低吊顶距离以及试品与高压试验设备及实验室墙壁、吊顶的距离。为了满足测量准确度的要求，还应考虑测量分压器与试品、试验设备及实验室墙壁、吊顶的距离。总之，必须充分考虑及计算安全距离，最好在此基础上再增加一定的安全冗余。

电气实验室宜设计建造测控室，操作人员使用大容量升压装置进行预试时，通过在测控工作间内进行操作，以提高测试人员的安全防护水平。如确需暴露时，则必须与带电体之间的距离不小于物体带电后对地放电距离的 1.5 倍。在高海拔地区，必须按照规程，海拔每升高 1000m，则按 10%系数增加放电距离计算。计算设备之间放电距离时，电压值为设备所带电压的差值，然后按设备对地放电距离计算。

电气实验室必须设置安全围栏，通常采用可部分移动式较多，有的实验室在此基础上将安全围栏安装成声光报警式围栏，以进一步提高安全防护性能。安全围栏是防止现场人员误入试验区域的必须手段和技术措施，通常可以事先将电气试验厂房分隔成若干个区域，相对固定某个区域内常进行的测试产品类型、种类，然后再对具体的测试试品根据对应标准的要求进行有针对性的安全防护（围框），以保证现场测试人员的人身和生命安全，保证测试设备或装置的完好性，以及试品的正常测试。

通常在满足基本条件的基础上，220kV 级预试实验室的力学实验室面积大约在 500m²，电气实验室面积大约在 300m²，具体占地面积应根据试验电力安全工器具的数量和实验室实际所占面积来决定。同时建议在可能条件下，从中长远规划的角度出发，还应适度留有一定的扩展空间，以保证业务拓展之需。要指出的是，以上面积不含预试实验室待检区与已检区（包括合格区和不合格区）面积。

电力安全工器具预试实验室必须在整体上建设有符合要求的接地网，并留有足够的接地端。通常，高压实验室的接地系统的阻值按照 GB 26861—2011 的规定应小于 0.5Ω，鉴于电力安全工器具预试工作的特点、涉电工器具的特殊性，结合常规工业建筑物接地系统的一般要求，电力安全工器具预试实验室厂房接地系统的整体要求较高压实验室在地网接地电阻要求方面允许略低。一般允许在设计和计算预试实验室接地系统时，结合并参考 GB 26861—2011 的规定、建设系统有关标准中对于一般工矿建筑物接地电阻方面的要求，同时根据实验室所处地域的气象、地质条件等多种客观数据与实际，经过论证与综合平衡后编制满足试验要求又贴近实际的厂房接地系统阻值要求并加以实施。

在厂房的避雷处理方面，预试厂房和 GB 26861—2011 的要求基本相同。在防雷等级方面，电力安全工器具预试厂房被列入一级防雷建筑物。要求对电力安全工器具预试厂房必须采取防直击雷和防雷电波侵入的措施，必须采取防雷电感应的措施。防雷装置相互间必须进行等电位连接。

预试厂房必须装设避雷网。构建避雷网时，避雷用接闪器应采用针带组合接闪器，避雷带采用 25mm×4mm 镀锌扁钢带，按规定沿屋角、屋脊、屋檐和檐角等易受雷击的部位敷设，并在整个屋面组成不大于 10m×10m（或 12m×8m）的网格，构成避雷网。所有避雷针必须与避雷带相互可靠连接。该网格与屋面金属构件做电气连接，要求外墙面所有金属构件均须与防雷系统连接。柱头钢筋与接地体连接。避雷引下线不得少于 2 根，且必须沿预试厂房四周均匀或对称布置，间距一般不大于 18m。对于利用钢架构厂房钢柱做避雷引下线的，则须按厂房跨度布置引下线，且平均间距一般不得大于 18m。每根避雷引下线的冲击接地电阻须满足标准要求。防直击雷接地必须和防雷电感应、电气设备、信息系统等接地共用同一接地装置，且与地网相连。

接地装置必须围绕预试厂房敷设成环形接地体。敷设接地网时，必须事先测试实验室厂房所在地的土壤酸碱度，根据相应的标准和设计敷设满足技术要求的接地网。接地网的接地电阻在最大地电流下电压降、最大阻值等必须满足标准要求。在可能的情况下，电气实验室的接地电阻一般要求按照 GB 26861—2011 规定，不得大于 0.5Ω。

预试实验室的接地网施工一般由专业接地网施工单位来承担，最低的要求是应在专业接地作业公司的指导下敷设接地网。接地网敷设完成后，根据国家关于建筑物接地技术管理的规定，必须由当地相关气象部门或质检部门对接地系统根据实验室设计、相关技术标准与要求等进行验收，以保证厂房接地网质量。

对于电气实验室的接地系统，还应特别注意在实验设备附近安装铜质的接地网升高座，升高座上须使用不小于 18mm 的接地铜质螺栓。设备接地最好采用电解铜箔，宽度不小于 120mm。

预试实验室建筑结构中所有可能的导电体和金属构件均必须与接地网可靠连接，与接地网形成一个接地整体。

为保证试验安全，通常不主张在试验厂房墙壁上装设窗户。如有些厂房为旧有厂房改造项目或厂房原来设计有通风窗等，则必须对所有通风开口（包括窗户）加装金属屏蔽网格，网格形成格隙必须足够小，网格格隙最大面积应以人手无法伸出网格为宜，且金属屏蔽网格必须与实验室地网可靠连接。

预试实验室内试验用设备、金属构架、试验装置、试验台架及固定的金属安全屏蔽围栏等必须与实验室接地网可靠连接。

预试实验室内，沿实验室墙壁踢脚线上部约 100mm 应布置环实验室接地铜排，并用黄绿间隔色带明确标识，在环实验室接地铜排带上间隔一定距离留有接地端孔，以方便设备、装置等接地。预试实验室内所有接地点都必须有明显的可见标识，必要时应在接地点用标识牌明确标识，既提醒试验人员接地点位置，又便于试验前检查设备、装置是否可靠接地。

必须按照所计划建造的实验室对应电压等级、实验室相应配备的最大试验变压器容量及变压器使用说明规定的要求进行实验室设计与建造。电气实验室净高高度必须满足试验变压器标定容量的安全要求，并留有一定的安全冗余。建议220kV级预试实验室电气实验室厂房净高不低于12m，力学实验室厂房高度一般应达到8m，以满足梯具及检修平台试验等较高试品测试的基本条件。防高坠试验台架自身高度约为15m，前述在实验室厂房外另设$30m^2$左右的简易厂房进行防高坠自锁器试验，故不与正常力学预试厂房交集。

基于上述电力安全工器具预试工作所涉及的试验设备或装置的实验要求与情况以及被试电力安全工器具的种类与试验要求，并在较为详尽地分析了其适于试验的环境、条件后，应据此在综合分析、论证后，进行电力安全工器具预试实验室建设。电力行业的实验室建设单位（业主）应明确要求：无论实验室建设的设计、建造施工还是工程监理单位，都必须严格按照国家相关标准、规范及其他管理文件等进行有关实验室建设工作，同时必须结合目前电力行业的实际情况。目前，电力安全工器具预试实验室建设存在两种情况：新建实验室，以及在原有厂房条件下通过相关改造，使之能满足进行电力安全工器具预试工作的各项要求。

电力行业的实验室建设单位（业主）通常要求参与或承接实验室建设的设计、建造与监理单位具有相应的资质（以建造220kV等级实验室为例，通常要求电力工程设计行业丙级资质、电力工程施工总承包二级资质以及工程监理丙级资质），并在项目谈判或招投标工作中进行严格的资质审查。需要指出的是，如果是建设220kV等级及以下的电气实验室，则二级工程施工资质应可满足；但如果业主计划将实验室升格用于高压试验或带电作业器具试验，那么按照相应的资质要求规定，建议将对承包商的资质要求升高为一级。资质审查过程中，要求参与项目谈判或投标的单位提供相关的资质文件或证书（通常要求证书为正本，并附有对应复印件，包括下面提到的复印件在内，所有的复印件上均须有单位法人的书面签字与盖章，以证实复印件的真实性），单位的营业执照（执照中包括组织机构代码和税务登记号）原件及对应复印件，加盖单位公章的业绩表，以往的工程客户对该单位的评价文件资料（要求加盖客户单位公章）等。一般情况下，建议实验室建设单位优先选择曾经在电力行业中有过工程业绩，且客户单位反映较好的设计、建造与监理单位来承担实验室的设计、建设与监理任务。如条件允许，建议重点关注曾经承担过 500kV 及以上电压等级高压实验室、500kV 及以上电压等级变电站（换流站）、单台装机在 600MW 以上的电厂厂房设计、建设与监理的单位。由于这类单位有着较好的业绩，质量管控有一定保障，相应队伍较为齐全，信誉有较好保证，因此建议在项目谈判或招投标过程中对其予以重点考虑，以此来保证实验室建设过程中的设计、建设与监理能充分满足要求，工程质量可以得到有效的保证。

在实验室整个设计、建设与监理项目谈判或招投标过程中，业主单位应根据自身实验室建设的目的与中长期发展规划，编制项目技术规范书，编制相应的项目管理的各种管控文件与配套的管控要求及措施，防止由于对应文件缺失或不完善而造成实验室建设工程项目不能达到预期的目标，影响实验室的使用等。同时，建议实验室业主单位应在完成项目谈判或招投标工作后安排专人跟踪项目的进展和一系列相关工作，从业主单位角度监督项目完成情况和项目质量，督促参与单位严格履行在合同中的各项承诺，以严格把控实验室建造质量。

对于原有厂房的改造，一般来说会较新建实验室难度更大，因此，在完成实验室的项目谈判或招投标工作后，建议业主单位选派责任心和工作能力均较强的人员担任项目实施负责人，严格管理，以保证项目按质按量地得以完成。

3.2.2 预试实验室环境条件

3.2.2.1 大气环境条件

电力安全工器具预试实验室周边和预试实验室内必须保证符合一定的环境条件。附近不得有高污染源，不得建在高尘埃区域，必须远离酸、碱、盐、尘等恶劣环境，以保证预试质量和预试实验室设备的完好、人员的健康。实验室厂房周边不得有导电性或腐蚀性介质。

预试实验室内的年平均相对湿度不得大于 60%，一年内相对湿度超过 90%的天数不得多于 15 天，相对湿度超过 80%的天数不得多于 50 天。凡不具备以上环境条件的预试实验室必须在实验室内安装空气调节装置。

在自然环境下，预试实验室室内温度一般要求在 5～35℃。如室内温度低于 5℃，应安装供暖装置；如高于 35℃，则应安装冷风系统。

供暖、供气、供水管道在进出实验室处应设置绝缘隔离。

电力安全工器具预试实验室内必须安装温湿度实时监控装置。

3.2.2.2 电磁环境条件

电力安全工器具电气预试实验室选址应尽可能远离电磁和无线电干扰等直接影响预试作业效果的地方。如果确无法规避，则应安装电磁屏蔽，以保证一旦实验室承担局放测量时的数据准确与试验安全。

3.2.2.3 供电电源要求

预试实验室通常采用额定交流电压为 380V 的三相四线供电电源。电源容量不得小于预试实验室所有低压用电设备最大用电功率的总和，并留有一定的冗余容量。电源波形失真度不得大于 5%，任一时刻的电压与基波电压的偏差不得超出幅值的 ±5%。

预试实验室内供电系统必须采用电缆连接方式，并必须将电缆敷设在电力电缆沟内的接地钢管护套上。

电力电缆不得与通信或控制电缆同沟敷设，不得使用充油电缆。电气实验室的取电点必须在高压试验设备的附近设置，并能满足设备工作的要求。

3.2.3 预试实验室基本要求

3.2.3.1 合理布置

预试实验室总体分为电气和力学两大实验室，但由于各实验室都有大量的设备、装置，加之从安全运行考虑，则必须对实验室内的各类设备装置进行分门别类的合理布置，以保证预试工作的正常开展。

根据 DL/T 1476—2015 规定的预试电力安全工器具种类，一般 220kV 级预试实验室配置的基本试验设备与装置应以电气和力学两部分分别配置（具体配置建议可参见第 4 章、第 5 章设备或装置配置建议表）。电气实验室应该包含高压试验变压器成套装置、中低压试验变压器成套装置、智能化绝缘鞋（靴）、手套性能试验装置、导电鞋试验装置、耐压试验绝缘支架、耐压试验绝缘平台、验电器试验架、接地线成组直流电阻测试仪、绝缘绳专用试验架及试验必备的各类辅助用品等。

力学实验室应该包含：一台卧式拉力机（建议置设 50t 级机），有条件的单位或根据预试试验需求，还可增配一台 100t 级卧式拉力机（或二选一）；模拟人安全带拉力机，配置数量视承担的预试和实验场地容积而定，起码一台，允许根据预试试验需求增配多台；脚扣（及登高板）力学性能试验机，建议设置二台；一台梯具及检修平台力学性能试验机；一台微型拉力机，用于脚扣小皮带静力试验；一台安全帽力学性能试验机，如安全帽采取定期报废制则无需设置；通用力学性能试验机，配置数量、通用机标定荷载等级等均应视承担的预试和实验场地容积而定。允许根据实际预试条件和试品布置一套防高坠器具试验台架。由于防高坠器具通常为线路用安全工器具，结合线路特点和试验台架的实际情况，防高坠器具试验台架通常布置于力学试验室外部的一侧，一般面积在 $30m^2$ 左右，台架下设软基基础，即地面必须进行软化处理。由于防高坠器具试验台架高大，试验时有一定的危险性，因此试验台架作业区必须进行有效的安全防护框围（通常要求不得低于 3m，防护围栏必须具有一定强度，要求承力支架能承受试验所加最大应力（或）力矩的 1.1 倍），同时每隔一定间距悬挂相关安全警示牌，严格禁止非试验人员进入试验现场。

实验室厂房中设备装置的布置应事先根据设备的数量、场地面积等实际情况进行详尽的研究，并依据电子模拟画出设备布置平面分布图，再根据分布图具体安装作业。作业过程中，允许做些微的调整，一般不做大的变动。如确需进行较大的改动，应交设计调整确定后再行安装。

3.2.3.2 分区明确

预试实验室厂房内设备、装置的平面布置分布图应清晰、明了，合理分布，划区明确。

电气实验室要有明确的作业操作室，并对操作室的构建有明确的要求。通常要求对作业操作室实行全屏蔽，电源进出操作室必须以预埋电缆通过电缆沟方式传输，操作室除操作用控制台外，必须配有独立的试验电源箱及二次保护装置。

电气试验现场场地（以220kV实验室为例）应以500kV串级试验变压器成套装置为中心布置，并以试验变压器外沿为基线，并按照规程规定的安全要求在其四周标出足够的安全距离（最好在最小安全距离的基础上再增加一定的距离冗余，以保证试验时的人身及设备安全），其他设备装置不得布置于500kV串级试验变压器成套装置的安全距离圈之内。

电气预试的其他设备、装置宜根据实验室内具体情况进行布置，通常验电器试验支架、耐压试验绝缘支架等应较为靠近试验变压器设备，以方便试验高压引线等作业。

电气预试设备、装置区域与通道等非作业区域必须有明显的区域划分，并用可视安全围栏加以分隔，悬挂相关安全警示牌，围栏高度宜不低于2m，围栏宜使用金属或带有金属的物件构成，以形成金属屏蔽，并将围栏连接到实验室接地网上，使之可靠接地。在进行预试时，设备、装置区域必须加以全封闭，试验区域内不得有人，围栏上每一定间隔悬挂安全警示标识牌。

电气预试区域内各设备、装置之间必须有明确的作业区域划分，并按标准加以彩色标注。设备、装置之间的分隔可以用安全围栏加以分隔，最好加挂相应内容的安全警示牌。

对于成组接地线直流电阻测试仪，可以在电气实验室的较偏区域设置操作工作台。

力学实验室设备或装置布置与电气实验室布置的不同之处在于，电气实验室主要是避免和防止因电产生的伤害，力学实验室主要是防止击打磕碰、机件破碎而飞溅等机械性伤害。据此，力学实验室所有设备或装置都必须分别加装金属可视安全防护隔离围栏（通常要求不得低于 2m，并有一定的强度），悬挂相关安全警示牌，并各自可以形成独立的试验区域与环境，以防止试验中设备发生飞车、试品破碎飞溅而引发试验事故。同时，要求试验设备与试验操作台必须进行安全防护分隔，以保护试验作业人员的人身安全。

在设备或装置的布置方面，通常将大吨位力学性能试验机和梯具及检修平台力学性能试验机置于实验室的一侧。对于脚扣（及登高板）力学性能试验机及模拟人安全带拉力机，根据实验室实际情况设计，给出设备分布图，按照图中规格、型号、吨位、数量等，采用相对集中布置的方式布图并进行设备安装。有安全帽力学性能试验机的，则建议与登杆脚扣（及登高板）力学性能试验机安装相近为宜。通用力学性能试验机可以在较接近大吨位力学性能试验机的位置进行安装。微型拉力机适用于脚扣小皮带静力试验（施加拉力仅 90N），整体微小，建议置于实验室相对较偏僻的厂房角为宜。防高坠器具试验台架则通常安装置于力学预试实验室外墙的合适地方。

3.2.3.3　分区与通道清晰

在设备装置布置合理的前提下，预试实验室内还必须有清晰的通道设置。由于单件电力安全工器具较小，送入实验室进行集中预试时，往往都呈杂乱无章的状态，常见的就是一堆一堆地放置于待检区，有的甚至于随意堆放于实验室内。这样不仅仅给试验带来了整理、归类、分辨等的困难，而且也极易造成电力安全工器具预试前的非正常损坏，还直接影响到实验室正常的预试工作秩序，也不符合 DL/T 1475—2015 的规定。为此，与电气实验室一样，应遵守国家质检总局（现国家市场监督管理总局）关于实验室设备布置要求规定，实验室必须在设备、装置安装定位后，首先在每台（套）设备装置的相应部位（常在设备装置的对应墙上）明确标出相关的设备装置名称、作业要求、安全注意事项、作业流程、设备装置管理责任人（需要设置监护人的还需写明监护人姓名）、设备装置试验人、试品单位等候区域等。同时，对实验室的分区、各设备名称与位置、待检区和已检区（包括合格区、报废区）位置、进出通道等按照标准进行明显的彩色标注，让每一位进入实验室的人都可以对实验室的布局、作业流程、作业方位一目了然，以保证预试工作的有序、安全、正常开展。

3.2.3.4　其他要求

电力安全工器具预试实验室内设有总电源，而实验室内所有设备装置的电源都必须是独立的，设备装置的电源必须通过电源控制箱接入。严禁 2 台或多台设备装置合用一个电源控制箱，且每台电源控制箱内必须装有过流保护装置。

由于绝缘靴（鞋）、绝缘手套的预试工作需要浸水或亲水，为保证预试工作的正常进行和一定的试验效率，通常采用在实验室内布置快干柜和靴（鞋）支撑架、手套支撑架的方法来完成此项任务。这样，既能保证试验的质量，又能保证试验有效进行，并规范预试工作。

在电气实验室内，布置智能快干柜和鞋（靴）支撑架、手套支撑架等辅助器具的数量及规格型号应根据承担的试验任务的具体情况而定，基本原则通常为够用即可。

智能快干柜应采用优质冷轧薄钢板制成，允许经点焊制作，但在保证质量、效能利用和经济条件许可的前提下，由于自动流水线制作的快干机质量等更有保障，故建议尽可能采用由数控自动弯板机整套流水线制成的快干柜。柜体钢板厚度宜用1.5mm 标准钢板加工，且具有较好的防水防尘功能，柜内分隔应根据实验室承担任务和实验室具体环境条件与柜体加工单位协商确定，总的原则是要满足试验现场的使用需要。柜体内须装有自动温湿度控制系统，一般智能工具柜的温湿度控制区域为：温度控制范围 15～25℃，湿度控制范围 30%～60%，基本能满足电力安全工器具的存储条件。柜体外表面附有材质、功能、节能附表、简洁使用图标等文字或说明。

通常，鞋（靴）支撑架、手套支撑采用工业用耐蚀不锈钢（一般要求使用 304 不锈钢加工而成，所有试验装置用材均应以此为基本条件或要求；少数也有用木质基材加工而成的支架，但由于容易腐烂及霉变，本书不建议采用，具体用材由各实验室据实而定），严禁使用所谓“耐锈铁”冒充不锈钢制成的支撑架混入其中，同时要求货架制作符合试验需要，架体光滑，不得有裂缝、毛刺、尖角等可能导致试品损坏的缺陷，尤其是支撑鞋底和手套手指的支撑头必须圆滑，以保证试验顺利进行和试验质量。

另外，预试实验室应该分别在待检区和已检区的合格区中布置一定数量的仓储货架，用于预试电力安全工器具试验前和试验后（直接报废的电力安全工器具允许在已检区的报废区不规范暂存）的分别临时存放。仓储货架的长度、宽度及方法要符合 DL/T 1475—2015 规定的电力安全工器具存放要求。仓储货架的数量应根据实验室承担的试验任务、实验室环境条件等确定。选用的仓储货架宜采用符合国家工业用不锈钢钢材制作，如采用其他钢材制作的仓储货架，则必须进行相关的耐蚀表面处理，且应有一定年限无蚀保证。货架应有一定的刚性和强度，所有焊接部件必须满焊，不得有虚焊、漏焊、焊穿、气孔、咬边等现象。

电力安全工器具预试实验室内必须按照消防标准及设计要求安装消防实时监控与报警装置，并配备足够的喷淋装置和消防器材。电气实验室应配备干粉类适于电气灭火的喷淋介质或灭火器材，力学实验室允许配水性喷淋介质或灭火器材。同时消防器材的布置必须经过缜密地分析火灾可能的情况后合理布置，保证发生灾情时能在最短时间内启动紧急处置方案和使用消防器材灭火，把灾害消灭于萌芽之中，保证实验室的安全。同时，还应依据消防法和消防器材的使用说明建立定期检查和更换制度，并加以责任制落实制度，保证消防器材随时处于可用状态。

电力安全工器具预试实验室内必须备有必要的应急装备及救护应急用品。

电力安全工器具预试实验室内应备有必要的通用工具等试验作业用具，可在电气和力学实验室内分别配备。

电力安全工器具预试实验室内必须安装能满足管理要求的全角度视频实时监控装置。

在电气和力学实验室内允许根据条件分别设置一定面积的休息室。

4 电气预试实验室试验装置及其布置

本书以用于 220kV 电压等级作业防护的电力安全工器具的典型预防性试验为例，描述电气预试实验室的建设及其相关要求，故在以下的描述中，如未特别说明，对于电气预试实验室建设及其相关要求的描述均是针对用于 220kV 电压等级作业防护的电力安全工器具而言。另外，对于用于其他电压等级，尤其是 110kV 和 35kV 电压等级作业防护的电力安全工器具预试涉及的相关装置（设备），仅作必要的说明，而不再另设章节进行描述。

4.1 电气预试实验室试验装置

按照 DL/T 1476—2015 的要求对电力安全工器具进行预试，电气预试实验室必须配备的基本试验装置（设备）见表 4-1。

表 4-1 电气预试实验室必须配备的基本试验装置（设备）

装置（设备）名称	规格与型号	参考数量	备注
工频试验变压器成套装置[①]	500kV 级[②]	1 套	采用串接而成的成套装置，主要用于 220kV 级绝缘操作杆的工频耐压试验
	300 或 250kV 级	1 套	视承担的预试任务、试验方法及实验场地容积而定

续表

装置（设备）名称	规格与型号	参考数量	备注
工频试验变压器成套装置①	100 或 150kV 级	1～2 套	视承担的预试任务及实验场地容积而定，也可根据实际需要配备 50kV 级
绝缘靴、绝缘手套性能试验装置		至少 1 套	视承担的预试任务及实验场地容积而定
导电鞋测试仪		1 套	
绝缘操作杆耐压试验装置（平放式绝缘操作杆耐压试验装置或吊架式绝缘操作杆试验装置）		至少 1 台③	配置数量视承担的预试任务及实验场地容积而定
绝缘耐压试验平台		1 台	可用于对绝缘遮蔽罩、绝缘垫、绝缘毯、绝缘隔板、绝缘夹钳等进行工频耐压试验
电容型验电器试验装置		至少 2 套（1 套 35kV 及以下，1 套 66～500kV）	配置数量视承担的预试任务、电压等级及实验场地容积而定
核相器试验装置			包括核相器动作电压试验装置、绝缘部分工频耐压试验装置、连接导线绝缘强度试验装置、核相器泄漏电流试验装置
接地线成组直流电阻测试仪		至少 1 台	
绝缘绳试验装置		1 台	
试验必备的各类辅助用品：起码应包含电极棒、足够的海绵、钢珠、金属箔、水桶、鞋靴专用支架、手套专用支架等			配置数量视承担的预试任务、电压等级及实验场地容积等实际情况而定

注 ① 所涉及的试验变压器详见下文所述，但不局限于本书所列，允许实验室根据各自具体情况作出相应调整，总体来说，应以满足承揽的试验任务需求为依据。

② 对于 500kV 级工频试验变压器成套装置，实验室可以根据所采用的 220kV 级绝缘操作杆工频耐压试验方法（整杆试验法或分段试验法）来决定配置与否。

③ 建议至少配置一台平放式绝缘操作杆耐压试验装置。对于吊架式绝缘操作杆试验装置，实验室可根据所采用的 220kV 级绝缘操作杆工频耐压试验方法（整杆试验法或分段试验法）来决定配置与否；如需配置，建议以一台为宜。

4.1.1 工频试验变压器成套装置

电力安全工器具电气预试实验室最重要的试验装置就是工频试验变压器成套装置，见图 4-1。通常，一个电气预试实验室需配备 1 套大容量升压变压器成套装置，例如 500kV 级高电压无局放工频试验变压器成套装置；还可以根据电气实验室承揽的试验任务增加 1 套 300kV 或 250kV 级的工频试验变压器成套装置，以及 1～2 套 150kV 或 100kV 级的工频试验变压器成套装置（或 50kV 级与 100kV 级的组合），以满足低电压等级电力安全工器具的试验需求。从客观上讲，由于绝缘杆的工频耐压试验允许必要的分段试验，因此变压器成套装置的具体配置数量可以根据以下因素来确定：实验室承担的试验任务；实验室建设单位的经济情况；电气预试实验室的总体布局和设备布置情况。这样配置的目的是提高测试精度，降低试验成本，提高实验室的经济效益。

(a)

图 4-1 工频试验变压器成套装置（一）

（a）升压装置

(b)

图 4－1 工频试验变压器成套装置（二）

（b）升压装置操作台

对于 110kV、35kV 电压等级作业防护用电力安全工器具来说，由于其试验电压等级较低，因此，在其电气预试实验室升压试验变压器的配置方面，可以在满足试验需求的基础上相应地降低标准和要求，以便在保证试验需求的同时降低实验室建设的投入。

4.1.1.1 500kV级无局放工频试验变压器成套装置

一套标准容量为 100kVA、输出电压为 500kV 的无局放工频试验变压器成套装置的主要组成及技术指标如下。该工频试验变压器成套装置主要适用于 220kV 电压等级工频耐压试验。

（1）环境条件。

海拔高度：≤2000m；

环境温度：－20～＋40℃；

空气相对湿度：≤90%（25℃）；

电源电压波形为实际正弦波，波形畸变率＜3%；

起码设有一个可靠接地点，且接地电阻值须<0.5Ω；

使用地点：限于室内。

（2）主要组成。1 台 100/500 工频无局部放电试验变压器，1 台 100/0.38/0～0.42 调压器，1 套 300/500 电容分压器兼耦合电容器，1 根 GR500－0.2/25 工频保护电阻，1 台控制装置，以及相应的配套电缆（建议至少长 30m）与附件等。

（3）100/500 工频试验变压器总体技术指标及分级指标。

1）总体指标。

型号：××××－100/2×250；

结构型式：绝缘外壳，油浸自然冷却；

相数：单相；

额定频率：50Hz；

额定输入电压：0.4kV；

额定输入电流：250A；

额定输出电压：500kV；

额定输出电流：0.2A；

额定输出容量：100kVA；

测量绕组电压比：2000：1；

输出波形畸变率：≤3%；

短路阻抗：≤16%；

介质损耗因数：$\tan\delta$≤0.3%；

局部放电量：100%额定电压下≤5pC，80%额定电压下≤3pC；

绝缘水平：110%额定自感应耐压 1min。

2）第一级（下级）变压器技术指标。

型号：××××－100/250－Ⅰ；

结构型式：绝缘外壳，油浸自然冷却；

相数：单相；

额定频率：50Hz；

额定电压：低压绕组 0.4kV，高压绕组 250kV，累接绕组 0.4kV；

额定容量：低压绕组 100kVA，高压绕组 100kVA，累接绕组 50kVA；

额定电流：低压绕组 250A，高压绕组 0.4A，累接绕组 125A；

短路阻抗：≤8%；

局部放电量：100%额定电压下≤5pC；

绝缘水平：110%额定自感应耐压 1min。

测量绕组电压比：1000：1；

输出波形畸变率：≤3%；

介质损耗因数：tanδ≤0.3%。

3）第二级（上级）变压器技术指标。

型号：××××－100/250－Ⅱ；

结构型式：绝缘外壳，油浸自然冷却；

相数：单相；

额定频率：50Hz；

额定电压：低压绕组 0.4kV，高压绕组 250kV；

额定容量：低压绕组 50kVA，高压绕组 50kVA；

额定电流：低压绕组 125A，高压绕组 0.2A；

短路阻抗：≤8%；

局部放电量：100%额定电压下≤5pC；

绝缘水平：110%额定自感应耐压 1min。

测量绕组电压比：1000：1；

输出波形畸变率：≤3%；

介质损耗因数：$\tan\delta \leqslant 0.3\%$。

（4）100/0.38/0～0.42 接触式调压器技术指标。

型号：××××－100/0.38/0～0.42；

相数：单相；

额定频率：50Hz；

额定容量：100kVA；

额定输入电压：0.38kV；

额定输入电流：263A；

额定输出电压：0～0.42 kV；

额定输出电流：238A；

输出波形畸变率：≤3%；

起始电压：≤1%；

运行时间：1.1 倍额定电压运行 1min；额定电压和额定电流下可连续运行 30min。

（5）电容分压器（兼耦合电容器）技术指标。

型号：××××－300/500；

额定频率：50Hz；

标称电容量：300pF；

额定电压：500kV；

标称分压比：2000：1

测量误差：包含低压臂、测量电缆、数字电压表≤1%；

局部放电量：100%额定电压下≤5pC，80%额定电压下≤3pC；

结构型式：绝缘外壳，油纸电容结构；由顶罩、均压环、电容器本体、移动底座、低压臂等组成；分压器同时可作为耦合电容器用于局部放电测量。

（6）变压器工频保护电阻技术指标。

型号：GR500－0.2/25；

额定电压：500kV；

额定电流：0.2A；

标称电阻：25kΩ；

局部放电量：100%额定电压下≤5pC，80%额定电压下≤3pC；

结构型式：采用漆包镍铬丝缠绕在环氧树脂板上，呈蜂窝式结构，使电热丝发出的热量和空气充分交换，降低电阻使用时的温度，保证电阻母体材料在受热时强度不降低。两端有屏蔽环，当被试品放电时，保护电阻不会发生绝缘损坏。

（7）控制装置技术指标。控制装置采用同步交流电机驱动调压器调压，并设有上下保护、零压分闸保护、过流过压保护以及试品击穿自动回零功能；控制台设有试验室安全门保护；装置设有耐压记时元件，达到耐压时间则调压器自动降至零位。

装置表计指示：高压输出电压表，精度 0.5 级；高压输出电流表，精度 0.5 级；调压器输出电压表，精度 0.5 级；调压器输出电流表，精度 0.5 级；设有电源合闸指示；设有调压器复零指示。

装置配有控制测量线一套，测量线长度应根据实验室建设与设备布置时的设计而定，通常建议最长不超过 35m。

4.1.1.2 300kV级工频试验变压器成套装置

一套 50kVA/300kV 工频无局放试验变压器成套装置的主要组成和技术指标如下。该工频试验变压器成套装置主要用于 110kV 电压等级及以下的电气试验项目。

（1）环境条件。

海拔高度：≤2000m；

环境温度：−20～+40℃；

空气相对湿度：≤90%（25℃）；

电源电压波形为实际正弦波，波形畸变率＜3%；

起码设有一个可靠接地点，且接地电阻值须＜0.5Ω；

使用地点：限于室内。

（2）主要组成。1 台 50/300 工频无局部放电试验变压器，1 台 50/0.38/0～0.42 柱式调压器，1 套 300/300 电容分压器兼耦合电容器，1 根 GR300－0.17/30 工频保护电阻，1 台控制装置，以及相应的配套电缆（建议长度至少 10m）与附件等。

（3）50/300 工频无局部放电试验变压器技术指标。

型号：××××－50/300；

结构型式：绝缘筒式；

相数：单相；

额定频率：50Hz；

额定输出容量：50kVA；

额定输入电压：0.4kV；

额定输入电流：125A；

额定输出电压：300kV；

额定输出电流：0.17A；

输出波形畸变率：≤3%；

工频耐压水平：330kV/1min；

运行时间：额定电压、额定电流下可连续运行 5min；2/3 额定电压、2/3 额定电流下允许连续运行；

局部放电量：100%额定电压下≤5pC，80%额定电压下≤3pC；

冷却方式：油浸自冷；

结构形式：绝缘外壳环氧玻璃丝绕制；

温升：＜45K；

阻抗电压：＜7%；

空载电流：＜5%；

质量：约 1350kg。

（4）50/0.38/0～0.42 接触式调压器技术指标。

型号：××××－50/0.38/0～0.42；

相数：单相；

额定频率：50Hz；

额定容量：50kVA；

额定输入电压：0.38kV；

额定输入电流：131.6A；

额定输出电压：0～0.42kV；

额定输出电流：119A；

输出波形畸变率：≤3%；

起始电压：≤1%；

运行时间：1.1 倍额定电压运行 1min；额定电压和额定电流下可连续运行 30min；

质量：约 146kg。

（5）电容分压器（兼耦合电容器）技术指标。

型号：××××－300/300；

额定频率：50Hz；

标称电容量：300pF；

额定电压：300kV；

标称分压比：1000：1

测量误差：包含低压臂、测量电缆、数字电压表≤0.5%，工程应用上通常精度不低于 1.5%；

局部放电量：100%额定电压下≤5pC，80%额定电压下≤3pC；

结构型式：绝缘外壳，油纸电容结构；由顶罩、电容器本体、移动底座、低压臂等组成；分压器同时可兼做耦合电容器，用于局部放电测量；

质量：约70kg。

（6）变压器工频保护电阻技术指标。

型号：GR300－0.17/30；

额定电压：300kV；

额定电流：0.17A；

标称电阻：30kΩ；

局部放电量：100%额定电压下≤5pC，80%额定电压下≤3pC；

结构型式：采用漆包镍铬丝缠绕在环氧筒上，两端配置连接管与变压器分压器相连，两端设有屏蔽环，当被试品放电时，保护电阻不会发生绝缘损坏；

质量：约35kg。

（7）控制装置技术指标。控制装置采用同步交流电机驱动调压器调压，并设有上下保护、零压分闸保护、过流过压保护及试品击穿自动回零功能；控制台设有试验室安全门保护；装置设有耐压记时元件，达到耐压时间则调压器自动降至零位。

装置表计指示：高压输出电压表，精度0.5级；高压输出电流表，精度0.5级；调压器输出电压表，精度0.5级；调压器输出电流表，精度0.5级；工程应用上通常试验台监测表计精度不低于1.0级；装置设有电源合闸指示；装置设有调压器复零指示。

装置配有控制测量线一套，其长度应根据实验室建设与设备布置时的设计而定，通常建议最长不超过 25m。

质量：约 40kg。

4.1.1.3 10kVA/100kV工频无局放试验变压器成套装置

一套 10kVA/100kV 工频无局放试验变压器成套装置的主要组成及技术指标如下。该工频试验变压器成套装置主要适用于 35kV 电压等级及以下的电气试验项目。

（1）环境条件。

海拔高度：≤2000m；

环境温度：−20～+40℃；

空气相对湿度：≤90%（25℃）；

电源电压波形为实际正弦波，波形畸变率<3%；

起码设有一个可靠接地点，且接地电阻值须<0.5Ω；

使用地点：限于室内。

（2）主要组成。1 台 10/100 工频无局部放电试验变压器，1 台 10/0.22/0～0.25 调压器，1 套 100/400 电容分压器，1 根 GR100−0.1/10 工频保护电阻，1 台控制装置，以及相应的配套电缆（建议至少长 10m）与附件等。

（3）10/100 工频试验变压器技术指标。

型号：××××−10/100；

结构型式：绝缘筒式；

相数：单相；

额定频率：50Hz；

额定输出容量：10kVA；

额定输入电压：0.22kV；

额定输入电流：45.5A；

额定输出电压：100kV；

额定输出电流：0.1A；

输出波形畸变率：≤3%；

工频耐压水平：100kV/1min；

运行时间：额定电压、额定电流下可连续运行 1min；

冷却方式：油浸自冷；

结构形式：绝缘外壳环氧玻璃丝绕制；

温升：＜45K；

阻抗电压：＜10%；

空载电流：＜6%；

质量：约 155kg。

（4）10/0.22/0～0.25 接触式调压器技术指标。

型号：××××－10/0.22/0～0.25；

相数：单相；

额定频率：50Hz；

额定容量：10kVA；

额定输入电压：0.22kV；

额定输入电流：45.5A；

额定输出电压：0～0.25kV；

额定输出电流：40A；

波形畸变率：≤3%；

起始电压：≤1%；

运行时间：1.1 倍额定电压下运行 1min；额定电压和额定电流下可连续运行 30min；

质量：约 30kg。

（5）电容分压器技术指标。

型号：××××－400/100；

额定频率：50Hz；

标称电容量：400pF；

额定电压：100kV；

标称分压比：1000：1

测量误差：包含低压臂、测量电缆、数字电压表≤1%；

结构型式：绝缘外壳，油纸电容结构，由顶罩、电容器本体、移动底座、低压臂等组成；

质量：约15kg。

（6）变压器工频保护电阻技术指标。

型号：GR100－0.1/10；

额定电压：100kV；

额定电流：0.1A；

标称电阻：10kΩ；

结构型式：采用漆包镍铬丝缠绕在环氧筒上，两端配置连接管与变压器分压器相连，当被试品放电时，保护电阻不会发生绝缘损坏；

质量：约10kg。

（7）控制装置技术指标。控制装置采用同步交流电机驱动调压器调压，并设有上下保护、零压分闸保护、过流过压保护以及试品击穿自动回零功能；控制台设有试验室安全门保护；装置设有耐压记时元件，达到耐压时间则调压器自动降至零位。

装置表计指示：高压输出电压表，精度0.5级；高压输出电流表，精度0.5级；调压器输出电压表，精度0.5级；调压器输出电流表，精度0.5级；装置设有电源合闸指示；装置设有调压器复零指示。

装置配有控制测量线一套，长度应根据实验室建设与设备布设时的设计而定，通常建议最长不超过 25m，工程应用上通常监测表计精度不低于 1.0 级。

质量：约 40kg。

目前，在升压装置的选型实践中，实验室往往是根据所承接的具体任务和实验室自身条件，结合电气试验用的各种试验设备、装置，基于对相关标准的理解与应用以及实验室较长时期的发展规划，在进行全面综合平衡后再作出决定的。

4.1.2 绝缘靴、绝缘手套性能试验装置

绝缘靴、绝缘手套这类辅助型绝缘工器具，常常会用于低压运行、检修、维护等作业中，以提高作业人员的人身安全保障。绝缘靴、绝缘手套是以天然橡胶为基材，经过与其他多种原材料按一定的配比加工制造而成的安全工器具。由于是以天然橡胶为基材，一方面，这类安全工器具具有一定的绝缘性能，另一方面，橡胶的物理化学特性使之会随着时间的推移而逐渐老化，继而直接导致绝缘性能逐步降低，影响到其本身的安全可靠性，由此就决定了按照相关标准要求对绝缘靴、绝缘手套这类工器具定期进行预试的必要性。只有经过严格的定期试验，方能判定被试绝缘靴、绝缘手套的绝缘性能是否符合标准规定的使用要求，据此作出对被试绝缘靴、绝缘手套绝缘性能程度的认定，以保证现场使用的绝缘靴、绝缘手套在作业中能发挥出应有的安全防护作用。

对于绝缘鞋，由于其低质且仅用于低压（0.4kV）等级，故在 DL/T 1476—2015 中未要求对其进行预试，故本书在此也不做细述。但是，仍应在每次穿着前认真检查绝缘鞋的具体情况，尤其应特别注意绝缘鞋的鞋底磨损情况。如鞋底耐磨纹磨损严重，或鞋跟一侧磨偏产生坡形，则不得继续穿用，必须更换新

鞋方可进入现场作业。同时，还应认真检查鞋体情况，如发生脱胶，鞋面、鞋帮面料破损等情况时，在现场作业时也不得继续穿用。

目前，电力行业内采用专用的试验装置（设备）对绝缘靴、绝缘手套进行预试，通过试验来判定被试试品的合格与否。

4.1.2.1 基本结构

依照 DL/T 1476—2015 和 GB 12011—2009《足部防护 电绝缘鞋》的要求，必须对绝缘靴、绝缘手套按规定的方法施加一定的工频电压，在标准要求的时间内，以泄漏电流作为试验依据，来判定被试绝缘靴、绝缘手套的性能优劣。而进行这种试验则必须采用专用的绝缘靴、绝缘手套性能试验装置。

绝缘靴、绝缘手套性能试验装置可以是各自单独的测试装置，也可以是将绝缘靴、绝缘手套性能试验所用器具、部件进行重新组合而成的一体化试验装置。目前，市售绝缘靴、绝缘手套性能试验装置以一体化性能试验装置居多。

一体化绝缘靴、绝缘手套性能试验装置分为组合式或整体式结构两种。市场上较多的是能够一次性完成 6～8 只(3～4 双）绝缘靴、绝缘手套的耐压试验，同时准确检测 6 或 8 路泄漏电流试验的采用整体式结构的绝缘靴、绝缘手套性能试验装置。

所谓组合式绝缘靴、绝缘手套性能试验装置（见图 4－2），其主要特点是所采用 6 或 8 路试验用器皿可以分解，而不是像整体式结构试验装置一样联结为一体。最典型的组合式是采用 6 或 8 个水桶式（器皿）在试验时分别通过导线连接的方式进行试验，简单方便，机动性较强，有一定的实用性。缺点主要表现在对绝缘靴试验时的接触电阻不易控制与掌握，有可能直接影响到测试数值的准确性，继而影响对被试品的合格与否的判定等。

所谓整体式绝缘靴、绝缘手套性能试验装置（见图 4－3），就是将绝缘靴、绝缘手套试验槽盒与试验装置加工成一个整体，其最大的优点就是可以克服组合式试验装置因分离产生的接触电阻，即接触电阻几乎为零。由此，可以使测试数据相对于组合式试验装置要更精确，则判定被试试品合格与否更为精准。

图 4－2 组合式绝缘靴、绝缘手套试验装置

图 4－3 整体式绝缘靴、绝缘手套试验装置

绝缘靴、绝缘手套性能试验装置的测试电流表一般分为指针式和数字式两种，指针式电流表一般安装于测试装置的下端，而数字式电流表则一般都安装于上端。试验时，测试的冲击电流一般会使测试表指针发生一定的抖动，此时应取稳定后的测试值作为测试依据。目前，市售绝缘靴、绝缘手套性能试验装置大多采用数字式电流表进行测试。

随着科学技术的不断发展，新技术在绝缘靴、绝缘手套性能试验装置上有了越来越多的应用。高压分断机构的应用使多只绝缘靴（或绝缘手套）同时进行测试成为可能，大大提高了测试效率。高压分断机构是在每个试品高压引线上加装一个电磁分断装置，当某只试品泄漏电流超过设定值或被击穿时，分断机构可以快速分断，使该只试品与升压系统分离，而不影响其他试品的测试，实现一次升压即可同时完成同批被测试品的试验，并将不合格试品检出。高压分断机构的应用，不仅大大提高了工作效率，而且避免了试品的重复测试，减少了耐压试验对试品的伤害。

无线通信技术的应用，将绝缘靴（绝缘手套）泄漏电流通过红外或无线信号传送到试验主机，使得试验人员不必直接观察高压线上的仪表，大大降低了试验人员的安全风险；同时，还可以将测试所得最终数据存储到测试台上，自动生成试验报告。

当然，随着国家安全生产要求的日益强化，人们的安全意识和需求越来越高，DL/T 1476—2015 逐步被电力员工所认识和利用，再加上科技的飞速发展与实践应用，更现代、更高效的测试装置正源源不断地涌现并进入测试市场。鉴于目前的使用情况，本书仍以整体式结构试验装置为例对绝缘靴、绝缘手套性能试验装置进行阐述。

4.1.2.2 技术参数

绝缘靴、绝缘手套性能试验装置技术参数见表 4－2。

表 4－2　　绝缘靴、绝缘手套性能试验装置技术参数

参数	数值	备注
试验电压	AC 0～15kV	
试验电流	0～30mA	
电流测量精度	1 级	

续表

参数	数值	备注
电压测量精度	1 级（0.5+1.0）	
一般试验量	3～4 双/6～8 只	6 或 8 路电流测量
试验装置电源	AC 220V（±10%）	
绝缘靴试验用钢珠	ϕ4mm	

绝缘靴试验采用ϕ4mm 钢珠（也有采用ϕ3mm 钢珠的试验装置，但建议采用ϕ4mm 钢珠）作为专用电极，通过埋入钢珠中的测试线连接到测试回路的方式进行检测。绝缘手套测试采用电极夹持方式构成回路进行。

4.1.3 导电鞋测试仪

导电鞋是利用其自身良好的导电性能，将人体积聚的静电迅速消除，以此达到保护作业人员安全的一种专用个人防护职业工作鞋，也是一种电力安全工器具。

导电鞋仅适用于作业人员不会遭受电击的场所。

导电鞋由具有良好导电性能的特种橡胶通过压模制成，可在短时间内消除人体静电积聚，是一种在 220～500kV 带电杆塔上及 330～500kV 带电设备区域的非带电作业时为防止静电感应电压可能对作业人员造成伤害而配穿的安全防护鞋。

导电鞋预试工作适用的标准为 GB 21146—2007《个体防护装备 职业鞋》、GB/T 20991—2007《个体防护装备 鞋的测试方法》以及 DL/T 1476—2015。

按照 GB 21146—2007 和 GB/T 20991—2007 的规定，全新导电鞋的电阻不得大于 100kΩ。导电鞋的主要技术要求除电气性能外，还有外底磨耗量、围条与鞋帮粘附强度、外底耐折、外底耐磨、成鞋剥离强度等参数指标。

GB 21146—2007 中导电鞋的相关描述如下：

“4　分类

鞋按表1分类。

表1　鞋的分类

规定代号	分类
I	用皮革和其他材料制成的鞋，全橡胶或全聚合材料除外
II	全橡胶（即完全硫化的）或全聚合材料（即完全模制的）鞋

……

6　职业鞋的附加要求

6.1　一般要求

根据工作场所遇到的危险，适合使用的职业鞋应符合表12中给出的适用的附加要求和对应标记。

表12　有合适标记符号的特殊用途的附加要求

<table>
<tr><th colspan="2" rowspan="2">要求</th><th rowspan="2">条款</th><th colspan="2">分类</th><th rowspan="2">符号</th></tr>
<tr><th>I</th><th>II</th></tr>
<tr><td rowspan="8">成鞋</td><td>抗穿刺性</td><td>6.2.1</td><td>×</td><td>×</td><td>P</td></tr>
<tr><td rowspan="4">电性能
导电鞋
防静电鞋
电绝缘鞋</td><td>6.2.2</td><td></td><td></td><td></td></tr>
<tr><td>6.2.2.1</td><td>×</td><td>×</td><td>C</td></tr>
<tr><td>6.2.2.2</td><td>×</td><td>×</td><td>A</td></tr>
<tr><td>6.2.2.3</td><td></td><td>×</td><td>I</td></tr>
<tr><td rowspan="3">耐恶劣环境性能
鞋底隔热性
鞋底防寒性</td><td>6.2.3</td><td></td><td></td><td></td></tr>
<tr><td>6.2.3.1</td><td>×</td><td>×</td><td>HI</td></tr>
<tr><td>6.2.3.2</td><td>×</td><td>×</td><td>CI</td></tr>
</table>

续表

要求		条款	分类		符号
			I	II	
成鞋	鞋座区域能量吸收	6.2.4	×	×	E
	防水性	6.2.5	×		WR
	厚保护	6.2.6	×	×	AN
鞋帮	透水性和吸水性	6.3.1	×		WRU
	结构	6.3.2	×		
外底	防滑区域	6.4.1	×	×	
	防滑外底厚度	6.4.2	×	×	
	花纹高度	6.4.3	×	×	
	耐热接触性	6.4.4	×	×	HRO
	耐油性	6.4.5	×	×	PO

注：本表中对特殊分类要求的适用性说明如下：×如果有此特性则要求应符合。

……

6.2.2.1　导电鞋

按照 GB/T 20991—2007 中的 5.10 方法测量时，在干燥环境（GB/T 20991—2007 的 5.103.3）中调节后，电阻值应小于 100kΩ。

……

8.2　电性能

8.2.1　导电鞋

每双导电鞋应提供下列文字说明书。

‘如果必须在尽可能的最短时间内将静电荷减至最小，例如处理炸药则必须使用导电鞋。如果来自任何电器或带电部件的

电压危险已经完全消除，则不必使用导电鞋。为确保鞋是导电的，规定在鞋的全新状态下，电阻值小于100kΩ。

在使用期间，由于屈挠和污染，导电材料制成的鞋的电阻值可能会发生显著变化，那么必须确保导电鞋在整个使用期限内能履行消散静电荷的设计功能。因此，在需要的场所，建议使用者建立一个内部电阻测试并定期使用它。这项测试以及下面提到的测试应成为工作场所事故预防程序的例行部分。

如果鞋在鞋底材料可能被增加鞋电阻的物质所污染的场所穿用，穿着者每次进入危险区域前必须经常检查所穿鞋的电阻值。

在使用导电鞋的场所，地面电阻不应使鞋提供的防护失效。

在使用中，除了一般的袜子，鞋内底与穿着者的脚之间不得有绝缘部件。如果内底和脚之间有鞋垫，则应检查鞋/鞋垫组合体的电阻值。’”

对于导电鞋的型式试验，适用的标准主要是 GB 21146—2007 和 GB/T 20991—2007；而对于导电鞋的预试工作，则应结合电力行业现场实际作业的情况和需要，从上述标准中选择最可能引发事故和最重要的试验项目作为预试的试验要求。根据 DL/T 1476—2015 的规定，仅对导电鞋进行直流电阻测试，每穿用≤200h 即进行测试（据此，导电鞋的配置与穿用必须建有相应的使用记录，不得以估算等带有主观臆断的方法来判断是否需要进行预试）。导电鞋预试中进行电气性能测试的目的在于：通过配穿导电鞋，保证一线员工在作业中免受因静电引发的伤害或生命危险。

导电鞋电气参数的测量应通过专用测试仪器（导电鞋测试仪）来完成。

4.1.3.1　基本结构

导电鞋测试仪主要由测试仪主机、测试内电极、钢珠、外电极铜板及测试线（含探针）等组成。导电鞋测试仪采用伏安法测试导电鞋电阻。由于导电鞋电阻较大（其合格范围应小于 100kΩ），因此，考虑到测试的方便性，采用两端口测量，因测试引线电阻较小，故相对于导电鞋电阻可以忽略不计。

市售导电鞋测试仪一般采用液晶显示器，读数直观，且该类显示器可以同时显示测试电阻及计时时间等参数（见图 4－4）。市售导电鞋测试仪多数采用轻触按键技术进行导电鞋的测量和控制。目前，多数市售导电鞋测试仪还利用预置的日历时钟功能来记录测试时间，并配备微型打印机及 USB 通信接口，便于数据的打印及数据传输。

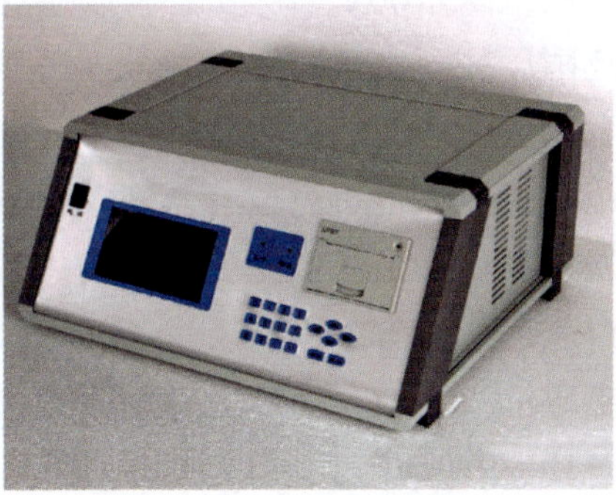

图 4－4　导电鞋测试仪

为保证测试时被试导电鞋鞋底功耗不超过 3W，测试仪至少具有 2 个试验电压输出挡位，并能自动切换，以确保鞋底功耗在 3W 之内。

测试仪设有计时功能，从测试开始自动计时，在测试 1min

后自动记录测试结果。

4.1.3.2 技术指标与参数

根据 GB 21146—2007、GB/T 20991—2007 规定的技术要求以及结合电力行业实际情况编制的 DL/T 1476—2015 的规定，导电鞋测试仪采用伏安法测量导电鞋电阻，测试仪输出电压应为（100±2）V 的直流电压，通过测量测试电压及导电鞋上的泄漏电流计算得出导电鞋电阻，其测量误差小于 2.5%。

GB/T 20991—2007 要求：对导电鞋做电阻值测试时，鞋底的能量消耗不得超过 3W。如需要降低电压对导电鞋进行电阻值测试，则需要在试验报告上对实际测试电压予以记录。

（1）导电鞋测试仪的基本技术指标与参数如下。

额定测试电压：DC 100V；

额定量程范围：3.3～400kΩ；

降压测试电压：DC 10V；

降压量程范围：0.01～40kΩ；

电压测量误差：＜1%；

电阻测量误差：＜2.5%；

额定工作电压：220V；

数显计时：10～990s。

（2）导电鞋测试电极要求。由于导电鞋电阻的测量是通过导电鞋内电极和外电极施加测试电压进行测量的，因此内、外电极的配置直接影响着测试结果。

内电极：由总质量 4kg，ϕ5mm 的不锈钢珠及铜接触电极组成，接触电极参考尺寸为ϕ30mm×50mm 纯铜圆柱体，并装有接线柱；钢珠和铜电极应采取措施防止或除去氧化层。

外电极：由一块铜接触板组成，外形尺寸不小于导电鞋鞋底尺寸，同时焊接测试导线连接测试仪。

4.1.4 绝缘操作杆耐压试验装置

绝缘操作杆耐压试验装置主要用于绝缘操作杆、验电器绝缘杆及接地线操作杆等的预试工作。

目前，绝缘操作杆的参考标准为 GB 13398—2008《带电作业用空心绝缘管、泡沫填充绝缘管和实心绝缘棒》。但是，严格来讲，GB 13398—2008 仅对用于加工绝缘操作杆杆体的材料作出了规定，并不能完全反映电力行业对绝缘杆的技术性能、安全性能方面的要求。由于绝缘操作杆预试的主要项目是工频耐压试验和直流耐压试验，故对于绝缘操作杆预试来说，GB 13398—2008 只能作为相应要求的参考，而试验的主要依据应该是电力行业编制的行业安规 DL 408－91、DL 409－91 和在其基础上新编的 GB 26859—2011、GB 26860—2011、GB 26861—2011，以及国家电力公司于 2002 年颁发的国电发〔2002〕777 号文和根据国电发〔2002〕777 号文重新编制的行标 DL/T 1476—2015。

新编制的 DL/T 1476—2015 对于绝缘操作杆的耐压试验突出强调了对应于不同交直流电压等级级别、不同有效测试长度所适用的不同的耐压强度与测试时间。DL/T 1476—2015 要求，必须按照表 7 的规定，严格规范有效试验长度。在实际进行绝缘操作杆预试时，可根据各实验室具体情况选择横位或竖位方式进行，即选择不同的绝缘操作杆耐压试验装置来满足 DL/T 1476—2015 要求的试验条件。

对于低电压等级的绝缘操作杆试验，常用的绝缘操作杆耐压试验装置完全可以满足 DL/T 1476—2015 规定的试验要求。

而对于高电压等级的绝缘操作杆试验，则需要根据被试绝缘操作杆的长短对绝缘操作杆耐压试验装置做出相应的调整。因此，对于 220kV 及以上电压等级的绝缘操作杆的预防性试验，就需要对绝缘操作杆耐压试验装置的整个尺寸大小、支撑及支撑强度等做出相应的调整。

目前，有的单位根据 DL/T 1476—2015 对于绝缘操作杆预试的规定提出要求：在进行绝缘操作杆预试时，必须整杆（应理解为按照 DL/T 1476—2015 要求的有效试验长度，下同）进行。实际上，DL/T 1476—2015 仅仅要求在进行绝缘操作杆预试时应严格执行标准规定的有效试验长度，并未明确限定完成试验应采用哪种方法。

客观地讲，以整杆方式进行绝缘操作杆的试验应该相对简单且数据误差小，因此，如果被试的绝缘操作杆较短小，就建议采用整杆测试的方法。比如，对于携带型短路接地线配用的绝缘操作杆，DL/T 1476—2015 就明确要求必须整杆进行测试。但是，绝缘操作杆整杆测试最大的难点在于，由于高电压等级的绝缘操作杆普遍较长，采用整杆试验的方法对于试验环境与试验条件来说就显得近乎苛刻。

就目前国内的实验室实际条件来说，只有少数科研单位（比如省级电科院及以上单位）高压试验大厅的软硬件条件可以满足进行此类测试的要求。由于高电压等级绝缘操作杆的整杆长度可达 8～10m，整杆测试需要将绝缘操作杆整体竖立，测试时还要加上对应电压的安全距离，并留有一定的安全冗余，再加上高压试验大厅普遍为高跨厂房，一般厂房内普遍装设行车，这样，几个数据叠加之后，总高度就十分可观。由于省级电科院承接的往往是大容量主变压器、高电压等级开关、高电压等级绝缘子套管等重大设备的试验任务，依据其承担的任务与工作特点，建有高大厂房是完全必要的。

尽管省级电科院的高压实验室有能力进行高电压等级绝缘操作杆的测试工作，但是，省级电科院自身的工作任务已极为繁重和饱满，人力、时间、承担任务的能力等相对有限。而根据 DL/T 1476—2015 的规定，在电力安全工器具预试工作中，除安全帽以外，该标准中所列的所有品种与规格的电力安全工器具均必须逐件预试，同时还规定了少则半年、多数为一年的试验周期。一般来说，每个省（市、自治区）有至少 10 个左右的地市级单位，一个地市级供电公司就有不低于 8 万件的电力安全工器具，有的供电公司（局）甚至高达 20 万件以上，另外还有发电公司以及社会用电大户自备的电力安全工器具等，要求省级电科院承揽如此庞大数量电力安全工器具的预试任务并逐件进行预试，是不切实际的。因此，在实际工作中，除个别有特殊需求或特殊情况的任务外，省级电科院一般也不会承揽像绝缘操作杆预试这一类的试验任务。

据了解，正在拟议中的国家电网有限公司电力安全工器具三级管理方案规定：国家电网有限公司总部所辖直属电科院承担公司总部级电力安全工器具的研发与管理工作；省级电科院配合总部直属电科院的研发与管理工作，承担自主开发电力安全工器具的科研任务、协助解决省级所辖下级单位有关电力安全工器具方面的疑难问题，配合省级公司相关部门做好相应管理工作；地市级单位则主要承担所辖地市级单位和下辖县区级单位的电力安全工器具预试任务。因此，地市级单位的安监部门及其所辖实验室负责其下属各单位电力安全工器具相关各项具体工作的方案应该是合理可取的，且具有可操作性。实际上，目前电力行业中电力安全工器具的预试工作绝大部分就是由地市级单位的实验室或者由持有相应资质的第三方实验室通过招投标方式承接地市级单位的试验任务来完成的。

然而，也应当清醒地认识到，地市级实验室的软硬件条件相对有限，试验厂房或高压试验大厅的高度（一般最低净高度8m以下者居多）不能满足如上所述对绝缘操作杆整杆测试的条件（尤其是高电压等级绝缘操作杆的整杆试验）。在电力安全工器具中，绝缘操作杆的供应数量应该是最多的，且电压等级众多、预试周期仅为一年，省级电科院在人力和时间上无法按照标准要求逐件完成测试任务，地市级实验室又因客观条件限制不可能进行整杆测试，因此，对绝缘操作杆进行有效长度测试是切实可行的好方法（对于个别有相应资质且具备整杆测试条件的第三方实验室，仍建议采用整杆测试的方法）。这种方法对于实验室而言虽然会繁杂一些，测试精度较整杆测试的误差也会大一些，但误差仍在可控范围内，并不会影响对测试结果的最终判定。实践证明，对绝缘操作杆采用以有效长度测试的方法是行之有效的，故在DL/T 1476—2015中，延用了原行标DL 408－91、DL 409－91及国电发〔2002〕777号文的试验方法，即坚持对绝缘操作杆进行有效长度测试。本书建议，地市级电力安全工器具预试实验室可以根据自身条件采用此方法对绝缘操作杆进行预试。

实际上，电力行业内多年来依据DL 408－91、DL 409－91及国电发〔2002〕777号文进行预试的经验表明，对于诸如220kV级绝缘操作杆的预试而言，只要做到正确地分段和试验，采用分段试验是贴合实际、切实可行的方法。通常，可以将220kV级绝缘操作杆的有效测试长度2.1m分为4段，由于DL/T 1476—2015要求的测试工频电压为440kV，因此将440kV÷4＝110kV，再将110kV×1.2＝132kV，用该工频电压分别对4段绝缘操作杆进行测试，然后综合判断被试绝缘操作杆的合格与否。这样做，可以大大降低升压变压装置的等级要求，降低试验设备成本；降低对试验厂房的高度与面积要求；便于地市级实验室开展绝缘操作杆的预试工作。笔者认为，对于绝缘操作杆的预试工作，应该允许采用分段试验的方法进行；对于试验单位来说，应在充分考虑试验质量和自身经验的前提下，采用分段预试的方法开展绝缘操作杆预试工作。

综上所述，只要采取切实可行的、有效的测试方法，利用绝缘操作杆耐压试验装置应该完全可以完成绝缘操作杆的预试任务，而不一定需要建造高等级电压的试验大厅。

4.1.4.1 基本结构

目前，绝缘操作杆耐压试验装置的形式分为 2 种。一种是平放式的绝缘操作杆耐压试验装置，另一种是为适应 DL/T 1476—2015 相关要求以及 220kV 及以上电压等级绝缘操作杆有效试验长度普遍较长的具体情况，借鉴 DL/T 976—2017《带电作业工具、装置和设备预防性试验规程》的适用方法，由测试装置生产厂家开发出的适用于 220kV 及以上电压等级绝缘操作杆试验的专用装置，该装置采用吊架式结构的方式对绝缘操作杆进行试验。

（1）平放式绝缘操作杆耐压试验装置。常用的平放式绝缘操作杆耐压试验装置的结构较为简单，主要适用于 110kV 及以下电压等级的绝缘操作杆的预试。如图 4－5 所示，该装置由试验杆体导电海绵夹组成的绝缘操作杆耐压试验用绝缘夹持支架、支撑试验绝缘夹持架的绝缘支撑立柱及可移动底座组成。在该装置上端接入测试电压，下端可靠接地，形成回路。

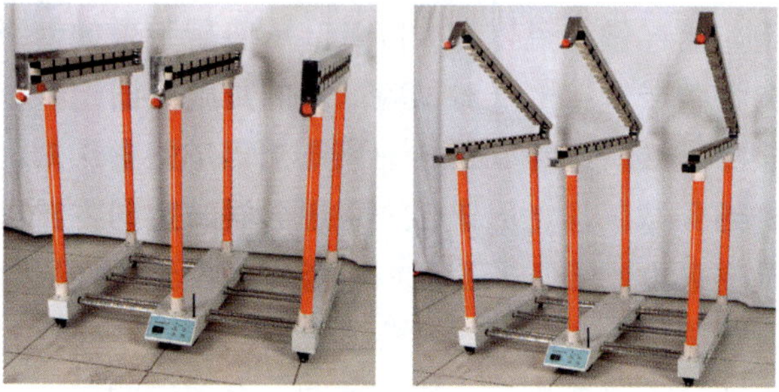

(a)　　　　(b)

图 4－5　平放式绝缘操作杆耐压试验装置

（a）夹紧状态；（b）打开状态

为了使平放式绝缘操作杆耐压试验装置能适用于多个电压等级的绝缘操作杆试验，通常是利用装置底座的可移动性，按照试验所需的有效长度对装置进行调节，以保证试验长度满足DL/T 1476—2015要求的有效长度。该试验装置的主要缺点是，当被试绝缘操作杆杆体长度较长时，由于支架自身的限制，杆体在装置上会因为自身重量而发生一定的弯曲，产生挠度，这就可能影响试验数据的准确性和正确性。

DL/T 1476—2015规定，在进行绝缘操作杆耐压试验时，必须采用宽度为50mm的电极环抱绝缘操作杆。为了满足此要求，平放式绝缘操作杆耐压试验装置采用50mm电极组合槽型导电海绵，以保证对绝缘操作杆的环抱接触效果。绝缘操作杆试验夹持支架为开合式结构，并在其上架设有夹持夹。当被试绝缘操作杆放置完成后，压下夹持支架的上架，用夹持夹将夹持支架的上下电极扣紧，以保证试验电极对被试绝缘操作杆的完全环抱，确保试验效果。通常，该夹持支架是通过对测试线路采用并联方式来实现同时对多支绝缘操作杆进行测试的组合式支架，以便同时进行若干支绝缘操作杆的耐压试验，提高测试效率。

使用绝缘操作杆耐压试验装置进行绝缘操作杆试验时，应对照 DL/T 1476—2015 的要求，选取相应电压等级的有效试验长度，以保证试验方式的正确性。

对于 220kV 及以上电压等级的绝缘操作杆，由于其杆体普遍较长，不建议将这类绝缘操作杆在平放式绝缘操作杆耐压试验装置进行整杆试验，建议利用分段试验方法完成试验。

如坚持对 220kV 及以上电压等级的绝缘操作杆进行整杆试验，则建议按以下两种方式来考虑。

1）由于 220kV 绝缘操作杆普遍较长，为保证试验满足标准中表 7 要求的有效试验长度，采用平放式绝缘操作杆耐压试验装置进行试验时，在保证装置上两端 50mm 电极之间的 220kV 绝缘操作杆有效试验长度为 2.1m 的前提下，为防止被试绝缘操作杆弯曲变形而影响试验数据，对超出测试支架部分使用事先备好的绝缘支架在末端做平衡支撑（用于平衡支撑的绝缘支架必须使用与耐压试验绝缘装置同样的基材制成），以此来保证试验顺利进行。但是，对于在末端加装平衡支架是否会对试验效果产生影响、数据是否会发生偏移，目前尚无定论。在 DL/T 1476—2015 和 DL/T 976—2017 中均未对此进行描述或分析，DL/T 976—2017 仅强调对绝缘操作杆必须进行整杆试验。

2）对于 330kV 及以上电压等级的绝缘操作杆，建议采用吊架式绝缘操作杆耐压试验装置进行试验。如因厂房条件等原因而无法在 220kV 等级电气试验室进行，又要坚持对绝缘操作杆进行整杆试验，则鉴于 330kV 及以上电压等级的绝缘操作杆本身数量不多、试验要求却较高的情况，建议将此类绝缘操作杆定期送省级电科院进行试验。

（2）吊架式绝缘操作杆耐压试验装置。目前，市售有多款吊架式绝缘操作杆耐压试验装置，大致可分为门架式或圆盘架式两类。吊架式绝缘操作杆耐压试验装置较常用的平放式装置要复杂许多，装置主体是门架或圆盘形式。吊架式试验装置可以根据不同电压等级试验的实际需要，通过将绝缘操作杆起吊至不同的高度，对不同电压等级、不同长度的绝缘操作杆进行耐压试验，同时，也能满足 DL/T 1476—2015 中表 7 规定的不同电压等级绝缘操作杆的有效试验长度的要求。近年来研发制造的可调有效试验长度吊架式绝缘操作杆耐压试验装置，其内部装有工控模块，可实现半自动化或自动化控制，能有效减轻试验作业强度，并保证试验完全满足标准要求。

常用的平放式绝缘操作杆耐压试验装置仅能满足 35kV 及以下电压等级绝缘操作杆的整杆试验以及 35～220kV 级绝缘操作杆分段试验的要求，而吊架式绝缘操作杆耐压试验装置，不论门架式或是圆盘架式，其有效高度能满足所有电压等级绝缘操作杆试验所要求的有效试验长度，因此其主要特点就是可以对绝缘操作杆进行整杆测试。但是，由于吊架式试验装置比较高大，相应地，试验厂房必须足够高，才能达到 GB 26859—2011、GB 26860—2011、DL 408－91、DL 409－91 规定的安全距离（包括增加一定的安全冗余）。

有一种吊架式门型绝缘操作杆耐压试验装置采用 2 组 4 根组合绝缘支柱作为支撑，两侧侧向分别采用钢板金具横向连接形成梯状结构，两侧支架之间采用绝缘材料制成斜拉支撑，将支架的 4 个立柱连接成一个整体，保证结构的稳定性，以此形成装置的整体结构（见图 4－6）。

该试验装置的顶部装有均压罩，以减小局部放电。为便于在试验装置上吊挂被试的绝缘操作杆，试验装置配装有起重小车，用于吊夹悬挂被试绝缘操作杆。通常，在吊架式试验装置的两侧组合绝缘支柱中部设有绝缘轨道，便于起重小车沿轨道滑动。起重小车通过绝缘绳与起重电动装置相连接，并可采用遥控装置进行升降控制，进行绝缘操作杆的升降。

图 4-6 吊架式绝缘操作杆耐压试验装置

起重小车上装有激光测距仪，可自动测量小车的位置，同时，在绝缘支架下部安装有水平激光标尺，以便于测定试验长度。试验时，将起重小车自动停靠在设定试验长度的位置，悬挂绝缘操作杆，并将接地线用导电夹连接到激光标尺标识的位置。安装完毕后，操作遥控器，将起重小车升到最高点，同时，起重小车通过电刷与均压罩连接成为等电位体，一切就绪，进入试验状态。

绝缘起重小车带有 N 个工位，一次可以悬挂 N 根（通常为 8～14 根）绝缘操作杆，且每个主工位可测量高压泄漏电流。利用红外通信等手段，可将试验时所获得的测试数据实时传输到试验操作台，从而保证试验操作台可实时显示 N 路泄漏电流和电池电量。

吊架式绝缘操作杆耐压试验装置在设计时已经考虑到起重小车的电能补充问题。当起重小车移动到装置的下侧时，装置可以对小车进行充电。

试验过程中，被试绝缘操作杆下部采用专用不锈钢测试夹做接地电极，保证了与地的可靠连接。

目前，已有装置生产厂家对上述试验装置进行了改进，最大的改动是采用整根高绝缘立柱替代了原来由绝缘子串拼接而成的立柱，见图 4-7。这一改进大大简化了安装调试步骤，增加了整个试验装置的安全性与稳定性。

图 4-7　改进后的吊架式绝缘操作杆耐压试验装置

4.1.4.2　技术参数

平放式绝缘操作杆耐压试验装置技术参数见表 4-3。

表 4-3　平放式绝缘操作杆耐压试验装置技术参数

参数名称	参数值	备注
额定工频电压（kV）	45～150	满足 35kV 及以下电压等级绝缘操作杆的整杆试验以及 35～220kV 级绝缘操作杆分段试验的要求
工位数	*N*个（通常 8～12 个）	
泄漏电流量程（mA）	5～10	
泄漏电流测量精度（%）	1	
有效高度（长度）（m）	0.35～1.05	

吊架式绝缘操作杆耐压试验装置的技术参数见表 4-4。

表 4-4　吊架式绝缘操作杆耐压试验装置技术参数

参数名称	参数值	备注
额定工频电压（kV）	220～1300	满足 1000kV 及以下电压等级绝缘操作杆整杆耐压试验的要求
工位数	*N*个（通常 8～14 个）	
泄漏电流量程（mA）	5～10	
泄漏电流测量精度（%）	1	
有效高度（m）	5～10	

4.1.5 绝缘耐压试验平台

绝缘耐压试验平台是一种用于对绝缘遮蔽罩、绝缘垫、绝缘毯、绝缘隔板、绝缘夹钳等电力安全工器具进行试验的专用装置，需要时还可结合 DL/T 976—2017 等标准的要求对其用途进行拓展，用于对绝缘服及其他绝缘产品的测试。绝缘耐压试验平台是共用性装置，利用此平台，可对上述不同被试产品按照各自对应标准规定的方法、要求等进行试验。

使用绝缘耐压试验平台对绝缘遮蔽罩、绝缘垫、绝缘毯、绝缘隔板、绝缘夹钳等进行试验时，既要根据具体试品种类，按照或参照相应的产品标准技术要求和参数进行试验，同时还要严格执行 DL/T 1476—2015 等相关标准的规定。对于某些没有对应产品标准的电力安全工器具，在产品型式试验时一般参考带电作业用的相关标准，在进行预试工作时，由于 DL/T 1476—2015 虽然对这类电力安全工器具提出了预试要求，但并未给出具体的试验方法，故此类产品的预试仍应参考和沿用 DL/T 976—2017 中规定的预试方法。

在绝缘耐压试验平台上对绝缘遮蔽罩、绝缘垫、绝缘毯、绝缘隔板、绝缘夹钳等进行试验时，通常采用金属箔、湿布（或浸水海绵、导电布等）或专用模具等作为电极辅料。因此，除需要适当配备金属箔等辅助用品外，还应了解和掌握金属箔等物品的操作裹覆与此类测试的试验方法等。

4.1.5.1 基本结构

常用的绝缘耐压试验平台类似于一张结构简单且牢固的方桌，其台面通常为一块具有足够绝缘强度的面板，配以与平台面板牢固结合的四条支撑腿（见图 4－8）。试验平台面板的绝

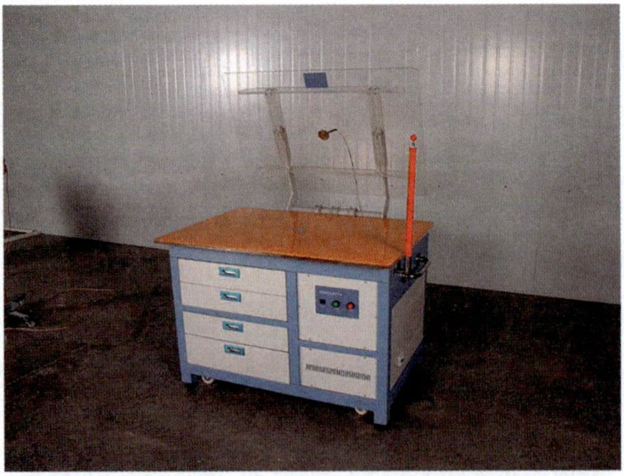

图 4－8　绝缘耐压试验平台

缘强度要求应依据实验室承揽的试品电压等级及实验室的中长期规划而定。绝缘耐压试验平台的一条支撑腿根部留有固定螺栓，通过导线连接试品的接地极和接地端，构成接地回路。平台的主体结构通常采用绝缘基材（如玻纤加环氧树脂）加工而成。

常见的绝缘耐压试验平台一般有以下两种。

（1）较为常用的是一种由全绝缘材料制作而成的试验平台。此种试验平台绝缘性能可靠，足以满足试验要求。

（2）另一种是全部采用优质不锈钢构件制作而成的试验平台。在此种试验平台上进行试验时，通常须在平台面板上覆盖一块有足够耐压强度的全尺寸耐压绝缘板，以确保测试工作的顺利进行。金属或半金属结构加工而成的试验平台均应符合绝缘基材的试验平台应达到的试验要求与安全防护要求方可使用。

本书仅对用绝缘材质制成的绝缘耐压试验平台进行介绍。

目前，常用的绝缘耐压试验平台高度为800mm，平台面板尺寸为800mm×800mm，厚度为5mm（而DL/T 976—2017的图B.10 b中标注的外形尺寸为1270mm×1270mm，见图4－9），

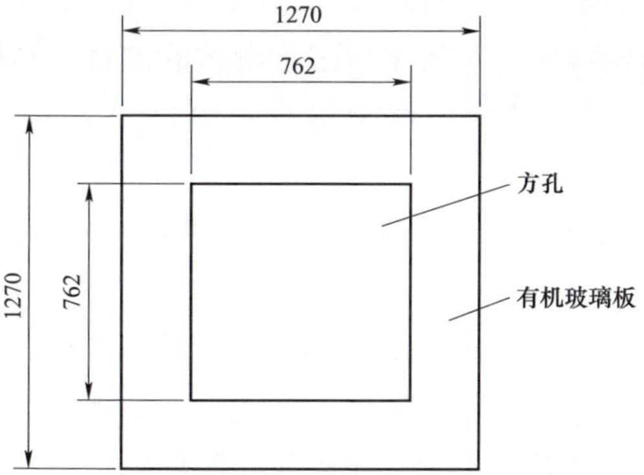

图4－9　绝缘毯（垫）交流耐压试验接线图

平台下部与四根支撑腿通过树脂黏合方式牢固连接。金属平面板尺寸通常为500mm×500mm×5mm，可以是铝合金板或不锈钢板，一般以铝合金板为多。金属平面板置于平台面板的中央。

测试时，金属平面板中心部位向下固定有一ϕ5mm的金属螺纹桩，穿过平台面板预留的中央孔洞，将接地连接导线一端固定在金属螺纹桩上，另一端固定在支撑腿跟部的接地螺栓上，而接地螺栓上有另一连接导线与接地电极连接，以此形成接地回路。

实际应用中，有单位根据试验平台的特点和承接测试任务的具体情况，结合DL/T 976—2017规定的测试内容，通过对试验平台进行优化设计和精确加工，延伸开展了一些DL/T 1476—2015范围之外的测试项目，比如绝缘衣的测试等。目前，绝缘衣并未归入电力安全工器具的范围，DL/T 1476—2015中也未涉及绝缘衣的预试内容、要求和预试方法，各预试实验室可以根据实验室建设单位的具体情况和所承担的试验任务需求自行决定是否扩项开展绝缘衣的试验工作。但是，必须按照相应标准规定的试验方法与技术要求对绝缘衣进行试验。对于其他拟计划利用绝缘耐压试验平台进行测试的项目，同样必须依据相应的标准要求进行。对于绝缘衣测试平台的详细介绍见4.1.5.3。

需要特别提出的是，利用绝缘耐压试验平台对绝缘遮蔽罩进行试验时，平台台面仅起到支撑放置作用。应按照相应的产品标准以及DL/T 1476—2015的要求对绝缘遮蔽罩进行试验。鉴于绝缘遮蔽罩分软质和硬质两大类，且其规格、型号繁多，为开展绝缘罩试验还必须依照绝缘罩的外形特别加工相应贴合度高的试验电极罩（目前，通常采用优质不锈钢材料取代传统的铝制品电极罩。这是因为，铝制品电极罩虽经阳极化处理，但在长时间使用后可能因磨损而使得铝粉或氧化铝附着于电极罩上，从而造成被试绝缘遮蔽罩绝缘性能的降低，还可能导致试验数据的偏移，甚至直接影响试验数据的准确性，给绝缘遮蔽罩的使用埋下安全隐患，可能会由此对一线作业员工直接造成安全威胁。故而建议：在条件允许的情况下，尽量采用不锈钢材质的电极罩），方能完成试验工作。另外，DL/T 1476—2015 还规定，内部电极应采用金属芯棒，外部电极应由导电材料制成（如金属箔或导电漆等）。有些实验室在对绝缘遮蔽罩进行测试时，为各类型、各型号的绝缘遮蔽罩专门配备了与之相对应的绝缘遮蔽罩试验内、外电极模具，这些举措均方便了测试工作的正常开展，提高了工作效率，进一步规范了测试工作。

还应指出的是，利用绝缘耐压试验平台对绝缘夹钳进行试验时，由于试品是被放置于试验平台上的，而绝缘耐压试验平台是供多种工器具预试用的一个试验装置，因此，为保证绝缘夹钳预试质量，应在试验前检查试验平台面板的绝缘强度是否足够。一般要求平台面板的绝缘强度须高于100kV，以防止由于种种失误，导致绝缘夹钳与绝缘耐压试验平台导通而使试验失败。如果该绝缘强度达不到上述要求，则应在试验平台面板上再加铺必要的绝缘辅件，以确保试验的顺利进行。另外，绝缘耐压试验平台面板中央留有为上覆金属板接地连线的空洞，在对绝缘夹钳进行试验时必须将此金属板去除。为保证绝缘夹钳预试的顺利进行，建议在绝缘耐压试验平台面板上再覆盖一块足够大且具有足够绝缘强度的面板，测试工作在新覆盖的绝缘面板上进行为宜。

4.1.5.2 技术指标

由于绝缘毯、绝缘垫、绝缘隔板、绝缘遮蔽罩以及绝缘夹钳等多用于35kV及以下电压等级的电力设施上，因此建议选用10/100级工频试验变压器成套装置进行耐压试验。绝缘耐压试验平台的主要技术指标如下。

额定电压：100kV；

额定容量：10kVA；

试验平台尺寸：1270mm×1270mm（DL/T 976—2017标注公称尺寸）；

工作电压：AC 220V；

电压测量误差：＜0.5%；

输入电流量程：25.0A；

电流测量误差：＜0.5%；

数显计时：10～990s。

4.1.5.3 一种新型绝缘衣测试平台

需要特别说明的是，绝缘衣测试并非DL/T 1476—2015规定的试验项目，属于绝缘耐压试验平台的拓展项目。

绝缘衣测试平台是基于绝缘耐压试验平台的一种升级型测试平台。该平台采用全绝缘测试平台和全绝缘透明电动压板，利用导电织物（混有金属纤维的导电织物）作为绝缘衣的内、外电极，组成完整的绝缘衣测试平台，使绝缘衣测试工作更加便利、绝缘衣测试面积进一步加大。

绝缘衣测试平台基座为一个金属钣金柜体，柜体设有多个抽屉，用于放置绝缘衣、绝缘毯等试品专用电极，见图4–10。在金属台体上安装了整块的绝缘材质面板，绝缘板尺寸为1200mm×

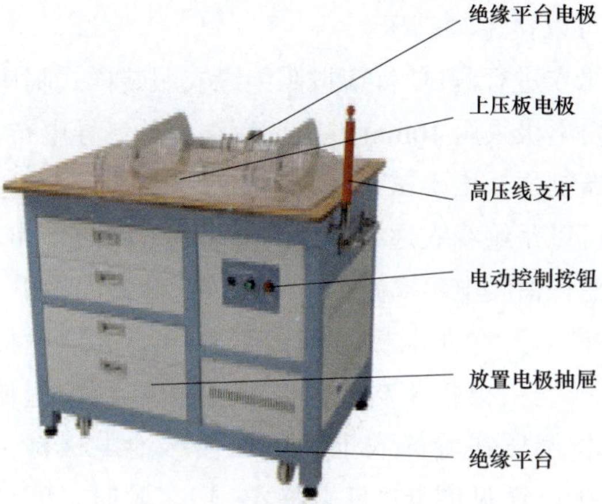

(a)

(b)

图 4－10　新型绝缘衣测试平台

（a）上压板放下试验状态；（b）上压板升起放置试品状态

800mm，厚度足以承受所受试品工频试验电压的试验绝缘强度。在测试平台中间，装有一个圆形不锈钢金属接地平板电极，电极平面与绝缘平台为一个平面。在绝缘平台上部安装有由透明有机玻璃制成的绝缘压板，外形尺寸略小于绝缘平台，在绝缘压板中间安装有一个圆形不锈钢金属平板电极。上部电极可以接地，也可以接工频高压。

对绝缘衣进行测试时，应按照绝缘衣服装样式制作专用的内、外电极。内电极采用 10mm 厚阻燃海绵并外包导电布，外电极由单层导电布制成。由于试验平台为绝缘型，因此绝缘衣内、外电极间距离可以是绝缘衣边缘内外留出的爬电距离之和，较金属导电平台单面预留爬电距离减少一半，因此测试面积更大。

试验前，先将外电极与测试平台中心接地电极接触，内电极用高压线引出接工频试验电压，按控制按钮使上绝缘压板放下，均衡压在绝缘衣上，上压板接地电极与上部导电布外电极连接，详见图 4－11、图 4－12。此时，即可以进行工频耐压试验。上压板为透明材料，当发生放电时，试验人员很容易就可以观察到。建议在试验前向导电布电极上喷少量水，以便于导电布的降温，以及在试品发生放电时减少对电极的伤害。

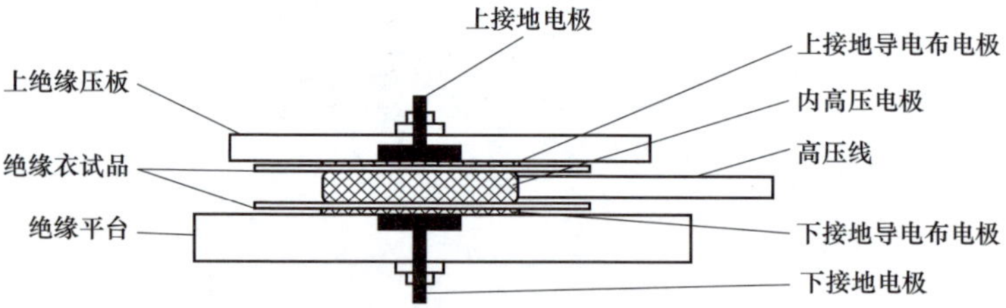

图 4－11　绝缘衣测试电极布置示意

该绝缘衣测试平台也可用于绝缘垫、绝缘隔板等单层试品的工频耐压试验。当进行绝缘垫、绝缘隔板等单层试品的试验时，试品上下均采用单层导电布作为电极，通过导电布折叠、搭接等方式，可以适应不同尺寸、不同形状的试品。接地电极直接与绝缘平台中部电极接触连接，将绝缘压板接地线拔掉，将试验高压连接到上部电极。这样，试品下部电极接地上部电极高压，即可进行工频耐压试验。

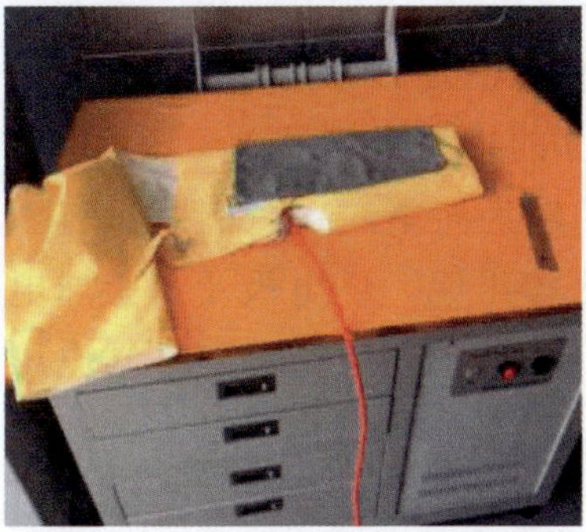

(a)

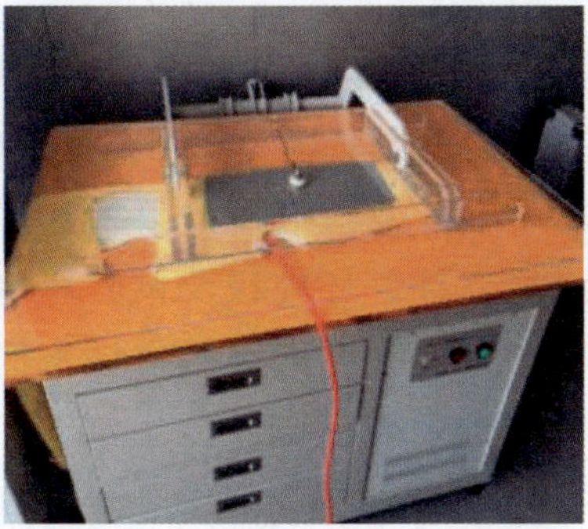

(b)

图 4－12　绝缘衣测试

（a）接地电极与绝缘平台中部电极连接；（b）试验高压连接到上部电极

4.1.6　电容型验电器试验装置

电容型验电器是电力行业涉电作业时最常用的安全工器具，是用于验证被作业设备、装置、线路等是否带有工作电压的最直接的方法。通常情况下，一经验电器验电证明被作业设备、装置、线路等不带工作电压，即可对被作业设备、装置、线路等实施悬挂接地线等安全防护技术措施。待各相关措施完成并经检查符合工作票要求后，就可以根据工作票上的作业内容开始进行相关作业。因此，电容型验电器在电力行业涉电作业的安全防护中起着举足轻重的作用。

电容型验电器是由验电指示器（以下简称验电器）和绝缘操作杆组合而成的一种安全工器具。

电容型验电器的绝缘操作杆需要按照绝缘操作杆试验方法单独进行试验，电容型验电器试验装置仅对电容型验电器的启动电压进行试验，以甄别电容型验电器是否合格可用。

4.1.6.1 基本结构

电容型验电器的预防性试验依据的是 DL/T 740—2014《电容型验电器》和 DL/T 1476—2015 的相关规定。

电容型验电器试验装置结构较为简单，主要部件由底座、绝缘立柱、环电极及试验球电极等组成。环电极及试验球电极分别由不同的绝缘立柱支撑，并按照标准要求和不同电压等级的不同极间距离组成一个试验整体。每次试验时，都必须根据试品的电压等级对电容型验电器试验装置进行重新组合。

为了保证电容型验电器在试验时能平稳地接近试验球电极，有些试验装置生产厂家在原有装置中增设了一个支撑架，采用平行滑动的方法，使电容型验电器能基本平衡缓步地接近球电极，使之近似接触球电极的水平中心轴线，以保证试验数据的准确性，见图 4-13。

图 4-13　平稳型推进试验装置

每个电压等级都有各自对应的专用电容型验电器，在对其进行试验时，所选用的试验球电极、环电极的直径、试验高度以及与周边墙壁和顶部天花板的直接间距也都不同。实际工作中，由于电容型验电器一般都没有延长电极，且常用于10～35kV、66～220kV的设备及装置，因此，为便于试验操作，通常根据对试验布置与地面之间的距离、球电极、环电极的直径、与周边墙壁和顶部天花板的直接间距等的要求，将电容型验电器试验装置分为10～35kV、66～500kV、750kV三种规格。试验时，具体的预防性试验参数按照DL/T 1476—2015执行。

需要指出的是，在实际的现场应用中，由于500kV、750kV级电容型验电器的绝缘操作杆既长且重，如采用常规验电方法进行验电，常人根本无法举起绝缘操作杆，也就更谈不上验电。据此，为严格执行GB 26859—2011、GB 26860—2011的规定，即“对待作业设备、装置在作业前必须进行验电，经验电证明待作业设备、装置上确实没有工作电压，方可对该设备、装置实施悬挂接地线等安全作业技术措施”，鉴于对500kV、750kV等高电压等级设备、装置采用常规验电方法难于进行的情况，建议采用间接验电的方法对500kV、750kV设备、装置进行验电，以此来确认待作业设备、装置是否带有工作电压。间接验电是通过设备、装置的机械指示位置、电气指示、带电显示装置、仪器，以及各种遥测、遥信的变化来判断设备、装置是否带有工作电压的一种方法。间接验电的全过程必须有2个及以上的指示，且所有指示均须同时发生对应变化才能判定该待作业设备、装置是否带有工作电压。如若进行遥控操作，则应同时检查隔离开关（刀闸）等相关装置的状态指示、遥测和遥信信号以及带电显示装置的指示等，只有以上指示一致，方可判定待作业设备、装置是否带有工作电压。采用间接验电方法进行验电时，必须慎之又慎：必须事先对操作人员进行严格的资质认证；操作过程中，现场操作人员不得少于 2 人，且其中一人必须是本次作业的工作负责人；经现场操作人员共同确认后，方可判定待作业设备、装置是否带有工作电压。

利用电容型验电器试验装置可以完成 DL/T 1476—2015 中电容型验电器预试所要求的启动电压试验和工频耐压试验。利用该装置进行电容型验电器预防性试验的关键点是要正确地进行试验连接、控制装置各部件之间的距离、选用准确的电极等。该装置还可以完成同相干扰性试验和反相干扰性试验，关键点同样在于正确地进行试验连接。

需要特别说明的是，对电容型验电器进行同相干扰性试验和反相干扰性试验不是 DL/T 1476—2015 规定的预试项目，仅为利用电容型验电器试验装置可进行的拓展项目，有试验需求的实验室可利用电容型验电器试验装置进行该项试验。

4.1.6.2 基本技术指标

由于电容型验电器是按照电压等级来分类的，因此，电容型验电器试验装置每个电压等级对应的具体参数各不相同，必须按照 DL/T 740—2014 规定的试验方式和具体要求进行参数的选择，以确保电容型验电器试验的正确性。DL/T 740—2014 中的图 3、图 4 规定了电容型验电器试验时球电极和环电极的布置要求，见图 4－14。表 4－5 为电容型验电器试验时球电极在环电极之后的试验布置参数。

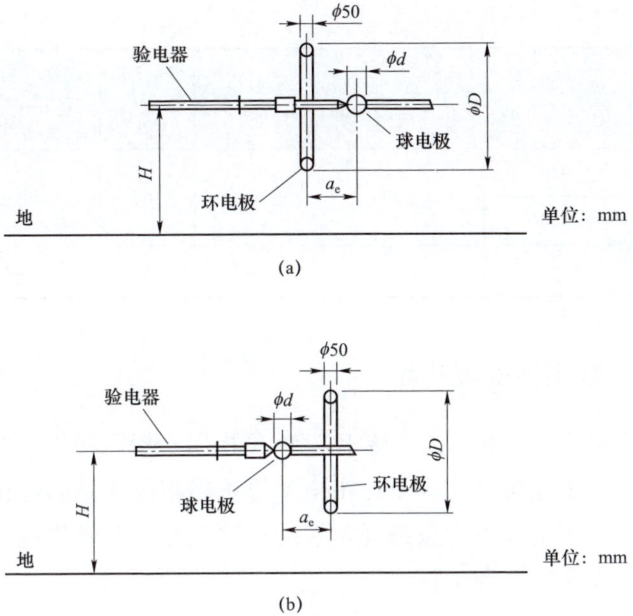

图 4－14 球电极分别在环电极前后的试验布置示意图

（a）球电极在环电极之后的试验布置；（b）球电极在环电极之前的试验布置

表 4－5 电容型验电器试验时球电极在环电极之后的试验布置参数

U_n（kV）	电极间隔距离，a_e（mm）	试验布置与地面之间的距离，H（mm）	环直径，D（mm）	球直径，d（mm）	（3D）与墙壁和天花板的间距，w（mm）
10	100	1500	550	60	＞1650
20	270				
35	430				
66	650	2500	1050	100	＞3150
110	650				
220	850				

续表

U_n（kV）	电极间隔距离，a_e（mm）	试验布置与地面之间的距离，H（mm）	环直径，D（mm）	球直径，d（mm）	（3D）与墙壁和天花板的间距，w（mm）
330	850	2500	1050	100	＞3150
500	850				
750	1000	3500	1600	150	＞4800

4.1.7　核相器试验装置

核相器（又被称为“核相仪”）是指用于探测和指示在相同的额定电压和频率下两个已带电部位正确相位关系的便携型装置。核对相位是电力系统经常性的一项工作，在新建电力线路及线路改接时尤为重要。

核相器通常由接触电极、电阻元件、显示器、连接引线、连接系统、地线、适配器、绝缘操作杆、测试元件、附件等组成。

核相器有多种分类方法，按原理可分为电容型核相器、电阻型核相器；按连接方式可分为单体核相器、分体核相器；按使用气候条件可分为冷（C）、一般（正常）（N）和暖（W）型核相器；按使用环境条件可分为室内型核相器和室外型核相器等。

无论是何种类型的核相器，均必须按照 DL/T 1476—2015 的规定定期对核相器进行逐件预试。对核相器进行试验的方法参照的标准主要是 DL/T 971—2017，试验项目与要求则源自 DL/T 1476—2015。

DL/T 1476—2015 及 DL/T 971—2005 中核相器的电压范围

为 1～35kV，新修订的 DL/T 971—2017 将核相器的电压范围从 1～35kV 扩展至 1～500kV。而在实际工作中，因采用核相器核相较采用在电压互感器的二次侧核相更方便、更直观，故多数情况下，在低压的 10kV、20kV、35kV 设备上常采用核相器进行核相。虽然 DL/T 971—2017 已将核相范围扩展至 500kV，但现场在 110kV 及以上电压等级设备或回路上核相时，一般仍采用在电压互感器的二次侧核相的方法。因此，核相器最为常用的电压等级只有 10kV、20kV、35kV。DL/T 1476—2015 中详细规定了 10kV、35kV 电压等级核相器预防性试验的项目、周期和参数要求。

DL/T 971—2017 适用于带引线的、无引线的双杆型核相器，带存储系统的单杆核相器，以及只要与被测试部分相接触、整体结构或者绝缘杆分离的核相器。

根据 DL/T 1476—2015 的规定，核相器的预试主要包括 4 个项目：核相器的动作电压（即起动电压、启动电压）试验；对核相器绝缘部分进行工频耐压试验；对核相器的连接导线进行绝缘强度试验；以及对核相器的电阻管进行泄漏电流试验。DL/T 1476—2015 特别注明，对于无线式的核相器仅做动作电压试验和绝缘部分的工频耐压试验。

下面，针对核相器预试的 4 个试验项目，分别对各试验项目所使用的装置进行阐述。

4.1.7.1 核相器启动电压试验装置

（1）基本结构。核相器启动电压试验装置由高压试验装置和工频升压装置组成，适用于电容型和电阻型核相器。应根据被试核相器的电压等级来确定高压试验装置的耐压强度及高度。这是因为，核相器有多种电压等级，相应的试验装置也有对应的规格型号，从外观上看，一般来说，高压试验装置通常是随电压等级的增高而增高的，因此，试验时应根据被试核相器的电压等级来选用相应高度的试验装置。耐压支架应能承受启动试验电压以上的耐压强度。核相器启动电压试验装置见图 4-15。

(a) (b)

图 4-15 核相器启动电压试验装置

（a）有线核相器；（b）无线核相器

DL/T 1082—2008《高压实验室技术条件》和 DL/T 1476—2015 要求核相器启动电压应达到系统额定电压的 25%，如 110kV 核相器动作电压需要大于 110×25%＝27.5kV，因此，为留有冗余，宜选用 10/50 或 10/100 电压等级的试验变压器进行核相器的启动电压试验，推荐试验变压器的容量参数见表 4-6。

表 4-6 试验变压器的容量参数

电压等级（kV）	测试电压（kV）	推荐试验变压器参数	
		输出电压（kV）	额定容量（kVA）
10	2.5	50	5

续表

电压等级（kV）	测试电压（kV）	推荐试验变压器参数	
		输出电压（kV）	额定容量（kVA）
35	8.75		
66	15.75	50	5
110	27.5		
220	55	100	10
330	82.5		
500	125	150	10

（2）技术参数。DL/T 971—2017 将核相器的电压范围从1～35kV（2005 版）扩展至 1～500kV，涵盖了低压、中压和高压的不同电压等级的核相器。据此，在对不同电压等级的核相器进行检测时，必须根据所测核相器的不同测试电压对相应的测试设备进行合理配置，相应的试验变压器精度参数见表 4－7。

表 4－7　　试验变压器精度参数

参数	电压测量误差	输入电流量程	电源额定电压
数值	<1%	≥50.0A	220V

4.1.7.2　绝缘部分工频耐压试验装置

DL/T 1476—2015 规定了 1～35kV 核相器绝缘部分工频耐压试验的试验方法及参数。更高额定电压等级的核相器绝缘部分工频耐压试验参数可参见 DL/T 1476—2015 对于相应电压等级绝缘操作杆试验参数的要求。

不同电压等级绝缘操作杆的预试所选用的试验装置不同，

相应的试验装置及要求可参见“4.1.4 绝缘操作杆耐压试验装置”中的相关内容，本节不予详述。

4.1.7.3 连接导线绝缘强度试验装置

（1）基本结构。如图 4－16 所示，连接导线绝缘强度试验装置由试验水槽和升压装置组成。试验水槽通常设计成长方形槽型结构，采用优质不锈钢（建议选用 304 不锈钢基材）制成，以保证长期使用不生锈；另外，水槽边缘须制成圆弧形且无毛刺，以确保测试作业与试品的安全。水槽两侧分别安装一根直立的绝缘杆（一侧一根），支撑一根不锈钢管水平放置作为高压试验电极。绝缘杆的有效长度必须保证能承受试验电压强度。

图 4－16 核相器连接导线绝缘强度试验装置

根据 DL/T 1476—2015 对电阻型核相器连接导线绝缘强度的试验要求，35kV 核相器连接导线试验电压为 28kV，考虑到试验冗余，宜选用 5/50 电压等级的试验变压器作为核相器连接导线的试验电源。配套试验台具有接通、断开试验电源和调节电压的功能，同时具有过压过流保护功能，当试品击穿时可以快速切断电源，保护试验设备不被损坏。

（2）技术参数。连接导线绝缘强度试验装置技术参数见表 4-8。

表 4-8 连接导线绝缘强度试验装置技术参数

参数	额定电压	额定容量	水槽容积	电极对地绝缘强度	电压测量误差	输入电流量程	电源额定电压
数值	50kV	5kVA	≥0.2m³	50kV	<1%	25.0A	220V

4.1.7.4 核相器泄漏电流试验装置

核相器绝缘部分在工作电压下泄漏电流的大小对使用者的安全起着至关重要的作用。DL/T 1476—2015 的 6.2.4 节中要求的“电阻管泄漏电流试验”与 DL/T 971—2017 中的“回路电流测试”相对应，均是通过对核相器电阻管施加电压来测量通过电阻管的电流。另外，DL/T 971—2017 中提出了“整体式核相器泄漏电流试验”的型式试验要求，本书出于保证现场使用核相器的安全可靠性，建议有条件的单位和实验室依照 DL/T 971—2017 的技术要求对核相器进行干式和湿式的整体核相器泄漏电流试验。

根据对 DL/T 971—2017 和 DL/T 1476—2015 中关于核相器泄漏电流试验内容与要求的综合考虑，将核相器泄漏电流试验装置设计成一个综合性试验装置，使之既能对核相器进行电阻管泄漏电流试验，又能对整体式核相器进行 DL/T 971—2017 中规定的湿式和干式的泄漏电流试验。

（1）基本结构。核相器泄漏电流试验装置是基于 DL/T 1476—2015 的试验要求和 DL/T 971—2017 的试验方法设计制作的一种专用装置，既可用于核相器电阻管的泄漏电流试验，也可用于整体式核相器的泄漏电流试验，是对核相器进行泄漏电流测试的综合性试验装置。该装置由一个高压试验支架、一块交流毫安表和一套工频升压装置组成，见图4－17。并且，应根据核相器的电压等级确定高压试验支架的耐压强度及高度，耐压支架应能承受启动试验电压以上的耐压强度。

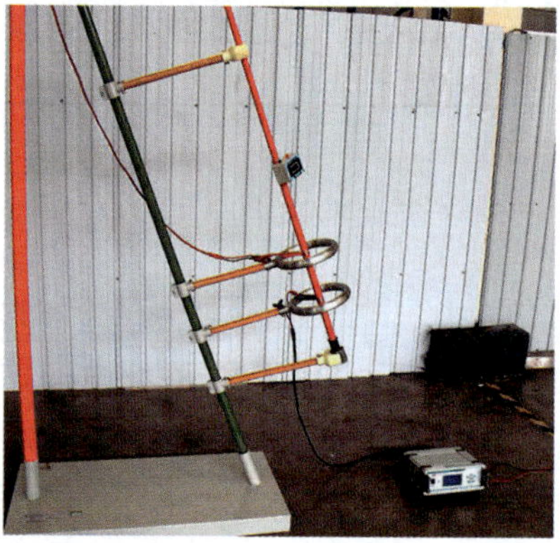

(a)

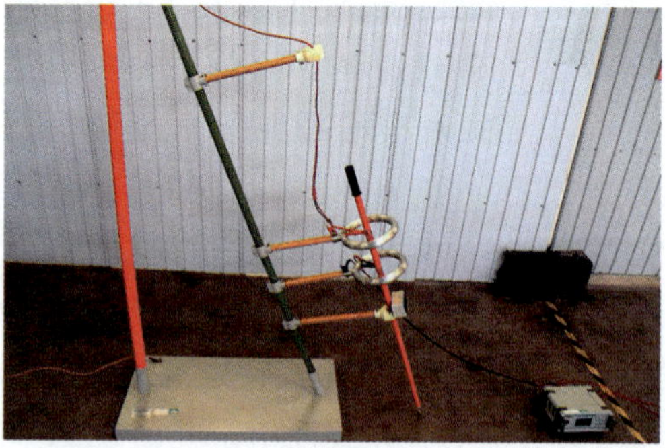

(b)

图4－17　核相器泄漏电流试验支架

(a) 向上；(b) 向下

如图 4－17 所示，核相器泄漏电流试验支架的主结构由金属底座和两根绝缘杆组成，两根绝缘杆的下部分别固定在金属底座的两端，一根倾斜（倾斜的绝缘杆与金属底座的夹角为 70°），一根垂直，两根绝缘杆的上部连接在一起，由此形成直角三角形结构。在倾斜的绝缘杆上固定有高压屏蔽环和接地屏蔽环，还有支撑核相器的接触极托架和手柄托架。所有屏蔽环和核相器托架都为绝缘结构，中间采用绝缘杆将屏蔽环与固定夹紧机构连接。各托架在倾斜绝缘杆上通过手动星形把手固定，可以在倾斜绝缘杆上调节位置。通过各托架及屏蔽环的位置调节，可以满足不同电压等级核相器泄漏电流的测量。

如果仅对核相器进行 DL/T 1476—2015 要求的电阻管泄漏电流试验，除采用该试验装置进行试验外，也可以根据试品电压等级的不同，使用相应电压等级的绝缘杆耐压试验支架对核相器进行试验。本书建议有条件的实验室在对核相器进行预试时应进行整体式核相器泄漏电流试验，而进行该试验则必须采用上述专用的核相器泄漏电流试验支架。

由于泄漏电流试验涉及整体式核相器限位标记和护手之间的部分，因此试验时必须在核相器上安装两个带状电极，且该试验电极宽度必须满足 DL/T 971—2017 中对不同电压等级核相器试验电极宽度的相应要求。

（2）技术参数。修订后的 DL/T 971—2017 与 DL/T 971—2005 相比，不仅仅是将测试范围由 35kV 及以下扩展至 500kV，而且其规定与要求更为严格，列项更多。

由于在编写 DL/T 1476—2015 时，DL/T 971 的适用版本为 2005 版，其要求与规定较 DL/T 971—2017 有较大差距，因此，编写人员依据 DL/T 971—2005，并结合电力行业使用核相器的实际情况与要求，在 DL/T 1476—2015 中对核相器的预试进行相对了较好的规范。根据国家关于标准规范的管理规定，在新版标准修订并发布后，老版标准即刻废止，与新修订的 DL/T 971—2017 相比，DL/T 1476—2015 对于核相器预试的规定又出现了较大的差距，因此，目前在进行核相器预试时，除应参照 DL/T 1476—2015 的相应规定外，还应根据 DL/T 971—2017 作出相应的调整。

DL/T 971—2017 在其附录 D 中明确规定了核相器的预试内容，与 DL/T 1476—2015 存在一定的差异。经过比对，认为 DL/T 1476—2015 规定的核相器预试项目基本能够满足核相器经常性检查和主要技术参数的检测要求，但是，就预试方法而言，应按照 DL/T 971—2017 的规定严格执行，以确保核相器的合格可用。

DL/T 971—2017 规定了相关试验装置的同心圆环和带状电极的参数要求。

DL/T 971—2017 要求：在进行整体式核相器泄漏电流试验时，需要在核相器操作杆上安装两个带状电极，其宽度须符合表 4–9 中的要求。采用同心圆环对带状电极进行屏蔽，同心圆环尺寸见表 4–9。

表 4–9　　带状电极宽度及同心圆环尺寸

带状电极宽度（mm）	同心环尺寸	
	外径（mm）	截面直径（mm）
20	200	30

DL/T 971—2017 要求核相器泄漏电流测量在系统标称电压的 1.2 倍条件下进行（对于有标称电压范围的核相器，则

应按照最大标称电压进行试验），合格标准为 3.5mA 以下。DL/T 1476—2015 的试验电压为额定电压，合格标准为 2.0mA 以下。

因此，用于泄漏电流试验的工频升压装置的额定电压应大于核相器标称电压的 1.2 倍，并留有充分的冗余。如 35kV 核相器的试验电压需要大于 42kV，为留有裕度，宜选用 5/50 容量等级的试验变压器进行该试验。不同电压等级核相器泄漏电流测量推荐的试验变压器参数见表 4－10。

表 4－10 不同电压等级核相器泄漏电流测量推荐的试验变压器参数

电压等级（kV）	测试电压（kV）	推荐试验变压器参数	
		输出电压（kV）	额定容量（kVA）
10	10	50	5
35	35		
63	63	100	10
110	110	150	10
220	220	250	25
330	330	400	50
500	500	600	100

35kV 及以下整体式核相器泄漏电流试验基本参数见表 4－11。

表 4－11 35kV 及以下整体式核相器泄漏电流试验基本参数

参数	额定电压	额定容量	绝缘部分长度	电极对地绝缘强度	电压测量误差	输入电流量程	电源额定电压
数值	50kV	5kVA	900mm	50kV	＜1%	25A	220V

35kV 及以下核相器电阻管泄漏电流试验计量表计的基本参数见表 4－12。

表 4－12　35kV 及以下核相器电阻管泄漏电流试验计量表计的基本参数

参数	额定电压	额定容量	电压测量误差	电流测量范围	电流测量误差
数值	50kV	5kVA	＜1%	1uA～10mA	＜1%

在 DL/T 971—2017 中，泄漏电流试验项目为型式试验，回路电流试验项目为型式试验和抽检试验，而在 DL/T 1476—2015 中，对于电阻管泄漏电流试验（即回路电流试验），按照专业的预防性试验标准对试验参数作了细微的调整。随着标准化进程的发展，相信后续修订之后的 DL/T 1476 会向专业产品标准靠拢。

DL/T 1476—2015 为现行的电力安全工器具的预防性试验标准，对于核相器电阻管泄漏电流试验，施加额定电压即可满足试验要求。鉴于此，在 DL/T 1476—2015 未修订之前，仍应按该版标准进行预试。

4.1.8　接地线成组直流电阻测试仪

便携式短路接地线和个人保安线是电力行业作业中最常用的安全工器具之一，是直接保护一线作业员工人身安全的重要工具。便携式短路接地线和个人保安线都是由接地线、导线夹持夹、汇流夹、绝缘手握杆（绝缘操作杆）等几部分组成。

鉴于便携式短路接地线和个人保安线在电力安全生产中的重要作用，为充分发挥其对电力安全生产的保驾护航作用，必须依照 DL/T 1476—2015 的要求对其定期进行试验。便携式短路接地线和个人保安线的预试工作，主要是必须定期对其进行成组直流电阻值的测试。这是判定在用便携式短路接地线和个人保安线是否合格可用的重要技术手段，也是保证其能起到安全保障作用的重要依据。便携式短路接地线和个人保安线都是依据 DL/T 879—2004《带电作业用便携式接地和接地短路装置》生产的电力安全工器具，在 DL/T 879—2004 中虽然未明确规定必须通过测试其成组直流电阻的方法来判定其是否合格可用，但长期的实践经验充分证明：通过测试其成组直流电阻，取得相应的技术参数，并经计算得出每单位长度（每米）的电阻值，继而判定被试便携式短路接地线和个人保安线是否合格，是行之有效且科学、严谨的判据。该方法已为业内广泛认可并应用。

根据 DL/T 1476—2015 规定，对于个人保安线，仅做成组直流电阻测试，使用成组直流电阻测试仪来完成测试。

对于便携式短路接地线的成组电阻测试，同样使用成组直流电阻测试仪来完成。根据 DL/T 1476—2015 的规定，对于便携式短路接地线，还需要按照绝缘杆试验的方法对接地线的绝缘杆做工频耐压试验和直流耐压试验，并明确规定，携带型短路接地线接地绝缘杆的工频耐压试验和直流耐压试验均必须采用整杆方式进行（具体试验装置可参见本书 4.1.4 绝缘操作杆试验装置中的内容），因此，较个人保安线的试验项目多 2 项。

便携式短路接地线和个人保安线的成组直流接地电阻测试引用的标准是 DL/T 879—2004。

具体测试时，通过接地线成组直流电阻测试仪测量便携式短路接地线和个人保安线的接线鼻和汇流夹与多股铜质软导线之间的电阻值，以判定其接触是否良好。测试仪采用电流－电压表法的直流电压降法来测量，要求测试所用的试验电流为 30A，并按测量得到的各接线鼻间长度直流电阻值计算出每米的电阻值，以此来判定被试的便携式短路接地线和个人保安线是否合格可用。

虽然在DL/T 879—2004规定的型式试验中未要求对便携式短路接地线和个人保安线进行成组直流电阻测试，但该试验能有效地考核线鼻和汇流夹与多股铜质软导线之间的接触是否良好，也能考核多股铜质软导线的截面积是否符合要求，因此该试验非常重要，也十分有必要。为此，本书强调，在出厂试验、验收试验、预防性试验中这项试验都是非常重要的试验。

接地线成组直流电阻测试仪是测量接地线质量性能的重要设备，通过检测携带型短路接地线和个人保安线的成组直流电阻可以迅速地判定被试接地线或个人保安线的状况。具体的测试方法和要求、技术指标等在DL/T 1476—2015中有明确的规定。

需要特别指出的是，当携带型短路接地线或个人保安线的接线鼻与软质铜导线因种种原因重新进行压接后，必须对新压接过的携带型短路接地线或个人保安线进行成组直流接地电阻测试。

4.1.8.1 基本结构

通常，根据DL/T 879—2004和DL/T 1476—2015规定的技术要求，接地线成组直流电阻测试仪主要由机箱、30A恒流限压大功率开关电源、主回路切换电路、测试信号切换电路、电流表、毫欧表、分流器、散热器及控制电源等组成，见图4－18。

成组直流电阻测试仪仅适用于对携带型短路接地线和个人保安线的直流电阻测试，不得另作他用。

4.1.8.2 技术参数

接地线成组直流电阻测试仪采用恒流供电，测试电流无需手动调节，测试过程由内装单片机控制完成，测试仪技术参数见表 4－13。

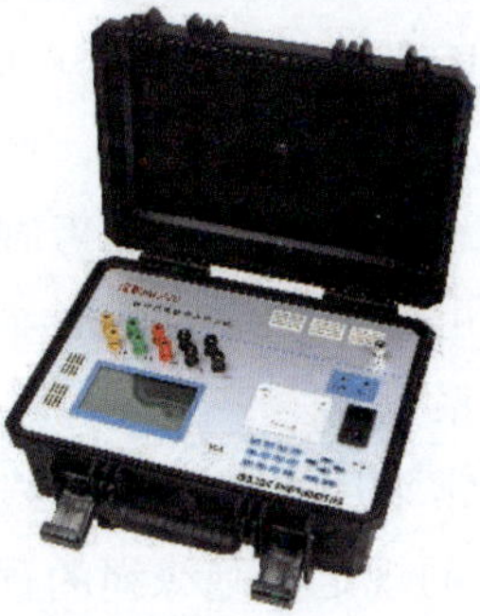

图 4－18 成组直流接地电阻测试仪

表 4－13 接地线成组直流电阻测试仪技术参数

参数名称	参数值	备注
测试电流	30A	
设备量程	30A 时，0～300mΩ	
设备最小分辨率	0.1μΩ	
测量准确度	0.5%±0.2μΩ	
最大输出电压	DC10V	
工作方式	断续	
电源要求	AC 220V±10%，50Hz±1Hz	
消耗功率	≤1000W	
环境温度	－20～＋40℃	
相对湿度	≤80%（25℃）	不结露

4.1.9 绝缘绳试验装置

绝缘绳（索）是指带电作业时使用的消弧绳、绝缘绳套、绝缘保险绳和绝缘测距绳的总称。就电力安全工器具而言，绝缘绳主要指的是绝缘绳套和绝缘保险绳。绝缘绳在电力行业多种作业中都会使用到，是一种常用的电力安全工器具。绝缘绳产品引用的标准为 GB/T 13035—2008《带电作业用绝缘绳索》。

绝缘绳通常以优质桑蚕丝为基材，经并丝、加捻制成线，然后进行染色，再进行整理定型，最后制成绳。质量好的桑蚕丝绝缘绳，其含丝量可达 99%，绝缘效果好，抗拉力强，牢固度高，硬度强，安全系数高。

绝缘绳的预试通常采用专用的绝缘绳试验装置来完成。根据 DL/T 1476—2015 的规定，绝缘绳的预试仅包括工频耐压试验，标准中详细描述了试验方法。由于绝缘绳长度不一，同时考虑到试验的方便性，DL/T 1476—2015 允许采用分段试验的方式进行预试，即试验长度为 500mm，试验电压为 100kV。标准中规定，耐压试验升压方法应遵照 GB/T 16927.1—2011 中 6.3.1 的规定执行。

绝缘绳试验装置通常按标准设计为电极间距 500mm，一般一次最多可以绕制 50～100m 长的绝缘绳。需要测试更长长度的绝缘绳时，有个别测试单位专门向装置生产单位进行定制，以便一次性完成测试，但大多数单位在此情况下通常分两次或多次来完成耐压试验。考虑到测试工作效率，绝缘绳试验装置一次绕制绝缘绳长度不宜少于 50m。

（1）基本结构。绝缘绳试验装置是对 DL/T 1476—2015 的试验要求和试验项目进行综合归类后设计制作出的一种专门用于相关工器具试验用的专用装置，主要适用于消弧绳、绝缘绳套、绝缘保险绳和绝缘测距绳等的耐压试验。

绝缘绳试验装置主要由一个支撑基座和一个转筒结构组成，见图 4－19。通常是在基座支架上支撑一个转筒结构的专用电极装置，基座支架上装有轴承，并通过轴承连接转筒，带动转筒缠绕绝缘绳。再在一对或几对（一般是一对）电极上施加试验电压和接地，以此测试绝缘绳的耐压承受程度。

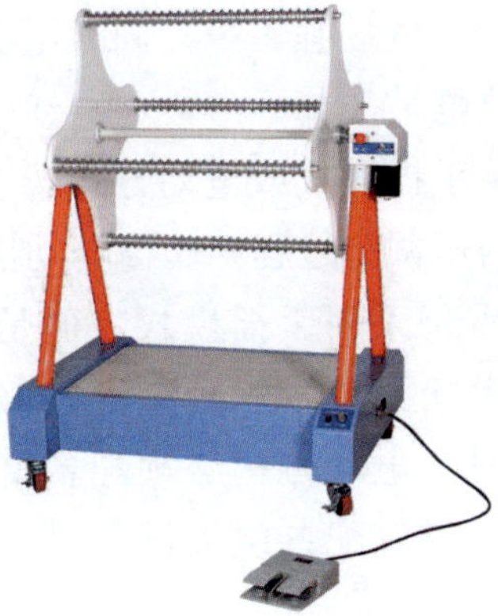

图 4－19　绝缘绳试验装置（电动式）

转筒必须由绝缘支架支撑，绝缘支架下设置了金属底座。为了便于现场试验，一般金属底座设计制成可移动式的，移动脚轮必须有锁紧装置。

转筒结构一般是由 4 根支撑杆电极与两端的端板组成。端板为两个方形的绝缘板，支撑杆电极在绝缘板上以中心轴为圆心均布，且电极中心孔两两间距 500mm。相间两根电极为同一组电极，需要电气连接；相邻两根电极为非等电位电极，需保持绝缘良好，能够承受试验电压。支撑杆电极上加工有凹槽，由于绝缘绳绳径一般为ϕ14mm，故支撑杆电极上缠绕绝缘绳的弧形凹槽半径应大于7mm。绝缘绳绕制完成后，必须在一组高压电极上夹接试验电压供给，相邻的另一组电极夹接地，使任何一段绝缘绳两端电压差均为试验电压。绝缘绳试验装置基座必须可靠接地。

支撑杆电极应采用不锈钢材质制作，如采用钢棒加工，表面则需要电镀铬金属，以保证表面不易磨损，不出现金属粉末脱落或生锈。电极加工不得有尖角或锋利边缘出现，以避免对绝缘绳产生损伤或形成场强集中，同时电极端部需要安装均压帽，以减小局部放电。

转筒可以采用手摇方式或电动方式转动，手摇方式需要有定位机构，避免耐压试验过程中转筒转动出现危险。目前，多数绝缘绳试验装置仍采用手摇模式，但是，从提高试验功效和保证绝缘绳附着松紧一致的角度出发，建议采用电动方式。当采用电动方式时，电动机构必须配备离合器，以便绝缘绳自由拆卸。同时，可以配备绕绳器，以便于拆卸绝缘绳并绕成绳盘。

（2）技术参数。绝缘绳试验装置技术参数见表4－14。

表4－14　绝缘绳试验装置技术参数

参数	额定电压	额定容量	电极间距离	绕绳长度	装置高度	电压测量误差	输入电流量程	电流测量误差	数显计时	额定电压
数值	120kV	10kVA	500mm	50m	1.4m	1.0%～1.5%	25.0A	＜0.5%	10～990s	220V

4.1.10 试验必备的各类辅助用品

为保证按质按量地完成电力安全工器具预试工作，每个电气实验室除需配备上述的装置（设备）外，还应该配备以下各类必要的辅助用品。

（1）应配备一定数量的工具柜和工具架，用于试验完成后合格试品的暂时存放。

（2）为了使试验后的绝缘靴、绝缘手套涉水部分尽快干燥，实验室应配备快干柜，快干柜数量多少应与承接的试验任务而定。快干柜仅用于对试验完成后鞋靴、手套的快干处理，以便于合格鞋靴、手套的存放。有的实验室自身建有智能型工具库房，则可将经测试合格的电力安全工器具分门别类地暂存于智能工具库房内。

（3）电极棒是每个电气实验室必备的试验用品，可用于多种试验。同时，还应根据承担试验任务的种类和多少来决定电极棒的配备数量。

（4）对于试验用浸水海绵，应根据试验任务、实验室所处地域等进行配备。

（5）ϕ4mm、ϕ5mm 的钢珠是鞋靴试验的必备用品，同样应根据试验的需要决定配备数量，并宜留有一定的裕量。由于不同直径的钢珠用于不同的试验，故必须分别放置与保存，并在存放位置明确标注出不同直径钢珠用于试验的名称等相关提示性标注。

（6）金属箔、连接导线、导电布等是工器具电气试验中常常用到的，而且这些辅助用品破损率较高，因此，建议对于此类辅助用品，在可行的情况下，争取多配备一些，做到有备无患。

（7）水桶是鞋靴试验的必备辅助用品，一般来说，一个电气实验室配备 1～2 个水桶应该能满足试验需要。

（8）鞋靴专用挂架是鞋靴保存必需的辅助用品，一个挂架球只能挂放一只鞋靴，因此，应该根据实验室承担试验任务的多少来确定鞋靴专用挂架的配备数量，并加以妥善的保管，以延长挂架的使用寿命。

（9）手套专用挂架同样是绝缘手套保存必需的辅助用品，

一个挂架球只能挂放一只绝缘手套，因此，应该根据实验室承担试验任务的多少确定手套专用挂架的配备数量，并加以妥善的保管，以延长挂架的使用寿命。

（10）由于绝缘罩是置于电力设备上的，而各种电力设备的接点形状各异，加上还有不同的规格、型号等等，试验时又要求内、外电极（罩）与绝缘罩贴合，因此，绝缘罩的内、外电极（罩）配备较为复杂。一般来说，凡是设备上用到的绝缘罩，实验室就必须为其配备相应的内、外电极（罩）；而且，随着绝缘罩的升级换代，试验所使用的电极罩也就必须随之升级换代。具体应配备的品种、数量，可以根据所承担的测试任务进行综合平衡而定。

（11）有些电气试验中要用到环电极、球电极，因此，实验室应根据承担任务的要求和数量、电压等级情况等来确定环电极、球电极配备的数量。

（12）由于电气试验中常常使用夹持夹的方法连接试验电极和接地电极，因此，电气实验室必须配备足够数量的夹持夹，以保证试验的顺利进行。

（13）在对核相器连接导线进行绝缘强度试验时，因导线是置于水槽中的，因此，还应配备适当大小的水槽（盆），以满足试验需求。

（14）电气试验中有时需用到导电支架，实验室应根据自身定位和承接的预试任务事先配备必要的导电支架，为顺利开展预试工作提供基本条件。

（15）样品经电气试验后，往往需要对试验装置进行放电，以保证安全，因此，实验室应根据承担电气试验任务量及试验变压装置的套数等情况配备充足数量的放电棒以及相应的存放支架，并将放电棒置于专用支架上。

对于以上备品与辅助用品，需要考虑并安排适当的场所、器具等用于存放，而且存放必须规范，建议预试实验室在设计与建造时即统一考虑和安排。同时，应针对备品与辅助用品的存放编制必要的管理制度，以有力保障预试工作的进行。

4.2 试验装置的布置

电气预试实验室装置（设备）布置的总原则是：以高压试验变压器成套装置为中心，结合具体承担的预试任务和厂房条件，科学合理地进行装置（设备）的布置。

高压试验变压器成套装置是电气预试实验室中最重要的设备，而高压试验变压器是该套装置的核心，其他配套的还有如调压器、控制装置、保护装置等。一般来说，对于220kV级电气预试实验室，建议采用由两台250kV级无局放试验变压器串接而成的高压试验变压器成套装置，这样的变压器总容量达到500kV级，足以满足220kV高压预试的要求。实际上，这是基于220kV级绝缘操作杆整杆试验的考虑。根据DL/T 1476—2015的规定，220kV级绝缘操作杆试验的有效长度为2.1m，工频耐压强度为440kV，因此必须采用500kV级的升压试验装置方能满足试验的需要；而且，因220kV级绝缘操作杆自身长度较长，另外需考虑上端部不低于3m的安全距离，出于安全考虑还应在上端部适当增加一定的安全冗余等，下端部一般要求离地不小于1m，如此一来，几经叠加，试验厂房的高度一般不得低于12m（如采用整杆吊架式绝缘杆耐压试验装置，则需在装置整体高度基础上再加3m）。对于绝缘操作杆试验周边的距离，也必须根据上述安全原则做同样充分的考虑，以保证试验工作的顺利进行。但是，如果对220kV级绝缘操作杆预试采用分段试验方法进行测试，根据前述内容（见4.1.4绝缘操作杆耐压试验装置），那么实验室就可以基于所采用的试验方法，在全面且充分考虑之后决定电气实验室厂房的高度。

按照电气预试实验室装置（设备）布置的总原则，先将高压试验变压器进行定位后，接下来就应根据高压试验变压器的定位来布置其他的配套装置。在电气预试工作中，需要配置大量的专用试验装置、台架等，用于各种电力安全工器具的预试。所有预试用试验装置、台架等的布置都应与高压试验变压器及其成套装置保持足够的安全距离，建议在厂房面积条件允许的情况下，所有预试用试验装置、台架等的布置应结合厂房实际条件进行优化，使之既保证试验安全，又方便预试工作的开展，且能适合一定的工作习惯。

220kV 级电气预试实验室除了一套 500kV 级高压试验变压器装置外，通常还应配备能适应试验需要的一定数量容量较小的试验变压器成套装置，建议根据试验需要配备必要的容量为 50kV 级、100kV 级、150kV 级（或 120kV 级）甚至 200kV 级的高压试验变压器成套装置，以供诸如绝缘胶垫试验台等较低试验电压要求试验所使用。对于这些试验变压器成套装置，必须严格按照规定的安全距离将其分别加以隔离，并尽可能在满足规定的安全距离之上再增加一定的安全裕度，以确保试验工作的安全。用于隔离的围栏必须符合安全规范，建议尽可能采用非金属围栏，并在围栏上以适当的间隔悬挂安全警示牌。在供给电源为单一电源时，一般要求所配高压试验变压器成套装置不得在同一时段同时进行试验，以真正做到安全第一。

由于验电器试验、核相器试验、绝缘操作杆试验的试验电压均取自高压试验升压装置，因此通常将这些试验装置或台架分设在试验变压升压装置的附近。与国电发〔2002〕777 号文相比，现行行标 DL/T 1476—2015 中规定的试验方法更加严格。

在 DL/T 1476—2015 的编制过程中，关于要求绝缘操作杆整杆试验和坚持国电发〔2002〕777 号文分段试验的争论一直不断，经过评审专家的不懈努力和再三权衡，形成了目前获批的 DL/T 1476—2015 版本。按照 DL/T 1476—2015 执行时，会使得试验装置或台架较大，拉伸距离较长，占据场地空间相应较多，为保证试验的顺利进行和试验的安全，就必须在场地布置上进行充分、合理的考虑。同时，在 10kV、35kV 的较低电压等级工器具试品的耐压试验场地与高压试验区域之间必须有明确的分隔，并用安全围栏加以围框，悬挂安全警示牌，以保证试验安全。

对于绝缘隔板试验台、绝缘罩试验装置、绝缘绳试验装置、绝缘夹钳、携带型短路接地线试验装置，允许沿 500kV 级试验变压器装置按顺序布置。对于绝缘靴（手套）试验机等装置，可以在 50kV 级试验变压器装置边上就近布置。限于实验室厂房条件与客观因素的制约，在满足 DL/T 1476—2015 及相关产品标准要求的基础上，应该允许某些可移动试验装置在不进行试验时相对集中摆放，以便腾出空间，便于某些长、大、重试品的试验。

所有电气预试试验装置（设备）、台架等必须有各自独立的电源电缆支持，不得相互交叉或混用。如有试验设备为自供电源（如成组接地线直流电阻测试仪），则建议将设备布设于离升压装置较远的地方。

必须布设单独的高压试验装置操作室，且必须对其加以屏蔽，配置独立的供电电源，在面对试验现场的一侧须装设防爆玻璃。试验用电源通过电缆进入试验电源箱，同时在操作室内设置二次保护等安全防护设备与保护系统，以确保高压试验时作业人员的人身安全以及试验设备的安全。

典型的 35kV 级、110kV 级和 220kV 级电气预试实验室布置见图 4－20～图 4－22。

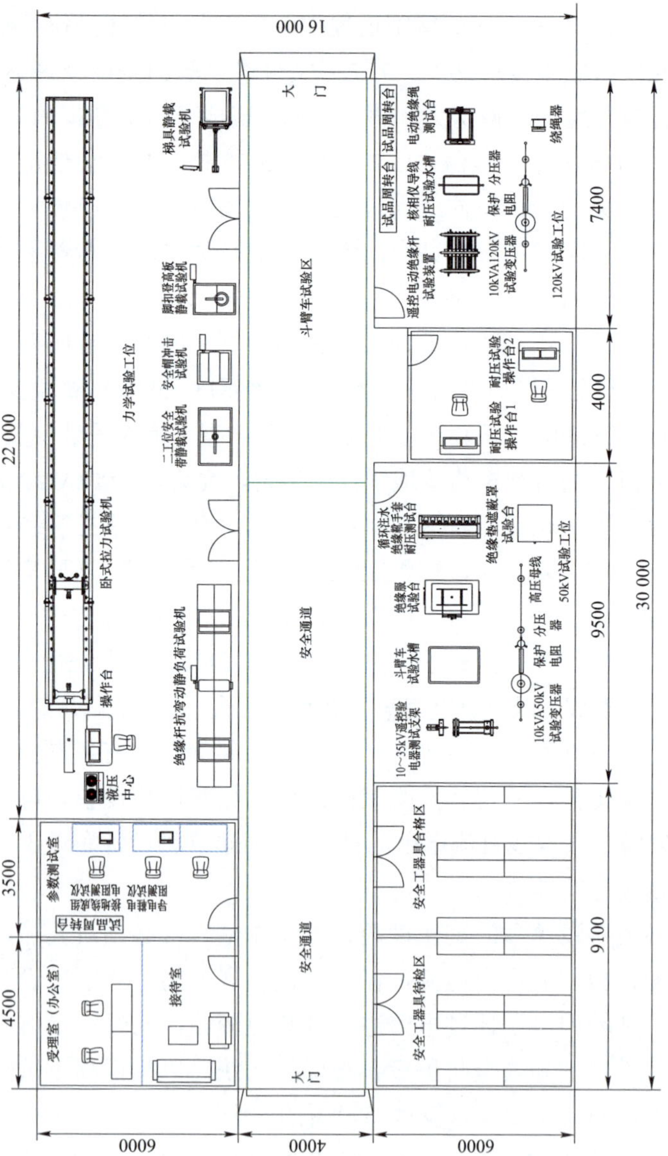

图4-20 典型的35kV级电气预试实验室平面布置

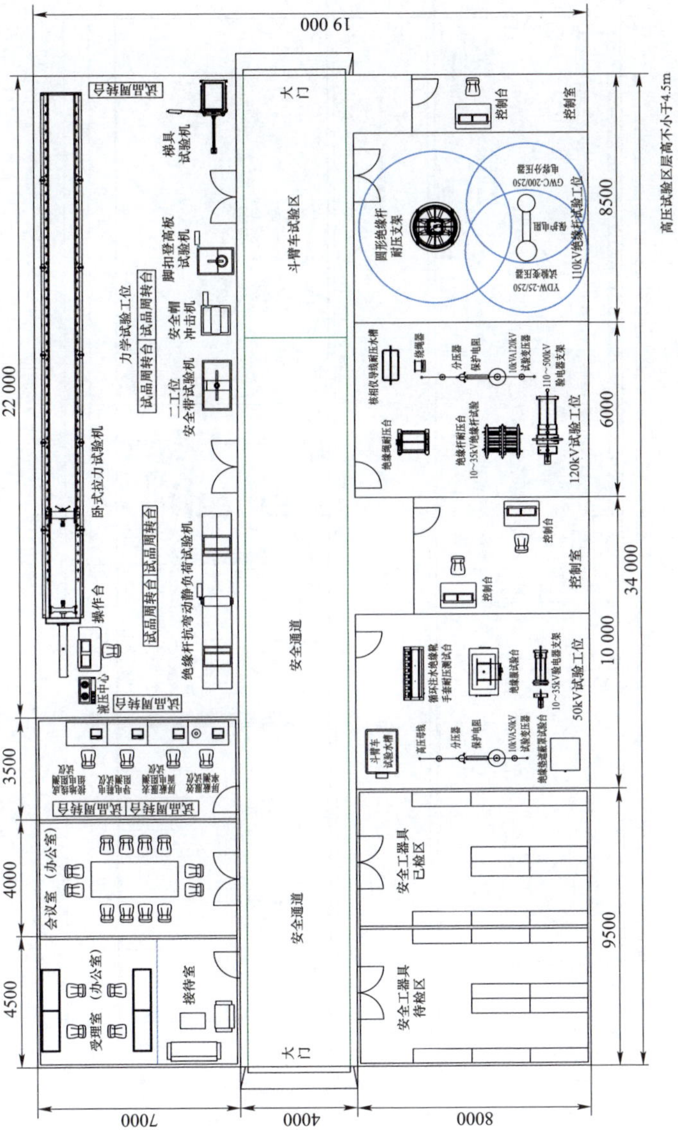

图4-21 典型的110kV级电气预试实验室平面布置

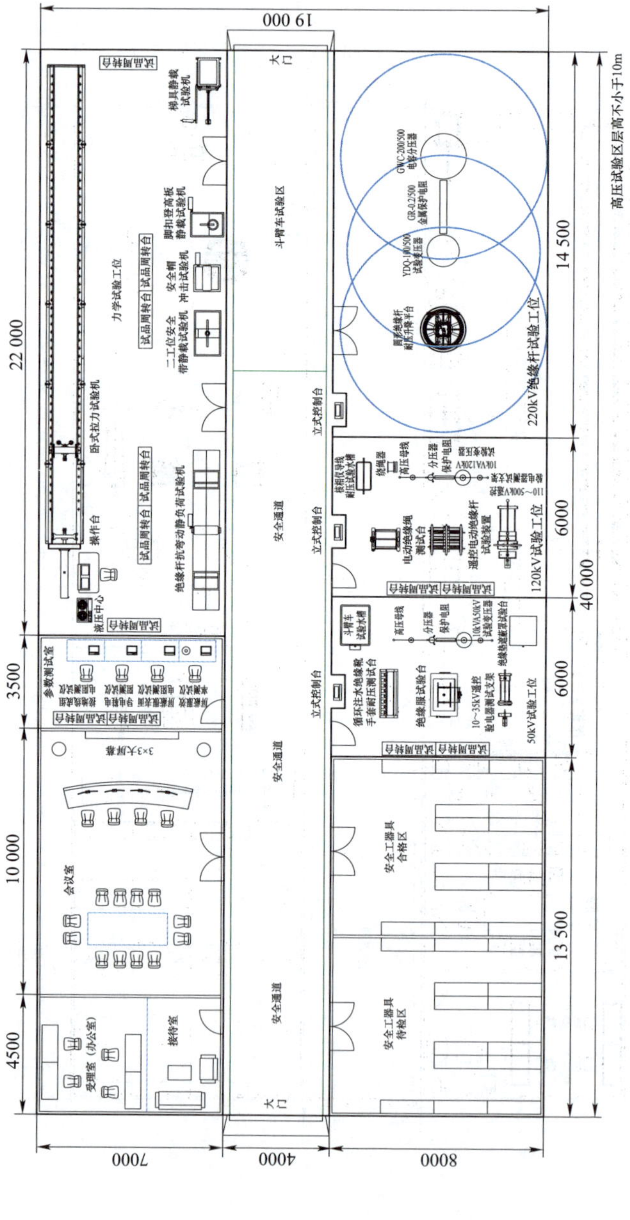

图 4－22　典型的 220kV 级电气预试实验室平面布置

5 力学预试实验室试验装置及其布置

根据 DL/T 1476—2015 的要求，需要进行力学性能预试的电力安全工器具包括安全帽、安全带、安全绳、速差自控器、自锁器（含导轨式、绳索式）、缓冲器、登杆脚扣、登高板、硬梯（含竹梯、木梯、铝合金梯、复合材料梯及梯凳）、软梯、快装脚手架以及检修平台（含高空组合平台）等。

在 DL/T 1476—2015 中，对于安全帽的预试，提出了冲击性能试验和耐穿刺性能试验的要求；对于速差自控器的预试，规定应进行空载动作试验；而对于上述其余各类电力安全工器具的预试，则规定必须利用相关试验装置（设备），依据该规程或相应产品标准规定的方法与要求进行不同的静负荷试验，取得相应数据，并以此判定试品的合格与否。

虽然不同种类电力安全工器具的力学性能预试工作所使用的试验装置（设备）不同，测试方法、技术要求、所用夹具等附属部件也不同，但究其本质，所有的试验装置（设备）都可以归为拉力机（可以是立式拉力机，也可以是卧式拉力机），或由拉力机衍生而来的装置。

总的来说，上述电力安全工器具预试工作所需配置的试验装置（设备）的总体测试精度与最大负载要求都不大高，通常精度要求均为 1 级。根据 DL/T 1476—2015 的测试要求，软梯的试验静压力为 4900N（暂不考虑预试标准有较大缺失），坠落悬挂安全带的试验静拉力为 3300N，其余电力安全工器具的试验静拉（压）力均为2205N及以下。尽管实验室从经济效益出发，尽可能充分利用各种试验装置（设备），但由于测试产品外形、长度等方面的差异以及市售试验装置（设备）的通用性等原因，仍不能完全发挥装置（设备）的所有用途。比如，对于防高坠器具试验台架，在实验室设计时即考虑了如何充分发挥其高架试验平台的作用，但实际上仍不能做到尽善尽美，为此，有的实验室对防高坠器具试验台架稍加改进，就使得该套装置可用于对线路上使用的扒杆、绞磨机等进行测试。同样，卧式拉力机一般测试载荷较大，不少实验室结合可能的测试任务，将大吨位卧式拉力机试验对象扩展至诸如钢丝绳等一类的工具。

下面，就对电力安全工器具力学预试实验室所需配备的试验装置（设备）进行详细介绍。

5.1 力学预试实验室试验装置

按照DL/T 1476—2015的要求对电力安全工器具进行预试，力学预试实验室必须配备的基本试验装置（设备）见表5－1。

表5－1 力学预试实验室必须配备的基本试验装置（设备）

装置（设备）名称	规格、型号	参考数量	备注
安全帽力学性能试验装置（冲击与耐穿刺试验兼用型）	GB/T 2812—2006、DL/T 1476—2015对安全帽试验项目无受力要求，故建议采用最低吨位等级2t级，1级精度	1套	用于安全帽抗冲击性能与耐穿刺性能试验；如对于安全帽采取定期报废制度，则无需进行预试

续表

装置（设备）名称	规格、型号	参考数量	备注
安全带综合性能测试机（立式拉力机）	5t 级，1 级精度	至少 1 台，建议 2 台	DL/T 1476—2015 未要求使用模拟人，但 GB 6096—2009《安全带测试方法》要求全部采用模拟人进行试验，鉴于坠落悬挂安全带（俗称全身式安全带）的普遍使用，建议使用模拟人进行全身式安全带的试验；对于围杆作业安全带，不建议使用模拟人进行试验；视承担的预试任务及实验室场地容积来确定台数
卧式静荷拉力测试机	100t 级，1 级精度 [a]	1 台	主要用于实验室扩项，也可对安全绳、软梯边绳等进行试验
	30～50t 级，1 级精度 [a]	1 台	主要用于安全绳试验
防高坠试验台架（防高坠器具性能试验机）	2t 级，1 级精度	1 套	用于速差自控器、自锁器、缓冲器等的试验
登杆脚扣及登高板力学性能试验机（包括立式拉力机、微型拉力机）	立式拉力机：2t 级，1 级精度	至少 1 台，建议 2 台	需配套有线杆模型；用于脚扣（含脚扣踏板和小皮带）与登高板的试验
	微型拉力机：0.5t 级，1 级精度	1 台	用于脚扣小皮带试验
硬梯及检修平台力学性能试验装置	2t 级，1 级精度	1 套	用于硬梯、快装脚手架、检修平台等的试验
通用力学性能试验机	5t 级，1 级精度		其标定荷载等级、配置数量等均应视承担的预试任务和实验室场地容积而定；部分实验室已配备该装置，故列于此，但如仅进行电力安全工器具预试则不建议配备

a 由于安全绳、软梯边绳等电力安全工器具测试行程较大，普通测试机无法满足测试要求。测试机生产目前依据的两份标准 GB/T 3159—2008《液压式万能试验机》和 JJG 475—2008《电子式万能试验机检定规程》都是吨位越大，行程越大类型，因此要满足测试要求，则只能选用大吨位测试机。如实验室可与设备生产单位通过沟通协商采用确认定制的方法，则建议选用小吨位大行程的测试机。当然如果实验室有中长期发展规划，选用普通具有较大行程的大吨位测试机也是贴合实际的选择。

5.1.1 安全帽力学性能试验装置

安全帽是最基本的安全防护工器具之一，在电力行业的施工、运行、巡视、检修等任何作业现场中，作业人员都必须佩戴安全帽。可以说，安全帽对电力行业作业人员的人身安全起着不可或缺的防护作用。

安全帽可以由多种材料加工制成，式样设计与相应用途也迥然不同。目前，电力行业通常采用的是由优质 PVC（聚氯乙烯）粒子经一系列的加工、注塑形成的帽体外壳与符合标准具体要求的帽衬、帽箍扣、下颏带等附件组合而成的安全帽。

对于安全帽，有一整套的相关标准来规范其生产、使用、存放与报废的管理要求。GB 2811—2007 和 GB 2812—2006 对安全帽的种类、材料、使用范围、试验要求、试验方法等一一进行了详尽的规定。电力行业各单位应依据各自使用安全帽的具体情况，结合所在地区环境等客观条件、作业现场的实际需求等编制各自相应的采购、配置、发放、保存、试验、报废等具体要求。

由于安全帽在电力行业内的广泛和高频率的使用，时时保持安全帽的可靠性显得尤为重要。依据 GB 2811—2007 和 GB 2812—2006 的阐述和规定，并结合电力行业使用安全帽的实际情况与要求，DL/T 1476—2015 规定，对于安全帽，必须定期、按批次、通过抽检方式进行预防性试验。而且，只有抽检样品通过了定期进行的试验，方能证明该批次安全帽处于合格可用状态，才能在下一次试验周期前继续使用同批次中其余的安全帽（已经做过抽检试验的安全帽除外）。按照规定，凡是做过试验的安全帽，不论试验结果是否合格，一律不得再次使用或将其返还至送检单位，而且必须在试验现场对其进行人为破口破坏，以确保不会因被试安全帽混入合格批次安全帽中被再次使用而可能引发事故。对于抽检不合格的同批次安全帽，则必须全部回收，并加以人为破口破坏，进行强制报废。

5.1.1.1 预试项目及抽检比例

根据 DL/T 1476—2015 规定，电力行业安全帽预防性试验项目包括抗冲击性能试验和耐穿刺性能试验，未要求进行 GB 2812—2006 所规定的挤压试验，这是根据电力行业使用安全帽的具体情况而设定的。

抗冲击性能试验：利用安全帽力学性能试验装置，将经标定的符合标准规定质量和半球外形的测试重物（在 GB 2812—2006 中对此有明确的规定和图示）在确定冲击物件底端中心到安全帽应受击中心为同一垂直轴线上时，由一定高度释放，测试重物经自由落体冲击于安全帽的某一确定部位（理论上应该是安全帽帽壳顶部中心部位），在设定一定技术参数的条件下，检测安全帽能否承受测试重物冲击力的冲击。该试验的目的在于检验被试安全帽是否能承受标定测试重物的冲击而不致损坏安全帽，或是否有碎片脱落，以此来判定被试安全帽在承受冲击时是否合格（在 DL/T 1476—2015 中有明确判定测试合格与否的规定）。

耐穿刺性能试验：利用安全帽力学性能试验装置，将经标定的符合标准规定质量和锥样外形的测试重物（在 GB 2812—2006 中对此有明确的规定和图示）在确定用于穿刺的物件底端锥心到安全帽应受击中心为同一垂直轴线上时，由一定高度释放，该测试重物经自由落体锥击于安全帽的某一确定部位（理论上应该是安全帽帽壳顶部中心部位）。当锥尖穿透安全帽帽壳击打到试验头模时，试验装置的电路导通装置自动导通并报警，则被试安全帽即被判定为不合格；反之，锥尖未接触头模表面，帽壳没有碎片脱落，则被试安全帽即被判定为合格。

按照 DL/T 1476—2015 的规定，两种试验中，凡试验后外观检查有帽壳碎片脱落的均应判定为该顶被试安全帽不合格，据此，应进一步判定该批次安全帽为不合格产品，必须强制报废。

按照 GB 2811—2007 和 GB 2812—2006 的规定，安全帽测试抽检比例分为三档：＜500 顶/批次，500～5000 顶/批次，以及＞5000 顶/批次。基于电力行业的实际情况，DL/T 1476—2015 要求试验用安全帽必须从最严酷使用场合中抽取，且每批次安全帽每项试验的试样不得少于 2 顶，同时还规定，如抽取的试品中有一顶不合格，则该批次安全帽报废。与 GB 2811—2007 和 GB 2812—2006 的规定相比较，应该说，DL/T 1476—2015 的规定更为严格，执行的关键在于必须切实按 DL/T 1476—2015 规定抽取被试安全帽，以保证安全帽预试质量。当然，也应当允许各电力企业根据自身实际情况确定安全帽预试时的实际抽取比例，防止由于考虑不周而埋下安全隐患。从严格试验和保证测试质量的角度，建议采用 DL/T 1476—2015 的抽检规定进行预试，安全帽是该标准要求必须进行预防性试验的 25 大类电力安全工器具中唯一一种允许做抽检试验的电力安全工器具。

根据电力安全事故统计，安全帽引发的事故在所有事故中占比较高，因此在安全帽的预试工作中必须进行深入的分析，并严格执行相关标准。DL/T 1476—2015 要求从最严酷使用场合中按比例抽取安全帽进行预试。所谓从最严酷使用场合中抽取，就是在现场使用的同批次安全帽中，抽取客观使用环境条件最差、参数变化可能最大、最容易反映参数衰变特性的安全帽作为试样，这样，才可以较为全面、科学地评判该批次安全帽的参数变化情况，进行准确地判定该批次安全帽的合格与否。但在实际的预试工作中，被试安全帽往往是由各基层单位现场人员抽取送检的，其对标准的认识和理解与测试人员有一定的距离，且由于标准中要求的“最严酷使用场合”较难量化，故抽取试样时较为随意，而测试人员仅根据收到的试样对安全帽进行测试，其对试样是否从“最严酷使用场合中”抽取并不掌握和了解，也只能对试样的测试结果负责；因此，这种情况下的测试结果必然不能完全正确地反映该批安全帽使用及老化的情况，也就不能对安全帽的合格与否作出准确的判定。此外，由于任何产品都有一定的损坏或衰减曲线，在目前随意抽取测试的情况下，如果抽取的试样正好是该批安全帽中老化、损坏最严重的，则其测试的结果应该说有代表性，可以反映该批安全帽的损坏情况；但是，若抽取的试样偏偏是较好的或处于中间位置的，那么测试的结果就不能完全准确地反映该批安全帽的损坏曲线，也就是说，一旦试样合格，该批次除抽检样品之外的安全帽就可以被再次使用，这就对以后该批安全帽的使用埋下了一定的安全隐患。这是每一位安全帽使用人员、测试人员、安全管理人员都不希望看到的，也是最令人担忧的。更严重的是，少数安全帽生产企业存在着掺废造假行为，这些企业生产的安全帽的安全性能本已经大打折扣，如果预试工作中未按规定要求严格执行，那么预试工作的目的就很难达到。综合以上诸多因素，不得不认真思考：应如何进行安全帽的预试方能达到标准设计的本来目的。

目前，有的电力企业根据 GB 2811—2007 和 GB 2812—2006 的规定，并结合企业自身具体情况，在保证上述标准规定（自安全帽生产之日起计算至 2.5 年后开始做试验）的前提下，为保证生产一线员工的人身与生命安全，规定了安全帽自生产之日起计算的 2.5 年后不做试验而直接报废的管理方法，该规定有效规避了因未及时对安全帽进行抽检或因未按 DL/T 1476—2015 要求从“最严酷使用场合”按比例抽取而导致的安全风险。凡执行此规定的电力企业，虽然在安全帽到期后直接报废而无需进行定期预试，但必须严格执行批次管理制度，以防止因批次混淆而导致在定期报废制度执行中出现偏差，进而引发因安全帽未正确报废或漏试导致的事故；同时，必须强调对所有被报废的安全帽必须在报废前强制回收，并逐一人为破口破坏。

5.1.1.2 基本结构

电力行业对安全帽性能的判定是通过冲击性能试验和耐穿刺性能试验来完成的，因此，安全帽力学性能试验装置是针对冲击和穿刺这两种试验的实际需要来设计和制造的。

市售的安全帽力学性能试验装置大致可分为以下几类：既可用于冲击性能试验、也可用于耐穿刺性能试验的安全帽预试用专用试验装置，将通用型小吨位立式拉力机与安全帽力学性能试验装置相结合的组合式试验装置，以及针对抗冲击性能试验和耐穿刺性能试验分别加工制造成的两个独立的试验装置。

总的来说，安全帽力学性能试验装置应具备如下特点：在进行抗冲击性能试验和耐穿刺性能试验时，要求峰值记录准确；试验装置设有手动/自动切换装置；对于试验参数，可以由装置生产厂家进行出厂设定，或由用户设定，并自动记录和保存；通常应设有百年免维护日历时钟；具有完备且性能良好的数据输出端口。

下面，本书对最为常用的安全帽预试用专用试验装置（抗冲击与耐穿刺试验兼用型）进行详细介绍，以下所称安全帽试验装置均指采用手动释放下击锤体式抗冲击与耐穿刺试验兼用型试验装置。

安全帽力学性能试验装置通常由基座与底座、支架（立柱与横向伸长臂组合）、启动扳手、头模及其放置支架、测试用冲击锤和穿刺锥、测试传感器以及控制系统（含数据处理和通电显示系统）等基本元部件组成，见图5-1。目前，市售安全帽试验装置一般都采用一次对一顶安全帽进行一个项目测试的方式。

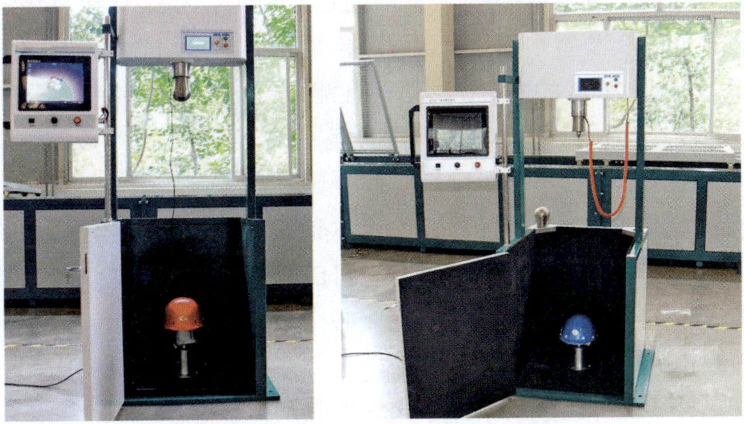

(a)　　　　(b)

图5-1　安全帽力学性能试验装置实景图

（a）冲击试验；（b）穿刺试验

（1）基座与底座。为保证安全帽力学性能试验的顺利开展，必须将安全帽试验装置放置于实验室布置设计平面图中指定的安全帽试验装置基座上，并用地脚螺栓将装置底座固定在基座上，同时进行水平找正调平（虽然多数设备生产企业未要求将试验装置安装于基座上，也未要求进行装置的找平调正，但为了保证试验数据的准确性，建议实验室建设单位选用要求进行固定和找平调正的试验装置）。

按照GB 2812—2006的规定，为保证试验装置的平稳以及最大程度地减少装置振动可能对测试参数的影响，基座质量不得小于 500kg，且基座必须与安全帽试验装置底座相匹配，并留有一定冗余。由于安全帽试验装置整体尺寸较小，底座面积一般为 $2m^2$ 左右，故可理解为基座单位承重不小于 $300kg/m^2$ 即能满足装置安装要求。基座采用钢筋混凝土基材经夯实固化而成，并在基座中预埋地脚螺栓用于固定试验装置。无论是用地脚螺栓将安全帽试验装置固定在基座上，还是直接将试验装置置于实验室地面上，装置基座的承重要求均必须严格遵守 GB 2812—2006 的规定，这是保证测试数据准确性的基本条件。放置安全帽试验装置时应保证基座平整、干净，固定后的试验装置整体水平，不存在倾斜、摆动等缺陷。

为保证试验装置的稳定性及试验的顺利开展，考虑到冲击锤和穿刺锥在高处悬挂和释放时可能发生的振动等对试验装置的影响，安全帽试验装置的底座必须具有足够的质量，以确保装置本身中心基本位于装置底座上；而且，底座必须坚固，具有足够的抗冲击强度，能牢固地安装测试传感器，故一般采用铸钢基材制成。如选用的试验装置底座为翻砂浇筑件，则建议在选购时必须查验生产企业对于底座的无损检测结果报告，防止由于翻砂底座中存在大量气孔而不能满足装置底座重心的要求，或者因翻砂工艺粗糙，翻砂浇筑件内部有裂纹等致使底座存在安全隐患，直接影响测试工作，甚至引发事故。

有些安全帽试验装置不是固定于基座上，而是利用较重的底座支撑直接竖直立于试验现场。这种装置较为简单，但由于不能保证其冲击锤（穿刺锥）的中心完全与头模中心在同一垂直线上，当冲击锤（穿刺锥）在自由落体状态下坠落时，其中心不可能击于被试安全帽帽壳中心，受冲击（或坠击）的作用点发生偏移，加上帽壳有一定的弧度，故冲击（或坠击）力必然发生偏移，测得的数值必然不准确，随后的判定结果就值得商榷。因此，严格来讲，这种试验方法是不可取的，也不主张使用此类装置。但实际上，在电力行业的试验现场常常可以看到此类装置，基于此，建议测试单位应定期对试验装置进行垂直性校验，以保证所试样品的测试结果真实可信。对于校验周期，建议与装置的压力传感器校验保持同步，即每年进行一次，以确保装置测试数据的可靠性。

（2）支架。安全帽试验装置支架被固定在装置底座上，能够控制、悬挂和释放冲击锤（穿刺锥），因此，支架质量的优劣同样直接关系到试验结果的准确与否。

在制作支架（立柱与横向伸长臂组合）时，考虑到冲击试验与穿刺试验的共性，多数装置生产企业将支架制作成一个共用的无需动力的试验支架，也有少数生产企业分别为冲击试验与穿刺试验制作两个不同的试验支架，由此形成安全帽冲击试验装置和安全帽耐穿刺试验装置。由于支架的作用仅为保证释放锤体垂直于试品、接触头模轴线，其本质作用是相同的，故本书仅介绍共用支架的试验装置。

通常，试验装置的总高度（从底座到立柱最高处）应不低于 2m。立柱一般加工成ϕ180～200mm 的圆柱状，伸长臂连同夹持在支架上半圆形夹持架的长度为 300～500mm，利用伸长臂尾端的双半圆结构夹持固定在支架立柱上。试验时，因需调整冲击锤（穿刺锥）与头模的中心轴线，故应当允许在试验前对支架夹持件进行微调，以满足 GB 2812—2006 规定的测试高度，保证试验数据的真实性、可靠性。对于抗冲击试验与耐穿刺试验的高度，GB 2812—2006 要求冲击锤（穿刺锥）底端中心距试验帽体外壳的中心保持 1000mm±5mm 距离，因此，只要伸长臂在悬挂冲击锤或穿刺锥后最底端中心部位距试验帽体的中心能满足该试验距离即可。试验装置安装完成后，支架的伸长臂一般不会有经常性移动（必要的测距校验和前述测距微调除外）。由于 GB 2812—2006 规定的测试头模分为 1、2 两个号，两种尺码的大小差异必然导致距离上的差异，且要求精度较高（偏差在±1mm 以内），因此在试验时，为满足标准规定的要求，应进行必要的微调。

支架的伸长臂上设计制作有悬挂挂钩和用于控制释放冲击锤（穿刺锥）的扳手。当需要释放冲击锤（穿刺锥）时，由操作人员轻扳释放扳手，冲击锤（穿刺锥）即脱离挂钩，呈自由落体方式下坠击打安全帽试验点。由于安全帽预试中的抗冲击试验不涉及参数获取，仅凭检查被试安全帽是否有帽体碎片脱落或被试安全帽顶部接触冲击部位是否被击穿即可判定被试安全帽的合格与否，故安全帽试验装置的数据采集系统仅为耐穿刺试验而设置。在进行耐穿刺试验时，也是通过轻扳释放扳手，让穿刺锥自由落体下坠击打被试安全帽的帽心部位来实现的。试验结果可通过以下方式获取：通过测试传感器取得相应参数，并由试验装置的工控机自动打印该试品抗冲击合格与否的数据小条；或通过装置显示器反映出被试安全帽是否导通，同样也会自动打印出试品耐穿刺合格与否的数据小条。DL/T 1476—2015 规定安全帽穿刺试验合格的依据为被试安全帽经冲击试验后不得有帽体碎片产生，试验装置不得有帽体导通报警，反之即为不合格。与上述依据 GB 2811—2007 和 GB 2812—2006 生产的可获取试验数据的试验装置相比，电力行业安全帽预试的要求较低，未规定必须获取具体参数，这是由电力行业安全帽预试特点所决定的。

目前的市售试验装置中，为了保证冲击锤（穿刺锥）释放的平稳性，有些生产企业将手动释放扳手改进为电动控制方式，该项改进可以提高冲击（或穿刺）试验的精度，保证试验质量。

（3）头模。根据 GB 2812—2006 的规定，试验用头模基材通常应为镁铝合金或以铝材为主体加配重组成，头模上表面必须由金属制成，且要求一旦头模因安全帽被击穿而致使头模上表面金属板被损坏，应保证可以修复，以便头模供下次试验时继续使用。DL/T 1476—2015 对此未作明确规定或强调，鉴于电力行业的普遍情况，在电力行业预试实验室中普遍使用以木质为主基材、经过加工并附加金属导电部件、具有导通能力的木质头模。

GB 2812—2006 规定，头模的质量应为 5.0kg±0.1kg，且应根据试验项目情况选用正确的头模。头模分为 1 号、2 号（具体技术要求参见 GB 2812—2006 附录 A），两者的区别在于佩戴高度的不同。佩戴高度小于等于 85mm 时，使用 1 号头模；佩戴高度大于 85mm 时，使用 2 号头模。在将安全帽正确佩戴在头模上的情况下，安全帽侧面箍底边与头模相对应的标尺刻度即为佩戴高度。由于自由落体运动的下坠力是呈幂曲线形的，距离在力的变化中尤显重要，因此 GB 2812—2006 规定，安全帽佩戴高度的记录测量精确到 1mm。

试验时，将安全帽正确佩戴在头模上，帽壳短轴边缘上点与头模对应的标尺刻度为 X_1；再将安全帽去掉帽衬后放入同一头模上，这时测得帽壳边缘同一点与头模对应的刻度为 X_2；最后，计算 X_2 与 X_1 差值即得到安全帽的垂直间距，并记录该值精确到 1mm。据此结果，根据标准规定选定头模型号。

目前，电力行业在进行安全帽预试时大多不考虑头模的选用，严格来讲，这是错误的，极有可能导致预试结果的误差。鉴于此，根据 GB 2812—2006 的规定正确选用头模，是各预试实验室进行安全帽性能试验时应充分关注的一个环节，建议通过编制相关管理制度来改变目前较为普遍的、头模选用较随意的试验现状，严格规范试验行为，保证测试方法和数据的准确性。

（4）测试用冲击锤和穿刺锥。针对安全帽冲击性能试验和耐穿刺性能试验，分别为试验装置配备了对应的测试用的冲击锤和穿刺锥。锤（锥）体的外形、用材、质量等设计、制造技术要求必须符合 GB 2812—2006 的规定。

GB 2812—2006 规定，测试用冲击锤和穿刺锥的材质必须使用 45#钢，外形加工表面光滑、无毛刺、对称均匀（一般装置生产企业都将冲击锤和穿刺锥进行表面处理，且以镀铬为多）。GB 2812—2006 以示意图方式给出冲击锤和穿刺锥的外观，且要求：锤头为半球形，球体半径为 48mm，冲击锤质量为 $5_{-0}^{+0.01}$ kg；锥角为 60°，锥尖半径为 0.5mm，长度 40mm，最大直径 28mm，穿刺锥的硬度应为 HRC45，质量为 $3_{-0}^{+0.05}$ kg。

尽管 DL/T 1476—2015 未明确规定冲击锤和穿刺锥的质量及外观，但电力行业在做安全帽预试时沿用了 GB 2812—2006 中关于冲击锤和穿刺锥质量及外观的相关规定。

另外，一般要求试验现场配备 2 套冲击锤（穿刺锥），以备一旦试验过程中出现意外时使用。

在安全帽试验装置现场应配备专用放置架，专门用于放置试验用的冲击锤和穿刺锥，防止因乱扔乱放而损伤锤体，进而影响试验质量。目前，电力行业试验现场中冲击锤和穿刺锥乱放情况较为严重，各实验室管理部门应及时纠正错误的放置方法，以保证预试工作的正常进行。

（5）测试传感器和控制系统。安全帽试验装置必须配装测试传感器和相应的控制系统，通过独立的控制箱来完成相关的控制与指令运行。控制系统的主要功能是实时接收和处理安全帽试验时的数据。

安全帽预试工作中的一项重要内容是冲击性能试验。按照GB 2812—2006 规定，试验装置的控制系统必须与测试传感器相配套，也正是通过控制系统来最终记录及显示冲击力数据。

依据 GB 2812—2006 规定，用于冲击吸收性能试验的数据处理装置是与测力传感器配套，最终记录及显示冲击力数值的装置。技术要求为：冲击力采集下限为 500N，连续采样时间不低于 40ms，采样频率不低于 20kHz，自动采集并显示采样区间内的最大值；测量精度要求为全量程范围内±2.5%，且记录冲击力准确度为 1N。电力行业内选用的安全帽试验装置，其冲击测试装置通常配备测量分辨率不大于 1N、测量精度为全量程范围内±1%、测量范围为 0～20000N、频率响应最小为 5kHz 的动态力传感器。

在电力行业实际预试工作中，一般认为，只要按照 GB 2812—2006 规定的参数要求对安全帽进行冲击性能试验，在试验后就可以仅通过检查被试安全帽帽体外观来判定合格与否，即凡是试验后帽壳未见碎片脱落或未见有凹陷、裂纹、破碎等缺陷的安全帽，通常目测被认为通过了冲击性能试验，同时再根据冲击吸收试验时帽体承受的冲击力大小在试验机传感器上的反应和试验设备液晶显示屏上显示的瞬间冲击力值，经装置与设定合格数据的对比自动打印合格与否的小条。数据处理装置将冲击力相关参数记录在案。

安全帽预试工作中的另一项重要内容是耐穿刺性能试验。按照 GB 2812—2006 的规定，耐穿刺性能试验的结果侧重于试验时穿刺锥是否接触到头模。一旦穿刺锥接触到头模，则试验电路导通形成闭合回路，控制系统中的数据处理和通电显示系统即在显示屏上显示导通报警，同时发出声光报警信号，数据处理装置的打印系统则自动打印试验结果——该被试安全帽不合格。

5.1.1.3 计量与校验

安全帽试验装置属于国家强制计量检定管理设备。根据《中华人民共和国计量法》和《计量法实施细则》的规定，对于此类国家强制计量检定管理设备，必须每年将其送至国家指定的计量检定单位进行传感器和控制主板的例行校验，这也是保证测试数据准确可靠的重要手段，是产品质量检验检测的强制要求。只有取得质检认证证书后，力学预试实验室方可使用安全帽试验装置开展对安全帽的质量检测工作。

5.1.2 安全带综合性能测试机

安全带主要用于高处作业时作业人员的个人安全防护，可防止高坠事故的发生或减轻因高坠事故导致的伤害程度。

GB 6095—2009《安全带》中，按作业类别将安全带分为围杆作业安全带、区域限制安全带和坠落悬挂安全带三种。一般来说，应根据每次作业项目与内容的不同选用对应的安全带。然而，实际工作中，电力行业大多数单位通常直接配备坠落悬挂安全带作为高处作业个人安全防护工器具，少数单位在低压线杆上作业时选用结构相对简单的围杆作业安全带，而区域限制安全带仅用于限位作业中。

在安全带所有基本部件中，最重要、最有效实施防坠保护的部件是系带，而其中腰部系带最为关键。使用坠落悬挂安全带时，通常是将安全带、安全绳、两端的连接器、根据登高高度选配的缓冲器及自锁器、速差自控器等登高安全防护器具有序组合为一个整体或系统来对使用者进行有效保护的，因此，与坠落悬挂安全带配套使用的连接器也是保证安全十分重要的部件。

由于安全带的使用用途不同，所采用的材质也各异，因此其规格型号多种多样。从式样上，电力行业主要使用的是安全可靠性较高、性能较为全面、性价比优势较大的坠落悬挂安全带（即俗称的全身式安全带）。从材质上，电力行业一般选用以尼龙为基材制成的坠落悬挂安全带。根据使用用途以及现场情况、要求的不同，坠落悬挂安全带又有多种式样与规格型号。优质的坠落悬挂安全带是在充分研究人体工程学的基础上，结合安全工程学、人因工程学的基本理论和要求，将这三种基础安全理论进行有机融合，同时结合作业人员实际行为习惯等因素开发、设计、制作而成的。坠落悬挂安全带采用多点受力、分散受力的物理概念，让使用者在正确佩戴坠落悬挂安全带进行作业时不会产生不适感，一旦发生事故等意外情况时能获得最大的、有效的安全防护，防止和避免遭受人身伤害或将伤害程度降低到最小。坠落悬挂安全带是目前一种较为理想的个人登高防坠用品。

电力行业在 DL 408—83、DL 409—83 中就规定：凡在坠落高度离地基准面 2m 及以上的高处进行的作业，都应视为高处作业。在 GB/T 3608—2008《高处作业分级》中认同了这一规定。在电力行业实际工作中，在坠落高度离地基准面超过 1.5m 的作业就应使用安全带或采取其他安全防护措施。作业场所达到一定高度时，除作业者必须正确佩戴安全带以外，还应配用安全绳和缓冲器等二次保护器具。因此，在 DL/T 1476—2015 中明确规定必须定期对登高作业用的安全带、安全绳、速差自控器、自锁器、缓冲器等坠落防护专用器具进行预防性试验。

安全带预防性试验主要是通过安全带综合性能测试机来完

成的，主要适用标准为 GB 6095—2009、GB 6096—2009《安全带测试方法》和 DL/T 1476—2015。目前也有特别实验室采用卧式拉力机进行安全带性能测试，本书仍推荐选用专用的安全带综合性能测试机并以此为例阐述。

对安全绳、速差自控器、自锁器、缓冲器等安全工器具进行预防性试验，一般是通过相应施力的力学拉力机或其他专用装置来完成的。

5.1.2.1 配置原则

安全带综合性能测试机在本质上就是一台立式拉力机。和普通立式拉力机一样，试验机体主要由机身底座、立柱、升压系统、升压传递系统、电子控制与数据处理传输系统、力学传感系统等组成。其与普通拉力机的主要区别在于：对拉力机底座中央进行了加固，并在试验时，将质量为 100kg 的标准模拟人置于拉力机底座中央进行安全带的各项试验。

GB 6096—2009 规定使用标准模拟人对安全带进行穿戴试验，即在试验中，利用模拟人模拟各种可能的姿势，在此条件下，从各角度对模拟人所穿戴的安全带系带及各受力部位进行规定时间、均衡加力的全方位静态平衡试验，以检测安全带的综合性能。采用此种方法对坠落悬挂安全带进行预试，可以一次性获取相关参数。而 DL/T 1476—2015 附录 A 中图 A.1“安全带整体静负荷试验示意图”所示的试验方法仅强调了对坠落悬挂安全带腰带部分进行试验，较之 GB 6096—2009 的要求相对简单、宽泛，GB 6096—2009 的测试方法更严格、更科学。考虑到电力行业预试的主要目的是检测在用安全带的安全可靠性，而非进行产品认证的型式试验，且电力行业通常认为腰带部分是坠落悬挂安全带最重要的受力部位，故强调只要对腰带部分进行试验即可满足预试要求，而 DL/T 1476—2015 也是基于这样的考虑才主张采用这样的试验方法。但是，从严格预试要求的角度出发，这种试验方法存在一定的局限性，不能完全反映坠落悬挂安全带参数变化的情况，故条件允许时，建议安全带持有单位依照 GB 6096—2009 第 4.1 条规定的方法（模拟人穿戴测试法）对坠落悬挂安全带进行预试，以切实保证安全带的安全可靠性。对于围杆作业安全带、区域限制安全带，则可以按照 DL/T 1476—2015 图 A.1 所示方法进行试验。

鉴于国家安全监管部门（现为国家应急管理部）提倡使用坠落悬挂安全带以及目前电力行业作业现场较为广泛使用坠落悬挂安全带的基本情况，预试实验室可以根据实际承担测试任务情况配置带有标准质重模拟人的成套安全带综合性能测试机，以便于开展安全带测试工作。如预试实验室承担的安全带测试任务中仅包括围杆作业安全带、区域限制安全带，则只需配置较为简单的立式拉力机及相应试验模具即可进行安全带预试工作。

5.1.2.2 基本结构

安全带综合性能测试机主要由机身底座、立柱、升压系统、升压传递系统、电子控制与数据处理传输系统、力学传感系统以及标准质重模拟人等组成，见图 5-2。安全带综合性能测试机主要分液压式和机械丝杠式安全带综合性能测试机两种，本书主要以液压式性能测试机为典型选用设备介绍。

（1）安全带综合性能测试机是通过地脚螺栓安装在厂房基础的基座上的，因此，基座须与测试机底座相匹配，并留有充分的冗余，在固定的同时进行找正调平。为保证测试机的平稳以及最大程度地减少振动可能对测试参数的影响，基座采用钢筋混凝土基材，并对其进行夯实固化，在基座中预埋地脚螺栓用于对测试机的固定，且基座的荷载应不低于 500kg/m^2。

图 5－2　安全带综合性能测试机实景图（以坠落悬挂安全带为例）

实际上，对于很多市售安全带综合性能测试机，生产企业并未要求必须采用地脚螺栓固定的方法进行布置，因而实验室就直接将测试机置于试验厂房地面上。这种方式相比于用地脚螺栓固定要简单许多，但很可能由于厂房地面因素导致测试机平稳性达不到基本要求，进而对试验带来一定的安全隐患，还直接影响测试数据的准确性。因此，建议选用需采用地脚螺栓固定的安全带综合性能测试机。如确有困难，允许将测试机直接置于试验厂房地面上，但地面必须足够坚固且不低于标准要求的荷载；同时，坚持对设备置地平稳度进行监测，建立必要的平稳性定期评估制度，以确保试验安全和测试结果的正确性。

机身底座是支撑测试机所有部件的基础，由于各部件的总体质量较大，加之试验时还要将悬挂坠落安全带穿戴在试验用模拟人（标准规定的模拟人质量为100kg）身上，试验中，在对模拟人身上的安全带系带施加一定的测试力时，也会产生一定的荷载冲击；因此，要求测试机底座有足够的重量、足够大的试验台面，以保证模拟人能稳定地固定在试验台架上，使模拟人在承受测试负荷时不会歪斜，保证测试设备安全和测试数据准确，同时，也使得测试机能承受试验时可能产生的最大荷载而不会发生任何机械变形、损坏或其他可能导致设备本身无法正常使用及影响试验质量的设备故障，确保安全带综合性能测试机能平稳地工作。

（2）立柱是支撑试验行程的重要部件，也是核心部件之一，主要承担着对安全带施加测试力时行程轨迹的导向作用，继而配合驱动模具在控制系统的控制下完成力的传递。按照 GB/T 6096—2009 规定，系挂模拟人安全带的立柱直径不小于 40mm，当系挂点部位受横向 20kN 力时，变形须小于 1mm。测试机加载点须有缓冲装置，以保证试验加载时不致对被试安全带形成冲击。

（3）升压系统执行控制系统的指令，通过驱使控制电磁阀直接给安全带施加测试力，这种力通常采用液压传递的方式施加。试验中，升压系统根据指令驱动电磁阀驱动模具沿着立柱将指令驱动力实施于安全带，完成指令要求的传递力，达到试验的目的。目前，市场上也有一些测试机是采用机械方式传递的，机械力的传递多数采用螺旋丝杠方式。两种力的传递方式各有优缺点，由于安全带综合性能测试机属于非标产品，国家未制订专门的产品标准来规范其设计和制造，因此，生产企业和用户单位可参照现行的 JJG 139—2014《拉力、压力和万能试验机检定规程》、GB/T 16491—2008《电子式万能试验机》、GB/T

3159—2008《液压式万能试验机》、GB/T 16826—2008《电液伺服万能试验机》、GB/T 2611—2007《试验机通用技术要求》等标准来制造和选用测试机。

（4）升压传递系统与机械力的传递方式有着直接的关系。采用液压方式的测试机大多采用液压油经伺服电机、电磁阀等控制装置通过改变油压、油路方向等，继而通过控制系统将油压转换成机械力的方式来对安全带施加额定的测试力。参考相关标准要求，一般要求测试机计量强制校验油缸最大行程为700mm，油缸行程速度可调，区间为1～1200mm/min，以满足安全带测试所需液压系统要求。采用螺旋丝杠方式的测试机是通过电机转动，带动丝杠移动来完成机械力传递的。

（5）电子控制与数据处理传输系统是安全带综合性能测试机的又一个重要部件。其功能不仅仅是对于机械的控制，还具备数据的设定、记录、处理等功能，涵盖了相应的软硬件，也包括向外传输数据的通信系统。通常，要求测试机配有液晶显示屏、汉字菜单显示，良好的人机对话界面与操作系统；试验数据按出厂设定或用户设定自动记录且保存，允许进行人工数据设定并记录设定（设定人、设定时间、设定参数等）；试验峰值记录准确；与其他功能混用的装置则必须手动/自动切换灵活；设有百年免维护日历时钟；具有完备且性能良好的数据输出端口。

（6）力学传感系统是实时监测测试机施加压力或施加拉力时力的变化的部件，其测得的数据用于比对被试安全带是否处于相关标准规定的数据区间（事先将根据安全带标准规定的数据区间设定于测试机数据控制系统中），是判定被试安全带合格与否的重要部件。

（7）模拟人是为满足GB 6096—2009提出的测试要求而配

备用于安全带测试的专用部件，其质量按照标准要求，主要的作用就在于有效地模拟作业人员穿戴被试安全带时满足试验要求（承受标准测试力并保持标准规定的测试时间）的状态，保证测试机传感器取得较为贴合实际的被测点的试验数据，继而准确地判断被试安全带是否符合 GB 6096—2009 的技术要求，保证试验质量。

5.1.2.3 技术参数

根据 JJG 139—2014 中对检定环境条件的规定，结合 GB/T 16491—2008、GB/T 3159—2008、GB/T 16826—2008、GB/T 2611—2007 的相关内容和技术条件，综合平衡后要求安全带综合性能测试机技术指标如下。

（1）外界环境温度在 10～35℃，且检定过程中温度波动不大于 2℃、相对湿度不大于 80%标准测试条件下，液压加载系统最大拉力为 50kN，加载速度小于 100mm/min，油缸最大行程为 700mm。

（2）装置传感器应具备的技术性能：测量分辨率不大于 0.001N，量程小于 50kN，测量（计时）精度为±1%，控制精度为±5%。

5.1.2.4 计量与校验

为确保测试质量，安全带综合性能测试机装有用于质量计量的传感器等计量管控部件，这类部件属于国家强制计量检定管理的设备。根据《中华人民共和国计量法》和《计量法实施细则》的规定，对于此类国家强制计量检定管理设备，必须每年将其送至国家指定的计量检定单位进行传感器和控制主板的例行校验。

5.1.3 卧式静荷拉力测试机

卧式静荷拉力测试机，简称卧式拉力机，是依据 JJG 139—2014、GB/T 16491—2008、GB/T 3159—2008、GB/T 16826—2008、GB/T 2611—2007 等标准经综合平衡后设计、制造而成的测试装置，在电力安全工器具的预试中，主要用于对安全绳和软梯进行试验，也有的实验室在配置起吊设备后（因安全带测试物重，即模拟人重 100kg，非人力所能为），用于安全带的性能测试。虽然市售卧式拉力机在外形、结构、力矩传递方式、控制系统等方面有较大的差异，但其基本性能差异不大。

安全绳的预试通常采用卧式拉力机，也可以使用立式拉力机。但由于立式拉力机的最大行程一般在 2000mm 左右，加上立式拉力机在测试时还需使用上下夹具，致使实际最大行程还要缩短 200mm 左右，因此，对于较长的安全绳（如 3m 及以上），如选用立式拉力机进行测试，则只能采用分段试验的方法才能完成测试。鉴于此，电力安全工器具预试实验室通常选用卧式拉力机对安全绳进行测试。

对于软梯的预试，DL/T 1476—2015 规定每半年进行一次静负荷试验，具体要求如下：施加 4900N 静压力，持续时间 5min，卸载后各部件不应发生永久变形和损伤。软梯测试主要分软梯边绳静荷测试、软梯踏档静荷测试与软梯头踏档静荷测试，由于软梯结构的特殊性，其中软梯边绳静荷测试和软梯头踏档静荷测试应由卧式拉力机来完成。当然软梯踏档静荷测试也可使用卧式拉力机完成，但目前多数实验室采用立式拉力机来进行该项试验。

5.1.3.1 基本结构

由于用于安全绳、软梯等预试的卧式拉力机以液压油缸为动力传递者居多，故本书以采用液压动力为力的传递方式的卧式拉力机为例进行介绍。卧式拉力机是集机、液、电等技术为一体，通常都具有集成化、智能化、性能稳定等特点。卧式拉力机主要由机械部分、液压升压与传递系统、数据测控系统（含数据传输系统、力学传感系统及操作控制系统）等组成，见图5-3。目前市售卧式拉力机主要分操作及控制系统左置和右置两大类，但不论左置或右置操作及控制系统，其功能特性基本一致，本书以传统的右置操作及控制系统卧式拉力机为例介绍。

图5-3　卧式拉力机实景图

（1）机械部分。卧式拉力机的机械部分主要由机身底座、主轴、卧式拉力机特有的卧式行走箱和行走导轨以及各种专用连接夹具等部件组成。

卧式拉力机的机身底座呈一个箱体形状。由于卧式拉力机试验对象大多为重吨位器具，加之试验时有一定的荷载、振动等原因，因此，机身底座的承载力必须达到施加最大拉力（是指卧式拉力机施加标称最大拉力）时各种力的总和，并适当增加一定的冗余，以保证卧式拉力机的平稳作业。根据卧式拉力机的自重和试验的安全可靠性要求，结合实验室厂房所处地理位置、地质条件等，一般要求布置卧式拉力机的厂房地基应保证单位面积地基承载力不小于 500kg/m^2，即承载卧式拉力机底座的厂房基座每平方米须有不小于 500kg 的承载力。同时，考虑到设备运行的实际情况，出于安全冗余的考虑，厂房基座范围还应沿卧式拉力机四周进行适当的扩大，以确保设备的安全可靠运行。

目前市售的卧式拉力机多数未强调必须采用地脚螺栓固定的方法进行安装，因此有些实验室就直接将卧式拉力机平置于试验厂房地面上。这种做法最大的缺点是卧式拉力机平稳性较差，厂房地面条件较差时极有可能导致测试数据的准确性较差。建议相关实验室在安装卧式拉力机时仍采用地脚螺栓固定方式为宜。

因拉力机属于非标产品，国家未制订专门的产品标准来规范其设计和制造，故生产企业可参照现行的 JJG 139—2014、GB/T 16491—2008、GB/T 3159—2008、GB/T 16826—2008、GB/T 2611—2007 等标准来制造，用户可以依照上述标准来选用适合自身实验室需求的卧式拉力机，也可通过与卧式拉力机生产单位相互约定技术条件或技术要求的方式生产满足用户自身需求的卧式拉力机。比如，由于多份拉力机标准规定的卧式拉力机拉力和吨位均较高较大，但电力安全工器具预试一般并不需要如此大的拉力和吨位，但行程却需要大吨位卧式拉力机一样的行程需求，这时即可通过相互约定的方式或技术条件协议的方式生产加工针对该用户需求的卧式拉力机来满足用户的特定需求。当然，如实验室根据自身发展和中长远规划确实需要布置大吨位卧式拉力机则另当别论。此外，选用的卧式拉力机还应重点关注测试力值的传递是否有效，是否达到设计要求。

常见的卧式拉力机中，一般右端为设备操纵机构与液压系统等作业区域，安装有液压升压油箱、油缸、电磁阀、伺服电机等部件，与之相连的是用于对安全绳、软梯等进行拉力测试用的一个较长的试验笼，即卧式行走箱。试验笼笼体由足够强度的钢结构组成，包括主框架和强度加强支撑等，外覆高强度钢结构的网状安全防护或直接焊接整块高强度钢板防护，以保证一旦卧式拉力机发生事故或试品发生飞车等恶性事故时，试件或设备损坏件无法飞出，即使飞出也因安全防护装置的阻隔而使击打力基本消失殆尽，进而对现场作业人员的人身与生命安全以及设备起到有效的保护作用。试验笼内的主要机构是拉力轴（与立式拉力机的拉力轴相同，但拉力级别较高），分左右轴，通常右置操作和控制系统的卧式拉力机左轴为无动力轴，靠近卧式拉力机液压系统的为右轴，右轴由卧式拉力机的液压系统经控制驱动液压油缸驱动。试验笼中还设计有行走导轨，且在导轨上按一定间距预设定位孔，方便左轴的定位。

安装卧式拉力机时须保证拉力机左、右端同轴，同轴度应根据标准规定和设计要求或使用说明书规定。目的在于：一方面，可以有效传递所施加的拉力；另一方面，可以避免因左、右端不同轴而可能对拉力机本身产生不利影响，导致其使用寿命缩短或测试数据不准确等。

（2）液压升压与传递系统。液压升压与传递系统主要控制液压的升降和传递，并将油缸产生的液压力转换为机械力，继而对被试安全绳等试品施加测试力或卸载力，以启动或撤出试验。丝杠传动系统在卧式拉力机中比较少见，但其动力传输的目的与液压系统是相同的，仅动力传递方式为机械传递，本书在此不作介绍。

液压传递系统采用液压油泵、伺服电机、电磁阀及电子测控元件等控制装置来完成液压力向机械力的转换。

（3）数据测控系统。数据测控系统包括数据传输系统、力学传感系统及操作控制系统，是卧式拉力机又一个重要的部件。该系统涵盖了软硬件，其功能不仅仅包括对于机械的控制，还有数据的记录、处理以及向外传输等功能。力学传感系统是实时监测拉力机施压或施拉时力的变化的部件，也是用于证明试验是否符合标准要求、被试试品是否符合标准要求的重要部件。

卧式拉力机数据传输系统、力学传感系统及操作控制系统等的精度及技术要求与前述安全带综合性能测试机的相同（见5.1.2.2 中相关要求），区别仅在于施力方法和大小的差异。

5.1.3.2 技术参数

用于检测安全绳的卧式拉力机各系统精度应满足 GB 24543—2009《坠落防护 安全绳》规定的要求。GB 24543—2009 规定，静态力学性能测试设备的量程应小于 50kN，精度为 1 级；DL/T 1476—2015 规定，液压加载系统最大拉力应不低于 30kN。结合上述两项标准的规定，实际量程应为 30～50kN；装置传感器的最大冲击力为 20kN；传感器测量分辨率不大于 0.001N；测量精度为±1%；卧式拉力机应保证缓慢匀速加压，最大行程速度为 1500mm/min，最小行程速度为 30mm/min，控制精度为±5%。

对于软梯的预试工作，现行 DL/T 1476—2015 仅要求对软梯（指软梯边绳）进行 4900N 静拉力试验。软梯本身一般长度在 3m 左右，试验时需采用梯头夹持等方法进行，梯具本体加上试验时用于夹持梯具的夹持夹总长度完全在卧式拉力机的测试有效长度控制范围内，故本书所建议的各等级卧式拉力机量程均能满足试验要求。对于软梯的踏档及软体头踏档的试验，DL/T

1476—2015 中未作出规定与要求，存在疏漏，应在 DL/T 1476—2015 修订时加以补充，对应的预试工作则可利用梯具试验装置来实施。

5.1.4 防高坠试验台架（防高坠器具性能试验机）

国家标准 GB/T 3608—2008 规定："凡在坠落高度基准面 2m 以上（含 2m）有可能坠落的高处进行作业，都称为高处作业。"电力行业中，一般要求作业高度超过 1.5m 就应配穿安全带或采取其他安全防护措施。

电力行业常用的防高坠安全工器具主要包括安全带、安全绳、缓冲器、速差自控器、自锁器、连接器等。通常情况下，电力行业高处作业时主要配穿坠落悬挂安全带，且在其后背 D 形环（连接器）上系挂二次安全绳作为双重保护。如果作业高度超过 3m，则要求在坠落悬挂安全带后背 D 形环连接的安全绳上串接缓冲器，再将缓冲器的连接器挂接到已经挂好在构件固定锚点上且满足高挂低用的速差自控器的连接器上。速差自控器的挂点须独立、直接悬挂在牢靠的固定构件上。如果缓冲器直接系挂在构件的固定锚点上，则缓冲器系挂在锚点上时必须使用俗称安全大钩的连接器，以保证连接器具有足够的承受力和一定的活动框量。同时建议此时最好使用分叉式双安全大钩系挂锚点的缓冲器。由此，以安全带 – 连接器 – 安全绳 – 缓冲器 – 连接器 – 速差自控器的连接方式构成一个多重防护的防高坠安全防护体系。这样做的作用是：作业人员在从高处坠落的瞬间，产生的巨大冲击力和自由落体产生的下坠力形成合力，而缓冲器可将下坠瞬间的下坠冲击合力吸收大半，能够最大限度地降低可能给坠落人员造成的伤害，加上速差自控器反应时间短，抗冲击力大，从而能够有效地保护坠落人员的人身和生命安全。

有关安全带、安全绳的预试装置及要求见5.1.2、5.1.3节中相关内容。对于连接器，DL/T 1476—2015未提出预试要求。但是，连接器作为坠落安全防护的重要部件，对之没有预试要求和规定显然不妥，故建议在对DL/T 1476进行修订时加以补充和完善。下面，结合速差自控器、缓冲器、自锁器各自的安全防护作用及相关预试要求，对这些安全工器具预试用的防高坠试验台架（防高坠器具性能试验机）进行介绍。

5.1.4.1 速差自控器、自锁器、缓冲器简介及其预试要求

（1）速差自控器。DL/T 1476—2015中，要求对速差自控器进行空载动作试验，即将速差自控器钢丝绳（或合成纤维带）在其全行程中任选5处进行拉出，测试其回缩能力。该试验并没有具体的量化参数或技术要求，相对来说，预试工作较为简单。若依此执行，则力学实验室不必安装任何试验装置即可完成。

但是，另外两份产品标准——GB 24544—2009《坠落防护速差自控器》和DL/T 1147—2009《电力高处作业防坠器》规定的试验要求和内容却更为严谨和规范。在对这两份标准进行研读和比对后，本书认为，在涉及坠落防护的国家标准体系中，GB 24544是速差自控器的专用产品标准，详尽且严谨，应严格遵照执行；而DL/T 1147自发布以来，已被发现存在界限不清、理论混淆、试验方法不严谨等诸多不足，亟需修正与完善。因此，GB 24544更具有权威性。尽管如此，DL/T 1147作为现行行业标准，就某些条文与要求，从安全角度出发，还是应取其有效部分进行参考或引用。而如果按照这两份标准的规定进行预试工作，则必须使用防高坠器具试验台架。出于保证速差自

控器使用安全的考虑，本书认为，应适当参照上述两份产品标准的要求、方法和参数，提出较为妥当的预试项目，量化对速差自控器的预试参数等，以完善 DL/T 1476 对速差自控器预试较为简单的试验要求，同时建议并倾向于使用防高坠器具试验台对速差自控器进行预试。

（2）自锁器。根据 GB/T 24537—2009《坠落防护 带柔性导轨的自锁器》和 GB 24542—2009《坠落防护 带刚性导轨的自锁器》，自锁器（也被称为导向式防坠器）是与导轨配合使用的一种能够瞬间锁止、防止或避免高坠发生、有效保护作业人员人身安全的个体防护安全工器具。自锁器通过特定的连接方式附着在刚性或柔性导轨上，正常情况下可随使用者的活动沿导轨上下滑动。自锁器标准中特别注明，该部件不一定有缓冲能力，但应可重复使用。

导轨与自锁器配合成套使用能对作业人员起到有效的安全防护作用，避免高坠事故的发生。该套安全防护装置被广泛应用于很多行业中。电力行业中，主要是将其用于某些登高作业中的个人安全防护，特别是输电铁塔、风电机组登塔直梯的攀爬过程中。另外，在某些作业中，因难以采用其他安全防护措施有效防止高坠事故时，也使用该套防护装置。例如，在变电站 GIS 室内对组合电器进行检修时，由于组合电器是被密闭在大型组合管道中的，而组合管道周边无任何可依靠的安全支撑或安全锚点，因此作业人员在检修过程中无法得到有效的防坠保护，此时，即可在大型组合管道上方预先装设好贯穿于 GIS 室内厂房的柔性导轨（通常为钢丝绳），作业时，作业人员将自锁器扣锁于导轨（钢丝绳）上后再开始检修作业，这样，就可以保证作业人员在移动过程中的安全，有效起到安全防护的作用。

不论是对刚性导轨自锁器还是柔性导轨自锁器进行测试时，由于导轨自锁器的工作特点，必须将一定长度的导轨附着于试验台架上，然后才能将自锁器安装于导轨上进行相应的试验。这种试验方法决定了必须有一个高架方能开展试验。目前，已有专用的防高坠器具试验台架来完成此类试验。由于目前刚性导轨有多种类型，进行试验时必须在试验台架上事先预装上与被试自锁器对应配套的试验用导轨，这点应特别注意。

（3）缓冲器。安全防护用的缓冲器是一种二次保护工器具。在登高作业中，将缓冲器串联在系带和挂点之间，在发生坠落时，缓冲器能吸收部分冲击能量、降低冲击力，从而有效缓解佩戴者在发生高处坠落时冲击力对作业人员的人身伤害。

根据 GB/T 24538—2009《坠落防护　缓冲器》的规定，根据使用行业的不同以及作业内容的差异，可将防坠用缓冲器分为很多类型，其型号分为Ⅰ、Ⅱ两种，两者主要差别见表 5－2。

表 5－2　　Ⅰ、Ⅱ型缓冲器主要差别

类型	自由坠落距离（m）	制动力（kN）
Ⅰ	≤1.8	≤4
Ⅱ	≤4.0	≤6

结合作业实际情况，电力行业仅使用单一缓冲器中的Ⅱ型缓冲器。DL/T 1476—2015 规定仅对缓冲器进行静态负荷测试。GB/T 24538—2009 规定的测试条件与方法虽是针对产品型式试验的要求，但该测试方法依然可以作为Ⅱ型缓冲器进行预试时的依据。另外，在 DL/T 1147—2009 中，将缓冲器、自锁器、速差自控器等均列为防坠器，且在“5.3 预防性试验”一节中明

确提出对缓冲器应进行外观、组装检查，还应进行静负荷试验，并规定静负荷试验不做破坏性试验，试验周期为一年。由此可见，DL/T 1476—2015 与 GB/T 24538—2009、DL/T 1147—2009 对于试验的要求差异较大。本书认为，应严格按照 DL/T 1476—2015 规定的试验方法和试验参数对缓冲器进行预试。另外，从严格测试要求出发，建议有条件的实验室和缓冲器使用单位应结合使用缓冲器的具体情况和对缓冲器使用的认识，在进行试验时适当增加 GB/T 24538—2009、DL/T 1147—2009 中描述的静荷试验要求。

同时由于缓冲器有单体和与安全绳连接为整体之分的形式，还有缓冲器固定串接双连接安全绳等多种形式，预试时必须给予分别考虑。建议 DL/T 1476—2015 修订时将多种情况和形式加以全面的考虑，编制相应的试验方法和要求。

根据 GB/T 24538—2009 对单一缓冲器进行静态负荷试验的要求，在对单一缓冲器进行静态负荷试验时也是采用高悬台架的方法，因此，利用防高坠器具试验台架也可以完成对缓冲器的预试工作。

5.1.4.2 基本结构

防高坠器具试验台架是一个多用途的综合性试验装置，见图 5-4。一般来说，一台防高坠器具试验台架即可满足速差自控器、自锁器以及缓冲器预试试验工作需求。但是，由于该试验台架属于紧密型装置，因此必须明确：速差自控器试验、刚性导轨自锁器试验、柔性导轨抓绳器试验和缓冲器静态性能测试均不得同时进行，一个时段只能进行其中一项试验，以确保有序测试，确保试验人员、试验装置与试品的安全。另外，现已有实验室根据承揽或承担的试验任务，结合客观实际，在防高坠器具试验台架应用方面进行了相应的拓展。

图 5-4 防高坠器具试验台架实物图

（1）厂房要求。多用途的防高坠器具试验台架较为高大，正如第 3 章所述，通常是在试验厂房外另辟专用的 30m^2 左右的有顶厂房（目前常见的是采用彩钢板与钢构架组合搭建的简易厂房）来放置该装置，也有个别实验室建有专用厂房，专门用于高坠防护器具的各类性能试验。这类实验室主要属于专业登高器具生产企业或专业登高器具测试实验室，比如霍尼韦尔（Honeywell）实验室和凯比特（Capital Safety）实验室等。这种专用厂房一般高度多为 15m 左右。有些实验室考虑到会承担一些破坏性试验任务，比如安全带极值试验等，因此，将速差自控器静态试验、刚性导轨与刚性导轨专用自锁器静态试验、柔性导轨与柔性导轨专用自锁器（抓绳器）静态试验及缓冲器静态试验等和其他使用试验台架的试验放在同一试验台架上进行，形成一个综合性的试验区域，相对来说厂房设置也较为正规。比如电力工业电力安全工器具质量检验检测中心、英国凯比特安全（Capital Safety）集团所属凯比特安全设备（上海）有限公司、美国霍尼韦尔（Honeywell）集团公司安全防护设备（上海）有限公司、浙江恒光建设有限公司安达安全工器具检测中心等设置有此类装置。除了对刚性导轨与刚性导轨专用自锁器、柔性导轨与柔性导轨专用自锁器（抓绳器）进行试验外，该试验台架还可用于其他防高坠产品的研发、产品质量检测的型式试验和相关产品的预试工作等。

（2）钢立柱。防高坠器具试验台架采用 4 根同类型同标号钢材制作的钢立柱作为基本钢架构，钢立柱之间连接有同类型同标号钢材制作的加强支撑架或板（多数为高强度角钢，常用的规格为 50mm×50mm），采用焊接或螺栓固定等方式进行连接。为保证试验台架具有足够的强度和坚固性，一般采用 $45^{\#}$ 钢作为制造试验台架的基材。试验台架的 4 根立柱底端为固定用底板（即共有 4 个装置底座），每块底板上均布有固定螺栓孔，且不得少于 4 个，通过实验厂房内事先预制好的地锚上的 ϕ30mm 的地脚螺栓进行固定。

（3）地锚基础。由于整个防高坠器具试验台架重心较高，因此，在厂房建设时即要求布置试验台架的厂房基础必须符合重载设备的基础条件，一般来说，要求布置试验台架的地锚基础承载能力应达到 500kg/m^2。另外，在规划安装试验台架的区域需预埋对应于试验台架 4 根钢立柱的锚桩，预埋时应保证其垂直于地面，地锚的垂直度参数可参见有关钢构架基础立柱相关标准的具体规定和技术要求。由于试验台架为非标产品且较为笨重，允许安装时有一定倾斜公差。对于倾斜公差的大小，需在设计时根据钢构架高度、材质、重量等多种条件进行计算，并严格遵循国家相关标准、设计规范的要求。由于各试验台架生产企业工艺与生产水平等的差异，不同生产单位的具体倾斜公差不尽相同，但只要倾斜参数在国家相关标准限制范围之内即满足要求，并会在产品使用说明书中体现，因此，安装时，必须严格按照所用产品的使用说明书对相关公差进行控制。就目前了解和掌握的情况，根据防高坠器具试验台架的用材、使用性质、载荷极限等，多数试验台架生产企业要求倾斜公差不得超过 10mm。严格控制试验台架的倾斜公差，既是保证试验台架安装质量的基本前提，也为今后保证试验安全和试验质量打下坚实基础。

对防高坠器具试验台架以锚桩方式进行固定，可确保将其平稳、牢固、安全地固定在试验厂房内。根据试验台架重心较高的特点，一般多采用桩式地锚。同时，出于安全和稳定性的考虑，在试验台架安装时，还会在试验台架的一定位置加装紧固支撑，即将试验台架和厂房钢构架相连接。目前常见的是在台架中段和顶端两处做加强支撑，与地锚共同构成一个整体，保证试验台架的安全、可靠与坚固。

安装试验台架的地锚必须具备足够的锚抓力，能满足将试验装置平稳地固定于试验厂房的需要。在安装试验台架时，通过每个地锚上的 4 根地脚螺栓对试验台架进行固定，并进行找正调平，保证试验装置的平稳性、牢固性、安全性。

由于速差自控器试验、自锁器试验等本质上都是一种高空坠物试验，且测试重物质量较重，同时考虑到导轨自锁器试验均采用标重 100kg 质量的测试重物进行试验，对地面基础有较大的冲击强度，因此，一般要求在试验台架的试验区域地面采用软着落物质作为重力能量的吸收介质。多数实验室采用的吸收介质为黄沙，并在试验台架地面基础周围外延一定距离（比如 1m）建有相应的沙坑来吸收重力冲击能量，也有个别实验室采用软垫等方式。从长期使用和实际效果出发，本书建议选用沙坑方式为宜。

（4）爬梯。为方便试验作业人员上下试验台架，常见的试验台架一般均设有爬梯。较简单易行的做法是，将登高用爬梯与试验台架焊接在一起。但是，这种爬梯安全保障系数较低，存在一定的风险，作业人员在登高时必须佩戴安全带，并加挂二次保护用安全绳。目前，有些生产企业为试验台架配置的登高爬梯极为简陋，甚至连爬梯外攀护笼罩都没有，给作业人员留下较大的安全隐患。对此，建议凡配备有防高坠器具试验台架的实验室必须特别关注这类试验装置的攀爬保护，必要时通过技改等方式将缺陷消除，防止和避免因装置缺陷而引发安全事故。本书推荐的也是较为安全的做法是：在试验厂房内设置专供作业人员上下试验台架的步行梯（常见的有类似楼梯的登高步行梯，也有螺旋型步行梯），比如电力工业电力安全工器具质量检验检测中心、英国凯比特安全（Capital Safety）集团所属凯比特安全设备（上海）有限公司、美国霍尼韦尔（Honeywell）集团公司安全防护设备（上海）有限公司、浙江恒光建设有限公司安达安全工器具检测中心等都设置有此类装置，并且，在步行梯外侧焊有钢质安全护栏和安全围栏。这种做法的安全系数相对较高，能真正确保试验作业人员上下试验台架时的人身与生命安全。

（5）安全防护围栏。防高坠器具试验台架安装就绪后，在其四周还需安装安全防护围栏。安全防护围栏的立柱应采用足够强度的钢基材制成，通过焊接等工艺将框式围栏网状结构固定在立柱上，且框式围栏网状结构也须采用钢制结构材料。利用该试验台架进行试验时，虽然均需要由一定高度释放测试重物，但一般不会在试验过程中出现飞蹦等现象，故要求围栏高度不低于 2m 即可，但试验控制台架必须设置在与安全防护围栏相隔 3m 以外。为确保试验安全，另外还必须在试验台架安全防护围栏 10m 之外设置隔离网，严禁非测试人员进入测试区域，以保证测试进行过程的安全。而对于设置较为完善的实验室来说，由于该试验台架基本位于封闭的独立测试厂房内，建有独立的进出口及通道，因此，只要在试验时要求非试验人员处于进出口的外部，即可保持足够的安全距离。

（6）工作平台。防高坠器具试验台架顶端设有工作平台，以便于试验人员进行试验工作。工作平台四周必须设有钢制安全护栏，且高度不得低于 1.5m，安全护栏应装接或焊接牢固，具有足够的强度，能对平台上试验人员切实起到安全防护作用。

（7）试验用伸长臂。根据试验需要，一般将试验用伸长臂在台架顶端平台的某侧事先安装就绪，并应保证伸长臂安装牢靠，用于起吊速差自控器的电动驱动装置已经在伸长臂上安装就位。因试验台架每侧都具有较大的宽度，为便于速差自控器和缓冲器的试验，在测试速差自控器一侧可同时安装 2 个伸长臂，分别用于速差自控器和缓冲器的测试工作。试验台架的另两侧分别安装用于试验自锁器的刚性导轨和用于试验抓绳器的柔性导轨（钢丝绳），一般速差自控器试验用的伸长臂和缓冲器试验用的伸长臂位于同一侧（通常为正面，180° 的背面因常常依墙或靠近厂房墙体，常为安装攀爬楼梯用），左右两侧则通常分别用于安装有用于试验自锁器的刚性导轨和用于试验抓绳器的柔性导轨（钢丝绳），除靠近厂房墙体一面为方便作为专供人员上下试验装置的通道外，其他三面各自分布试验用装置，相互呈 90° 布置。这样，既满足了不同试验的需求，也完全能保证测试安全。

试验台架上用于速差自控器试验的伸长臂上须有可控释放柄，因被试试品高悬于伸长臂上，根据 GB 24544—2009、DL/T 1147—2009 的要求，在对速差自控器进行自锁性能试验时宜采用遥控释放控制的方式进行，这样即可保证试验安全，又可取得较好的试验效果。

5.1.4.3 技术参数

（1）速差自控器。根据 GB 24544—2009、DL/T 1147—2009 的规定，速差自控器的静态性能测试需要利试验台架的伸长臂来完成。收缩性能测试关键在于要在受控状态下测试其收缩状况。

如前所述，速差自控器试验与自锁器、缓冲器的试验合用同一试验台架。速差自控器试验是依靠在试验台架顶端布设的伸长臂和起吊驱动装置来完成的，试验台架高度即保证了速差自控器测试所需的最大行程。因速差自控器本身自重在 10kg 之内，一般驱动装置配用的驱动电机已能满足起吊要求。

进行速差自控器的静态性能测试时，驱动装置配用的起吊钢丝绳最大荷载应满足 GB 24544—2009 规定的量程小于 50kN、精度 1 级的要求。

（2）自锁器。试验台架上应预先装设好试验需要的导轨，通常是将导轨安装在试验台架的两侧，导轨长度一般为 3m 左右。

（3）缓冲器。根据 GB/T 24538—2009 和 DL/T 1147—2009 的要求，可利用防高坠器具试验台架对单一缓冲器进行静态负荷试验。GB/T 24538—2009 中规定了静态负荷试验内容及其方法，根据电力行业使用缓冲器的特点与要求，标准中的Ⅰ型缓冲器测试方法与数据可以忽略。而对Ⅱ型缓冲器的静态负荷试验，仍建议采用抽检的方式进行定期测试，以保证在用缓冲器的安全可靠性。

因试验台架较高大，测试缓冲器的伸长臂（GB/T 24538—2009 称之为测试架）置于试验台架的顶端，伸长臂伸出试验台架的部分一般在 300mm 左右即可满足测试要求。

同样，由于试验台架高大，伸长臂置于顶端，依照缓冲器动态力学性能测试装置示意图和 DL/T 1476—2015 规定的缓冲器测试要求，则需将连接有动力测试仪的系挂钢丝绳下放一定高度，使之能与被试缓冲器连接并悬挂测试重物。故伸长臂上需装有驱动电机，以驱动制动力测试仪升降，供各类缓冲器的测试。

由于缓冲器织带长度一般较短，DL/T 1476—2015 要求的施加测试力较小，仅 1200N，因此也有的单位使用立式拉力机来进行试验，但立式机量程限制较大，大多只有 2m，无法满足所有缓冲器的测试要求，有部分缓冲器无法使用立式拉力机进行试验。

另外，缓冲器还有与安全绳一体式的和缓冲器解挂双安全大钩一体式两种常见常用的缓冲器形式，对这两种缓冲器都只能整体式进行预试，由于这两种缓冲器总长度都较单一缓冲器长很多，故更适合利用防高坠器具试验台架进行相关预试。

5.1.4.4 校验要求

防高坠器具试验台架配有施力标准计量装置，属于国家强制计量检定管理设备，根据《中华人民共和国计量法》和《计量法实施细则》规定，对于此类国家强制计量检定设备，必须每年将传感器和控制主板送至国家指定的计量检定单位进行例行校验。

5.1.5 登杆脚扣和登高板力学性能试验机

登杆脚扣和登高板是登高作业人员穿戴于脚部，便于作业人员沿着水泥线杆或木线杆上下攀爬，且能在登高作业过程中对使用人员起到一定安全防护作用的专用安全工器具。在电力行业中，登杆脚扣和登高板主要用于低压线杆作业人员的安全防护。

现阶段，在交通便利的区域，绝缘斗臂车用于低压设备和线路的检修维护已经十分普遍，大有替代登杆脚扣和登高板的趋势。但是，鉴于目前仍有不少单位在低压配网登高作业（尤其是抢修作业）以及输电线路作业中使用登杆脚扣和登高板，因此在 DL/T 1476—2015 中仍把这两项电力安全工器具列入预试范围。

登杆脚扣利用作业人员踩踏脚扣踏板时由人体自然下坠产生的下坠重力，使脚扣的围杆钩体和顶扣上的耐磨橡胶防滑块与水泥杆体之间产生巨大的摩擦力，避免脚扣下滑，达到防止作业人员登杆时发生下滑坠落的目的。登杆脚扣的主要部件包括扣带、踏板、顶扣、耐磨橡胶防滑块、钩体、扣体、限位钉等。一般来说，登杆脚扣分为固定式和可调式两大类，电力行业通常使用可调式脚扣。

目前，登杆脚扣的生产和试验依据的产品标准是原国家安全生产监督总局（现国家应急管理部）牵头编制的 AQ 6109—2012《坠落防护 登杆脚扣》。为保证登杆脚扣的使用安全，应按照 AQ 6109—2012 和 DL/T 1476—2015 的规定，对登杆脚扣定期进行预试，试验设备通常采用带有模拟线杆的拉力试验机。

登高板结构较为简单，主要部件包括踏板、紧固围杆绳、锁扣等，也是一种利用人体重力结合紧固围杆绳与杆体的摩擦阻力来防止作业人员登杆时发生下滑坠落的个人防护用安全工器具。登高板质量的优劣直接影响到登高作业人员的人身安全，按照 DL/T 1476—2015 的规定，必须定期对登高板进行预试，以保证在用登高板的合格可用。目前，登高板没有专用的产品标准，主要借鉴参考 AQ 6109—2012，因此登高板也没有试验装置（设备）用于登高板的预试，且由于其受力点与登杆脚扣基本相同，试验要点也与之相似，因此直接遵照登杆脚扣的标准并利用登杆脚扣力学性能试验机来完成其预试工作。

5.1.5.1 基本结构

在一些实验室中，登杆脚扣力学性能试验机大多由通用型立式拉力机（2t 级）改造而来，即在拉力机底座的中央加设一个模拟锥形杆测试台，通常台高在 800mm 左右。经过改造的拉力机专门用于登杆脚扣和登高板的试验。市售的登杆脚扣力学性能试验机也采用模拟锥形杆，其锥径由 200mm 逐步向下过渡至 400mm，目的是保证登杆脚扣力学性能试验机适用于各类登杆脚扣。常用的登杆脚扣力学性能试验机见图 5-5。

根据 AQ 6109—2012 和 DL/T 1476—2015 的要求，每年应对登杆脚扣进行一次整体静态负荷试验，且试验时应采用等径钢杆。AQ 6109—2012 中对于登杆脚扣整体静态负荷试验的描述如下。

图 5-5 登杆脚扣力学性能试验机实物图

“6.1 测试装置

6.1.1 压力试验机

量程不小于 10kN，精度 1 级。

6.1.2 压模拟电杆

等径钢管（壁厚大于 6mm），直径等于脚扣的最大使用直径[1]，模拟电杆上部应配置防止脚扣钩体部位向下滑动的限位装置。

6.1.3 鞋模

鞋号为 250 的橡胶底鞋及配套的金属鞋楦。”

经改造后见于市售的登杆脚扣力学性能试验机大多采用模

[1] 该标准“2 标记”中规定为 400mm。

拟锥形杆测试台进行测试，虽然与标准要求有一定的差异，但因该差异很小，且经实际试验中所测得的数据和效果证明并未影响测试结果的正确性，也不足以影响登杆脚扣和登高板力学性能测试数据的精度，因此可以忽略不计。从实际应用看，本书认为，模拟锥形杆测试台更贴近于低压线杆实际应用。

登杆脚扣的预试，除了需要对钩体和顶扣围框进行试验外，还必须对脚扣的踏板扣带进行试验。虽然脚扣踏板扣带的试验较为简单，测试力也不高，往往被忽视；但是，由于扣带起着覆紧脚扣使用人员鞋体的作用，直接关系到登杆作业中脚扣是否能随作业人员上下移动，尤其是在发生危险情况时能保证脚扣与杆体之间产生足够的阻力，以此保护作业人员止于危险的瞬间，因此需要特别提示与强调。

用于登杆脚扣扣带试验的微型拉力机一般为台式机，试验要求与普通拉力机基本相同，其基本技术参数及使用注意事项等均与普通拉力机相同，唯一的区别在于“微型”。另外，试验用微型拉力机需配备特别的夹持模具。

5.1.5.2 技术参数

登杆脚扣力学性能试验机的量程须不小于10kN，精度1级。

登杆脚扣力学性能试验机设置的模拟线杆，无论是标准要求的等径钢管，还是实际应用较多的锥形电杆，通常采用壁厚＞6mm的优质钢材经卷制、焊接而成，钢管最大直径等于脚扣的最大使用直径（400mm），且在模拟线杆上部应配置防止脚扣钩体部位向下滑动的限位装置。

试验用鞋模为250鞋号的橡胶底鞋及与之配套的金属鞋楦。目前市售的登杆脚扣力学性能试验机大多仅提供一块金属制成的简单压板，与标准要求有一定距离，建议仍按照标准要求进行配置为宜。在实际测试中，采用鞋模与简单金属压板所测得的数据差距不大，应可忽略不计。本书认为，有条件的实验室可以采用鞋模，同时也应允许采用简单压板进行测试。

登高板预试所使用的设备与登杆脚扣预试设备相同，因此，设备的基本结构、技术参数、操作要求和测试时的注意事项也完全相同。唯一的差异是施加的静压力不同，登高板为2205N，持续时间为5min，而登杆脚扣的踏板为1176N，持续时间为5min。

5.1.6 硬梯及检修平台力学性能试验装置

5.1.6.1 硬梯、快装脚手架、检修平台简介及其预试要求

（1）硬梯。硬梯包括竹梯、木梯、铝合金梯、复合材料梯和梯凳等，种类和规格繁多，在电力行业的应用十分广泛。以往，电力行业常使用传统的竹梯和木梯作为主要的登高工具，而随着新材料的推广应用，出现了多种由新材料制成的梯具，最常见的有铝合金梯、复合材料梯等。这些新型材料制成的梯具在使用性能等方面较传统梯具具有更多的优点，故目前电力行业使用铝合金梯和复合材料梯为主要登高工具。

GB/T 17889.1—2012《梯子 第1部分：术语、型式和功能尺寸》、GB/T 17889.2—2012《梯子 第2部分：要求、试验和标志》中详细规定了梯具的各项技术要求。国家标准中还有一份 GB 7059—2007《便携式木折梯安全要求》，但由于木梯在电力行业中已基本不用或很少使用，故 GB 7059—2007 中的一些相关要求虽仍可引用，但更多时候仅作为参考。同样，行标中的 DL/T 1209.1—2013《变电站登高作业及防护器材技术要求 第1部分：抱杆梯、梯具、梯台及过桥》也因其适用范围的局限性，建议仅将其作为参考。

由于梯具在电力行业中的使用频度较高，因此，为保证安全生产，必须对梯具的选型、购置、存放和使用等进行严格的管理。结合电力生产实际和 GB/T 17889.2—2012 的规定，在 DL/T 1476—2015 中分别提出了硬梯和软梯（软梯的试验要求及装置介绍参见 5.1.3 节）的预试要求和具体试验方法。DL/T 1476—2015 中特别强调：对于竹梯、木梯，静负荷试验周期为半年，其他梯的试验周期为一年。静负荷试验要求为：在其踏棍上施加 1765N 静压力，持续时间 5min，卸载后各部件不应发生永久变形和损伤。目前，在实验室中，均采用硬梯力学性能试验装置完成硬梯的预试工作。

实际上，仔细研读 GB/T 17889.1—2012、GB/T 17889.2—2012 就可以发现，在硬梯预试中仅仅对梯棍、踏板和平台做静负荷试验显然是不够充分的，应该说，DL/T 1476—2015 所规定的预试项目对于硬梯来说是最起码的要求。在条件允许的情况下，建议结合 GB/T 17889.1—2012 和 GB/T 17889.2—2012 的规定、梯具实际使用情况、梯具所在地区环境等因素进行综合考虑，针对一些潜在的风险较高的不安全因素，适当增加相应的试验项目，以保证梯具在使用过程中的安全可靠性。

（2）快装脚手架。目前，尽管电力行业中已普遍使用悬臂作业车进行变电站或发电厂升压站的登高施工、运行、检修等作业，但是，由于快装脚手架安装使用便捷的特点，仍有一些单位采用快装脚手架进行上述作业。快装脚手架可为较高的现场作业提供一个便捷的工作平台，其应用仍较为广泛。电力行业中，仅使用主构件由复合材料制成、经金属零部件组合搭建的快装脚手架。

快装脚手架是用于登高作业或临时性高处作业的一种装置，由底座、支撑杆、平台板、爬梯等部件组成，大部分快装脚手架配备有带止退扣锁的可移动底脚轮。按脚手架底座结构形式，可分为整体式脚手架底座和散装式脚手架底座。整体式脚手架底座在出厂前预装成型，既能拉开，又能折叠在一起。散装式脚手架底座的基架和拉杆在出厂前是分开设置的，基架由 2 根立杆和若干根横杆组成，生产厂家根据电力行业用户提出的要求在出厂前预装成分别有 2m、4m、6m、8m 档距的门字型脚手架组合件，并结合平台板供现场使用。平台板的两端一般采用卡扣式结构，用作作业人员的登高平台。平台的一侧固定，另一侧可打开，以供作业人员上下。

快装脚手架的结构相对简单，且可移动，地面固定仅采用底脚。在 DL/T 1209.4—2014 中对底脚的定义为：脚手架与地面接触的底脚，平面圆盘形结构的为平脚，可转动圆轮结构的为轮脚。据此可见，快装脚手架的静动平衡性强度都不是很高。虽然 DL/T 1209.4—2014 中提出了所谓多层结构的快装脚手架及其层间高度要求等条款，但从保证施工、运行、检修等作业安全的角度，建议尽可能使用固定式检修平台等安全工器具。即便在认为适合使用快装脚手架的登高作业场所，也不主张快装脚手架搭建高度过高，不主张采用分层或多层快装脚手架。这是因为，若采用多层快装脚手架，则可能存在多层同时作业（比如检修作业）的情况，这种情况下实施安全措施会有极大的难度，虽然多方协调在理论上可行，但实际操作上困难重重，在目前安全基础仍然较为薄弱的情况下，稍有不慎，就有可能酿成事故。因此，如需使用快装脚手架作为作业平台，建议仅采用单层脚手架平台，且必须突出强调安全防范的组织措施和技术措施。

快装脚手架的整体结构采用“积木式”组合设计，构件采用标准化设计且由复合材料制成，不需要任何安装工具，即可在短时间内徒手搭建完成，作为高空作业平台来使用。

DL/T 1209.4—2014 定义了快装脚手架及其部件组成与要求。按照 DL/T 1209.4—2014 的规定，通常脚手架主构件采用复合材料制成，连接及支撑等构件由金属部件制成，同时还详细规定了快装脚手架的各项技术要求。

DL/T 1209.4—2014 要求对快装脚手架进行的强度试验主要包括平台强度试验、整体强度试验、踏档强度试验、摇摆疲劳试验、稳定性试验、坠落冲击试验、构件耐冲击试验、老化试验、电气试验等。根据电力行业现场实际情况和快装脚手架特点，从以上试验中遴选出平台强度试验和踏档强度试验作为 DL/T 1476—2015 规定的预试项目，即为 DL/T 1209.4—2014 中的第 7 章“预防性试验的机械试验”。

DL/T 1476—2015 中规定了快装脚手架的预试方法。首先，将被试快装脚手架按工作状态组装好；然后，对脚手架的平台和踏档施加 1960N 的载荷，受力区须有 100mm 宽，且不允许冲击性加载，保证载荷为静加载，同时要求在此载荷下持续 5min。考虑到快装脚手架的预试是利用试验装置缓慢且尽可能匀速地对特定受力区施加载荷，且施加的载荷仅 1960N，因此建议采用立式门架力学性能试验装置，即硬梯力学性能试验装置实施快装脚手架的预试工作，但应保证被试区域满足标准要求。也可利用测试重物砝码垒叠或按产品标准要求的圆柱体标准测试重物对被试部位区域进行符合预试技术要求的静荷试验，而无需采用立式门架力学性能试验装置。

（3）检修平台。根据 DL/T 1209.2—2014 和 DL/T 1209.3—2014《变电站登高作业及防护器材技术要求 第 3 部分：升降型检修平台》的定义，变电站登高作业检修平台分为拆卸型检修平台和升降型检修平台两大类。其中，拆卸型检修平台可分为单柱型检修平台、平台板型检修平台和梯台型检修平台，升降型检修平台主要分成可放倒型升降平台和不可放倒型升降平台。任何一种检修平台的主材均由复合材料制成，辅以必要的金属部件组合而成。

DL/T 1209.2—2014 和 DL/T 1209.3—2014 对各类型检修平台的技术要求均作了详细的规定。DL/T 1209.2—2014 要求对拆卸型检修平台进行的强度试验主要包括平台强度试验、悬挂装置强度试验、踏档强度试验、坠落冲击试验、构件耐冲击试验、多种老化条件试验以及电气试验要求的耐压试验和老化后的耐压试验等。DL/T 1209.3—2014 要求对升降型检修平台进行的强度试验主要包括平台强度试验、踏档强度试验、动载荷试验、稳定性试验、坠落冲击试验、构件耐冲击试验、多种老化条件试验以及电气耐压试验等。检修平台的力学性能试验也是利用硬梯力学性能试验装置进行的。

检修平台主要用于变电站主设备的检修工作。在组合电气柜（GIS）广泛应用的今天，变电站内的带电作业主要限于低压设备。而实际工作中，对低压设备的带电作业又大多通过绝缘斗臂车等大型现代化机具来完成。因此，根据电力行业作业现场中检修平台的实际使用情况，DL/T 1476—2015 编写人员首先否定了对检修平台的电气耐压试验要求，再从诸多机械试验项目中选出平台、悬挂装置强度试验和踏档强度试验作为规定的预试项目，并加以规范。从实用性和安全角度考虑，鉴于拆卸型检修平台和升降型检修平台的总体牢固性并不高，加上现在低压作业中普遍使用绝缘斗臂车，本书建议尽可能不用或少用拆卸型检修平台和升降型检修平台这一类的简易登高作业装置。

5.1.6.2 基本结构

硬梯及检修平台力学性能试验装置是多用途的试验装置，

适用于硬梯、快装脚手架、检修平台等工器具的预试工作。

硬梯及检修平台力学性能试验装置为门式装置，由测试架、测试臂和测力系统等组成，见图 5－6。该试验装置以钢架构为主，试验架上配有试验用长臂。由于单梯高度通常为 6～8m，因此，为满足梯子一类高长工器具测试工作的需要，该试验装置的高度必须足够高，一般在 10m 左右，可以对硬梯踏棍逐级进行测试；而通用型立式拉力机由于其行程高度一般为 2m，故无法满足对硬梯踏棍逐级进行测试的需要。试验时，通过钢丝绳对长臂上部加压，并能在设定的时间内保持所加载的静负荷，通过装置内置的压力传感器测试被试硬梯的耐压能力，进而对硬梯的合格与否作出判断。

图 5－6　硬梯及检修平台力学性能试验装置实物图

硬梯及检修平台力学性能试验装置通过地脚螺栓被固定于实验室厂房内。装置本身较高的高度使该试验装置相对重心较高，因此装置的稳定性、牢固程度尤为重要。布置该试验装置的地基必须满足通常重大设备安装基座的技术要求，荷载达到500kg/m^2，预埋底座的水平度、固定试验装置的底座底脚螺栓垂直度等均应控制在合格的区间内。在将基座安装至底座上时，必须对其进行水平度校准，以保证该试验装置整体安装完成后的水平度符合要求（整体组装完成后应再次对装置整体进行水平度校准）。由于该试验装置较为高大且笨重，在装置整体水平度校准合格后，还应进行装置的垂直度测量，并保证其垂直度达到装置使用说明书中规定的要求。具体要求可参阅“5.1.4 防高坠试验台架（防高坠器具性能试验机）”中关于试验装置的相关阐述，同时也应认真参阅硬梯及检修平台力学性能试验装置使用说明书。

由于硬梯及检修平台力学性能试验装置属于高大试验装置，且较为单薄，因此建议在安装时将装置一侧背靠厂房，这样，就可以利用厂房墙壁对装置中部、端部进行辅助支撑，以保证装置的稳定性、可靠性和安全性。如果该试验装置不是背靠厂房一侧墙壁进行安装的，而且有些实验室已将该装置的试验项目扩展至线路器具和线路用具等的试验（例如把杆性能测试、线路绞磨机性能测试等），那么，就必须通过扳线或斜拉稳固支撑等方法对该试验装置进行加固，以确保装置的稳定性、可靠性和安全性。

在采用硬梯及检修平台力学性能试验装置对快装脚手架进行预试时，由于 DL/T 1476—2015 规定须分别对快装脚手架的平台和踏板进行预试，而平台因其通常在快装脚手架的中间部位，因此，测试时，必须在立式门架力学试验装置上加装专用加长臂一类的测试器具，以保证测试数据的准确性。而对踏板的测试相对较为简单，也容易满足测试要求。同时还应注意，DL/T 1476—2015 对快装脚手架的预试要求中未规定层级，而 DL/T 1209.4—2014 中允许构建多层快装脚手架，因此，这就使预试工作更加复杂且不易执行。本书坚持快装脚手架仅使用一层的建议，一方面是为了确保较为安全地使用快装脚手架，另一方面也是出于预试工作可操作性的考虑。

5.1.6.3 技术参数

为便于硬梯及检修平台力学性能试验装置试验项目的拓展和实际装置生产的互换性，一般来说，试验装置的量程须不小于 10kN，精度 1 级。

依据 GB/T 17889.2—2012 的规定，在对硬梯进行测试时，必须保证将载荷垂直施加于硬梯踏棍（板）的中点，并均匀分布在宽度为 100mm、深度等于踏棍（板）深度的范围内。依据 DL/T 1476—2015，试验装置必须保证能对梯具进行逐级试验，以确保试验的完整性。

根据 DL/T 1209.4—2014 的规定，快装脚手架的平台强度试验主要是对平台进行静载荷试验和踏档强度试验。结合 DL/T 1209.4—2014 的描述和 DL/T 1476—2015 的要求，在进行静载荷试验时，要求快装脚手架力学性能试验装置的量程须不小于 10kN，精度 1 级，以保证试验的有效性和可靠性。

根据 DL/T 1209.2—2014、DL/T 1209.3—2014 的规定和 DL/T 1476—2015 的要求，在对拆卸型检修平台和升降型检修平台进行静载荷试验时，要求检修平台力学性能试验装置的量程须不小于 10kN，精度 1 级，以保证试验的有效性和可靠性。

需特别强调的是，对单柱型检修平台中的单杆悬挂试验或类似悬挂保护方式的试验，根据坠落防护的基本要求，通常应明确坠落的最大行程距离不得超过 1.2m，测试用坠落重物须为 100kg（允许误差区间为–1%～0%），安全防护冲击锁止距离不得大于 0.2m，坠落冲击地面冲击力不得超过 600kg，4 项指标不得缺项（可参阅 Q/GDW 162—2007《杆塔作业防坠落装置》和国家电网公司发布的《输电线路杆塔作业防坠落装置技术标准》）。由于 DL/T 1209.2—2014、DL/T 1209.3—2014 中对于单杆悬挂保护装置（及类似悬挂保护方式）的试验未明确必要的参数，故建议使用单位应特别注意，防止由于使用不当而引发事故。基于同样的原因，在进行该类预试时，试验人员和工器具拥有单位应特别注意此类预试工作，以保证预试质量。

目前对于快装脚手架和检修平台除常规利用硬梯及检修平台力学性能试验装置对之进行预试外，有的单位实验室直接采用标定砝码置于被试物件的指定区域进行预试，而不安装任何特定专用硬梯及检修平台力学性能试验装置进行预试。

5.1.7　通用力学性能试验机

对于电力安全工器具预试实验室来说，通用力学性能试验机并非必备试验设备，其配备与否主要依据实验室承接的任务而定。如需配备，则应根据承担的预试任务和实验室场地容积来确定所配备通用力学性能试验机的标定荷载等级、配置数量等。目前，部分有资质的实验室已根据其承接的预试任务配备了相应等级和数量的通用力学性能试验机。

虽然各实验室配备的通用力学性能试验机各不相同，试验机的吨位与为适应试验需要而配备的各类夹具等辅助部件等也存在较大差异，但试验机的精度及速率等要求基本与预试用拉力机相同。因此，通用力学性能试验机的结构与预试用拉力机基本一致，有关注意事项等也基本相同。欲配备通用力学性能试验机的实验室可以参阅前述相关条款和阐述，对于试验机的吨位、辅助部件等，则需由实验室根据各自具体情况酌情而定。

应该申明的是，通用力学性能试验机主要是为了配合部分实验室根据承接任务而配备的，故而列于此，但本书认为，如实验室仅承担电力安全工器具的预试任务，则不建议配备。

5.2 试验厂房总体布置与试验装置安装

5.2.1 试验厂房总体布置

力学预试实验室试验厂房的总体布置必须依据厂房场地大小、装置（设备）的载荷情况以及完成预试工作所需的具体条件而定。依据每个地级市电力企业中用于220kV级作业的电力安全工器具的大致数量，一般来说，一座地市级220kV级电力安全工器具力学预试实验室的试验厂房场地面积至少应在500m^2左右。

试验厂房总体布置中需要重点关注的是笨重大机械装置（设备）的布置。由于防高坠试验台架较为高大且笨重，加上试验要求有其特殊性，因此，多数实验室将其单独置于力学实验室（有些实验室称之为机械实验室）厂房外部的一个专门区域，并用安全围栏对该区域加以隔离。近年来，由于导轨式（包括刚性和柔性导轨）防高坠装置的使用量逐渐减少，而防高坠装置中的安全大钩、自锁器、连接器、缓冲器、安全绳等均可通过通用力学性能试验机来进行预试，因此，建议根据实际预试条件和试品试验要求来决定防高坠器具试验台架的安装与否。

力学实验室主要有大吨位拉力机、硬梯及检修平台力学性能试验装置和防高坠试验台架三大笨重大机械试验装置，其中防高坠试验台架一般不布置在试验厂房内，因此，力学实验室通常优先考虑大吨位拉力机、硬梯及检修平台力学性能试验装置的布置，然后再根据实验室配备的其他设备装置进行布置。

一般来说，试验厂房内主要装设各类各用途的卧式拉力机或改型机，以及多用途的门式梯具试验装置等。通常情况下，由于 30t 或 50t 级的卧式拉力机占地面积较大且较为笨重，故试验厂房总体布置需优先考虑 30t 或 50t 级大吨位拉力机在试验厂房中的位置。大吨位卧式拉力机一般布置于试验厂房某一角，如有 100t 级卧式拉力机，则更应优先考虑其布置。需要指出的是，本书不主张在力学实验室布置大吨位拉力机，但若实验室有项目拓展（如钢丝绳试验）的中长期发展规划，则可考虑配备此类大型设备；同时建议，如配备 100t 级大吨位拉力机的话，则不再考虑配备 30～50t 级拉力机，反之亦然。在试验厂房宽度足够的条件下，建议将硬梯及检修平台力学性能试验装置设置于厂房的另一角，然后，再根据厂房条件和承担试验任务的种类、数量等，将满足试验要求的一定数量的安全带综合性能测试机、安全帽力学性能试验装置、登高脚扣和登高板力学性能试验机、5t 级通用力学性能试验机等依次布置于厂房内其他区域。

因安全帽是 DL/T 1476—2015 规定的唯一可采用抽检方式进行预试的电力安全工器具，抽检方式可能会对安全帽的使用埋下安全隐患；因此，鉴于安全帽本身属于低值易耗品，为加强安全帽的使用管理，有效规避事故，部分电力企业根据 GB 2811—2007、GB 2812—2007、DL/T 1476—2015 的规定，结合企业自身的安全帽采购、使用、保存及经济等实际情况，对于安全帽的使用作出规定，明确要求安全帽每批均从产品生产之日起计算，达到2.5年即强制报废，从根本上排除了抽样测试的不足。此种情况下，则无需对安全帽进行预试。如按照GB 2811—2007、GB 2812—2006、DL/T 1476—2015的规定对安全帽进行预试，则预试实验室应布置至少1台安全帽力学性能试验机。

另外，由于对登杆脚扣小皮带进行测试时的拉力仅为90N，因此，可以考虑将实验室配置的微型拉力机置于试验厂房内较偏远的角落，或距离登高脚扣和登高板力学性能试验机较近的地方，以便于试验。

总的来说，基于地市级供电企业的电力安全工器具总体数量不少于8万件，为保证预试工作的正常开展，本书建议：在经济条件和试验厂房使用面积充裕的前提下，220kV级预试实验室宜布置2台安全帽力学性能试验装置、2台安全带综合性能试验机、2台登高脚扣和登高板力学性能试验机，以及1台登杆脚扣小皮带试验机（微型拉力机）。由于各实验室承接的试验任务差别较大，具体配备试验装置的种类和数量还是应根据各自具体情况而定。

5.2.2 试验装置安装

5.2.2.1 安全防护要求

力学试验中最大的危险来源于飞溅或飞车。力学试验过程中，一旦试品受损后破碎，试品残损部件或碎片就会四处飞溅；或者，机械设备发生故障后可能引发设备部件（含试验夹具）飞车等事故。在发生飞溅或飞车事故的瞬间，强大的惯性与试验设备高速运转产生的离心力、剪切力等会将试品残损部件和试验设备的破损部件依断切点沿力的瞬时合成力方向高速飞出，强大的瞬时合成力会对现场人员构成巨大的安全威胁，严重时可能对人员造成伤害。这个瞬时合成力主要是由运转惯性和离心力构成的，又是随机产生的，其速度及方向等都有一定的随机性，因此难以对其进行控制、掌握与防范；而且，一旦飞溅物或飞车物件击打到现场人员，伤害程度一般都不会太轻（视飞溅物体积、形状、质量大小与击打到人体的部位等情况而定）。因此，在对试验装置（设备）进行总体布置和安装时，就必须依照电力行业安全作业中传统的危险点、危险源分析方法，事先针对这些可能的危险因素进行充分、周全的辨识、分析、判定和考虑，并在此基础上提出切实可行且有效的防护方案与方法。

为了防止飞溅或飞车事故的发生，除了按照管理规定定期检查试验装置（设备）以外，目前最有效的方法就是在进行装置（设备）布置时就事先做好相应的安全防护，而诸多防范措施中最直接的防护就是装设防护网，且防护网应该具有足够的高度和强度。防护网装设的基本要求应依据试验厂房内布置的试验设备而定，应做到每台装置（设备）分别隔离，单独形成有效的保护。同时，应从本质安全的角度，抓好试验装置（设备）的“人－机－环－管”工作，并依据国家关于应急管理的要求编制对应且较实用的应急预案，真正将安全防护工作落到实处。

通常，力学实验室装设的防护网采用强度较好的金属网，并要求金属网的强度必须达到可能最大冲击力的 1.1 倍，金属网的高度须达到 2～3m（视试验装置的高度而定）。装设防护网时，先在试验装置需围框的周围竖立坚固的金属立柱，并通过连接钢构架将金属立柱相互连接，构成具有足够强度的门框式结构；再将安全防护金属网嵌于门框式结构上（一般采用焊接方式），构成一个相对独立的安全防护网，最后，还必须在安全防护网的每个（或每侧）分隔网上悬挂安全警示标识。金属网隔离的方式与类型须根据装置（设备）的实际情况而定。

鉴于电力安全工器具预试工作和试验装置的实际情况，一般要求门框式结构所使用的钢材必须为45#及以上型号的钢材，且以角钢或工字钢为宜。本书建议使用不低于 80mm×80mm 的角钢或 120mm 的工字钢。门框式结构的基础必须与厂房预埋的桩基紧密连接，可通过焊接方式连接，也可通过螺栓固定等其他方式连接，不论采用何种方式，都必须保证可靠连接。如采用焊接方式，则须满焊，且不得有单边焊、虚焊、漏焊、脱焊等直接影响连接牢固度的缺陷，有条件的实验室可以通过无损探伤方式检验焊接的可靠性。如采用止退螺栓连接，首先，必须做好桩基基础和底脚螺栓的定位，用于安全防护的门框式结构的基础虽不一定对底脚螺栓垂直度有很严格的要求，但要求桩基基础必须牢固可靠，通常要求载荷承重不低于 $100kg/m^2$，以保证门框式结构支撑柱的平稳和安全；其次，在安装门框式结构时，必须保证桩基基础的底脚螺栓全部兑入门框式结构的基础螺孔中，并使用止退螺栓加以紧固，建议有条件的实验室采用力矩扳手打力矩，以保证门框式结构的支撑柱与桩基基础连接牢固和安全围框的整体稳定性。安全围栏的门框式结构应采用相同型号和种类的钢材通过焊接或螺栓连接的方式使之围成密闭式围框。门框式结构完成后，再将具有足够强度的可视网状栅栏（金属网）焊接于门框式结构内侧，将门框式结构的所有空缺处封闭，焊接要求同上。

允许根据试验装置（设备）的具体情况采用加顶与不加顶两种方式完成安全防护网的构建。事先应进行较为周全的考虑和论证，并根据最终结果决定是否加顶。一般来说，安全防护网不必封顶。

防高坠试验台架一般单独布置于试验厂房外，其安全防护要求参见 5.1.4 节内容。硬梯及检修平台力学性能试验装置的安全防护要求参见 5.1.6 节内容。

需要特别强调的是，对于卧式静荷拉力测试机一类的横卧位试验装置，虽然其自身带有安全防护网，且在试品放置完成后必须将所有安全网盖全部盖好锁闭，但是，仍应在卧式拉力机的作业外侧安装高度不低于 2m 的门框式金属防护网。

5.2.2.2 安装技术要求

力学预试实验室试验装置（设备）的安装应遵循机械设备安装的相关设计规范和标准要求，并结合试验装置的一些特殊要求进行适应性调整，以确保安装完成后的试验装置能够满足试验所需的技术条件和要求。

电力安全工器具预试实验室承担的是对试品进行试验的任务，其工作重点在于，通过测试，并依据相关标准规定的参数，对被试试品的质量作出合格与否的判定。鉴于这一工作性质与特点，对于预试实验室试验装置的安装工作就尤其要强调安装精度。这是因为，安装精度是否符合技术规范和设计要求将直接影响到测试得出的试验参数是否准确，进而影响到对被试试品合格与否的判定，最终可能因电力行业操作人员使用了被判定合格、但实际上不合格的产品而埋下安全隐患。所以，应该明确和强调的是，凡是有安装精度要求的试验装置（设备），都必须严格按照其使用说明书中的精度要求进行安装。

所谓装置（设备）的安装精度，就是指在安装过程中，要保证该台装置（设备）正确联动所需的各独立部件（组件）之间的位置及间距符合精度要求，要保证采用正确的安装工艺进行安装并经合理地调整后的单台装置（设备）能够达到所要求的制造精度，要保证安装完成后的整套（台）装置（设备）在使用中的运行精度。这是保证装置（设备）满足技术要求最基本的三项精度。

满足装置（设备）安装精度的关键在于：正确地掌握和处理可能影响安装精度的各种因素，采取有效的控制安装精度的方法及各种安装技术技巧等。

影响装置（设备）安装精度的因素有很多，主要包括：装置（设备）的加工制造质量与零部件组装质量，装置（设备）所用材料的内应力，安装基础，安装时的垫铁与一、二次灌浆，地脚螺栓的垂直度与紧固力，组装时部件之间的公差偏移，试验厂房环境条件，等等。同时，还应考虑现场安装人员的技术水平和技能技巧等。

（1）装置（设备）的加工制造质量与零部件组装质量是影响安装精度的一个重要因素。在采购试验装置（设备）时，必须遴选制造质量好、产品出厂检验严格、安装调试水平高、制造与安装质保体系完善、后期技术服务与技术支持到位、信誉度高的生产企业制造的装置（设备）。只有产品零部件质量可靠、加工精度符合技术标准和规范的装置（设备），才能提供良好的技术保障条件，从根本上保证装置（设备）的安装调试质量及安装精度。

（2）在加工制造与安装过程中，由于装置（设备）所用材料内部存在着内应力，应力集中则可能导致部件的变形而影响安装精度，因此，必须对此有充分认识，并采取有效的方法或手段消除、控制材料的内应力。

（3）装置（设备）的基础对安装精度的影响主要表现为：基础强度不够，基础沉降不均匀和抗震性能不足，基座底脚螺栓垂直度及底脚螺栓安装时的完好性等。在装置（设备）完成安装调试并经检验合格后，若装置（设备）的基础强度不够或继续沉降，则安装公差也会发生变化，继而影响安装精度与质量。因此，在安装前，对于装置（设备）的安装基础，应留有一个浇注沉降期，在此期间监测并记录相关参数。必要时，可对预埋安装的基座做模拟试验，并根据模拟试验采集到的数据，对相应的安装基础进行必要的调整，以便于后续安装的顺利进行，并保证安装质量满足测试的需求。对于无需地脚螺栓固定、直接置于试验厂房地面的试验装置来说，这一点也同样重要。在对装置（设备）进行找正调平之前，基础沉降应已稳定，或在基础稳定后已对其进行了最终调整。另外，由于装置（设备）在进行试验时会产生一定的动载荷或冲击载荷，如果基础抗震性能不足，就必然影响到装置（设备）的精度，继而导致试验数据的偏差，无法得出正确的试验结论，或得出的试验结论不能反映出试品的真实状况。

（4）装置（设备）的基础在安装时是由垫铁和二次灌浆层来支撑和载荷的。因此，作为支撑和载荷重要部件的垫铁在安装使用时是否平稳牢靠，垫铁与装置（设备）的接触状态及接触面积的大小、接触程度的优劣，一、二次灌浆的密实与否，灌浆固化后的强度是否达标等，都会直接影响到装置（设备）的安装精度。通常，要求使用规范化的垫铁，且垫铁应平齐、无毛刺，垫铁与基础之间、垫铁与垫铁之间、垫铁与装置（设备）之间的接触必须良好且可靠。每组垫铁的块数均应严格按照装置（设备）生产企业的安装说明书规定进行安装，不得超块，垫铁与垫铁之间必须压紧并点焊定位。一、二次灌浆必须振捣密实，灌浆固化后的强度需符合设计及标准规范要求。灌浆固化后，必须使用仪器检测垫块及浆体固化情况、装置（设备）的水平度等是否符合使用说明书要求，一旦发现有差异，必须查明原因并加以纠正，必要时重新调整，直至满足装置（设备）的安装技术要求。

（5）试验装置（设备）中有许多是通过地脚螺栓来固定于基座上的，因此地脚螺栓安装的垂直度和紧固力的大小必然直接影响装置（设备）的安装精度。如果地脚螺栓安装得不垂直，螺钉（垫圈）与装置（设备）的接触必然产生偏斜，严重的甚至可能产生局部间隙，受力不均，由此影响装置（设备）的可靠固定，那么，使用这类不达标装置（设备）试验时必然不能保证测试精度达到要求，甚至还存在一定的危险性。在力学预试实验室中，受此类情况影响最严重的是高、大、重装置（设备），如防高坠试验台架、硬梯及检修平台力学性能试验装置等。

另外，地脚螺栓紧固力不够、受力不均或受力产生偏差同样会直接影响装置（设备）的固定。如果装置（设备）固定不牢，那么在进行试验时就会产生振动和位移，测得的数据必然不可能精准，严重的还可能引发测试事故或装置（设备）事故，甚至发生人身伤害事故。因此，必须严格按照要求的力矩对地脚螺栓进行紧固，紧固过程中还应通过水平测试仪进行找平，确保装置（设备）的安装符合技术要求。如果装置（设备）的使用说明书中有紧固力要求，则须按照说明书上的技术要求，使用力矩扳手等工具进行紧固，采用正确的紧固方法和力矩使地脚螺栓的安装符合技术要求。

（6）对于力学预试实验室的装置（设备）而言，测量精度误差在垂直测量装置（设备）上的形状误差、位置误差时应着重考虑直线度，而对于水平测量装置（设备）的位置误差时则应着重考虑平面度。这是涉及测量精度及数据准确性的重要因素。为此，应根据装置（设备）生产企业的安装说明书进行安装，并按照安装说明书进行找正调平，安装和找正调平工作必须强调使用精度高于被测装置（设备）标称精度的检测仪器。检测仪器应通过国家质检系统计量认证部门的定期计量认证，且在认证有效期间内，以保证检测精度与质量。同时，在装置（设备）的安装和找正调平过程中进行精度检测时，应选用责任心强、测量技术与技能水平高的人员来实施，以保证检测精度与质量。

（7）从事安装作业人员技能水平的高低也是影响安装精度的一个重要因素。安装人员必须熟知装置（设备）的基本理论和特点，熟练掌握机械装置（设备）安装所需的技能技巧，能按照正确的工艺装配和安装装置（设备）的零部件及整机。所有参与安装调试的人员必须具备强烈的责任心和较高的技术水平。同时，在安装作业时，应努力避免在恶劣环境场所作业，防止作业人员视线、听力、注意力等受到影响而造成安装质量的偏差，继而影响安装精度。

（8）在安装调试阶段，装置（设备）所处地域的差异、温度变化也会直接影响安装精度，应采取有效措施予以避免。

6　电力安全工器具预防性试验项目及方法

自 2002 年以来，我国电力行业经历了体制改革和电力企业的重组与调整（目前仍在继续中），原来由国家电力公司下发的相关文件早已废止，无任何约束性。在此期间，电力安全工器具也经历了不断的改进与创新，新技术不断得以应用，新产品不断涌现，多种电力安全工器具的相关产品标准也经过了修订和完善。

原国家电力公司于 2002 年以文件的形式下发的《电力安全工器具预防性试验规程（试行）》（国电发〔2002〕777 号），在电力行业实施了 12 年之后（以 DL/T 1476—2015 颁布年份计），已有很多地方无法体现和规范实际工作中对电力安全工器具的要求。实际工作中，各级生产技术人员、安全监察与管理人员、电力安全工器具相关试验人员等也经常反映 777 号文在定义、范围、方法、效力、可操作性等诸多方面存在的不足。因此，需要一份全新的规程来规范电力安全工器具预试工作的正常开展，保障电力安全工器具的安全可靠性。基于上述情况，编写单位以国电发〔2002〕777 号文为蓝本，总结并结合 777 号文实施过程中的经验与不足，大量引用最新相关国标、行标，认真听取基层单位对电力安全工器具预试工作的意见与反馈，通过广泛、充分的调研、归纳，经过对电力行业大量安全工器具预试实际试验数据的认真统计、分析、整理、归类等工作，历经近三年的编写与审查，最终编制完成了现行的 DL/T 1476—2015。

新编 DL/T 1476—2015 于 2015 年 7 月 1 日发布，并于 2015 年 12 月 1 日正式实施。

新编 DL/T 1476—2015 与国电发〔2002〕777 号文相比，在电力安全工器具的定义、预防性试验的定义、术语和定义中关于高低压的界定、电力安全工器具的分类、电力安全工器具的种类和预防性试验项目等六个方面存在着显著的区别，详见表 6-1。

表 6-1 DL/T 1476—2015 与国电发〔2002〕777 号文中相关规定的主要差异

	国电发〔2002〕777 号文	DL/T 1476—2015
电力安全工器具的定义	防止触电、灼伤、坠落、摔跌等事故，保障工作人员人身安全的各种专用工具和器具	防止电力作业人员发生触电、机械伤害、高处坠落等伤害及职业危害的材料、器械或装置
预防性试验的定义	为防止使用中的电力安全工器具性能改变或存在隐患而导致在使用中可能发生事故，对电力安全工器具进行必要试验、检测和诊断的方法和手段	为了发现电力安全工器具的隐患，预防发生设备和人身事故，对其进行有针对性的检查、试验或检测
关于高低压的界定	高压：对地电压在 250V 以上； 低压：对地电压在 250V 及以下	DL/T 1476—2015 与现行 GB 26859—2011、GB 26860—2011 的规定相一致，界定如下： 高压：对地电压在 1000V 以上； 低压：对地电压在 1000V 及以下
电力安全工器具的分类	两大类：绝缘安全工器具，一般防护安全工器具	四大类：个体防护装备，绝缘安全工器具，登高工器具，警示标识
电力安全工器具的种类	验电器、接地线、绝缘杆、绝缘靴（鞋）、绝缘手套、安全带、安全帽等 16 种产品	验电器、接地线、安全带、安全帽等 25 种产品，增加了安全绳、速差自控器、自锁器、缓冲器、绝缘绳、绝缘夹钳、软梯、快装脚手架、检修平台 9 种产品
预试项目	电气性能试验，机械性能试验	外观检查，电气性能试验，机械性能试验

由此可见，新编 DL/T 1476—2015 与国电发〔2002〕777 号文相比，无论是在定义、分类还是试验项目上，都更加严谨、科学与全面。

根据 DL/T 1476—2015 的规定，对于所有拟进行预试的电力安全工器具，首先应对其进行外观检查；而且，如经外观检查即发现有严重缺陷或破损等 DL/T 1476—2015 明确规定属于外观检查不合格的试品，则应即刻置于报废区域，无需再进行预试检测。必要时，需对拟进行预试的工器具进行清洁与干燥处理，只有经外观检查合格的工器具，方可进入预试阶段。预试过程中，应按照先机械性能试验、后电气性能试验的顺序进行。

6.1　导电鞋

导电鞋

导电鞋是职业鞋中的一种，主要用于可能因静电引发事故时对穿着者的足腿部进行保护，以避免人员受到伤害。

根据 ISO 20347:2004 定义 3.1 的规定，职业鞋（occupational footwear）是指具有保护特征、未装有保护包头的鞋，用于保护穿着者免受意外事故造成的伤害。职业鞋适用的标准为 GB 21146—2007（其替代的是 GB 4385—1995《防静电鞋、导电鞋技术要求》和 GB 16756—2007《耐油防护鞋通用技术要求》。——编者注）和 GB/T 20991—2007，前者是涉及个体防护中各类职业鞋的产品标准，后者是针对职业鞋的测试标准。而且，以上标准仅适用于保护穿着者足腿部免遭作业区域伤害的职业鞋，而不适用于没有内底和鞋垫或没有内底但有可移动鞋垫的职业鞋。

职业鞋应满足 GB 21146—2007 规定的鞋的一般技术要求

和所需职业鞋的附加要求。所需职业鞋的种类、防护要求不同，各自的附加要求也不同。

同样，导电鞋应满足 GB 21146—2007 规定的一般职业鞋的技术要求，同时还应满足 GB 21146—2007 中 6.2.2.1 导电鞋条款中规定的附加技术要求，即其电性能测试应按照 GB/T 20991—2007 中 5.10 中规定的测试方法进行，在干燥环境中调节后，电阻值须＜100kΩ。

GB/T 20991—2007 中涉及的相关内容与要求如下：

“5.10　电阻的测定

5.10.1　原理

在干燥的环境（5.10.3.3a）中调节后测量导电鞋的电阻。

……

5.10.3　试样调节的制备

5.10.3.1　制备

如果鞋装有活动垫，测试时应保留。用乙醇清洗鞋底表面以除去所有脱模剂的痕迹，用蒸馏水冲洗并在（23±2）℃环境中干燥。鞋底表面不应摩擦或磨损，也不应使用对鞋底有伤害或使鞋底膨胀的有机材料清洗。

……

5.10.3.3　调节

根据被测试鞋的功能，按下列条件之一对制备好的试样进行调节。

a）干燥条件，（20±2）℃，相对湿度（30±5）%，（放置 7d）。如果测试不能在调节环境中进行，则应在试样移出环境后 5min 内完成测试。”（标准中的 7d 即为 7 天，168h。——编者注）

6.1.1 外观检查

对导电鞋进行测试时，首先应依据 GB 21146—2007 对被试导电鞋进行外观检查。只有鞋体内外表面均无明显破损等缺陷的试品方可进入预试。只要有一只鞋经外观检查不合格，则即刻将该双鞋置于报废区域。

6.1.2 预试的项目、周期与技术要求

依照 DL/T 1476—2015 的规定并参照 GB 21146—2007，导电鞋的预试应包括以下项目，详见表 6－2。

表 6－2　导电鞋预试的项目、周期与技术要求

项目	周期	技术要求
直流电阻试验	穿用累计≤200h	100V 直流，电阻值＜100kΩ

应该指出的是，根据 GB 21146—2007 和 GB/T 20991—2007 的相关技术要求和规定，对于长期不穿或穿用频率不高的导电鞋，其预试周期不应局限于穿用累计≤200h，而应规定一个相对合理的预试周期，比如半年。建议在 DL/T 1476—2015 修订时应对此加以认真考虑，以使标准规定更合理、更完善。本书建议在 DL/T 1476—2015 未修订前或修订后仍未明确规定导电鞋预试年限要求的情况下，各使用单位应依照 GB 21146—2007、GB/T 20991—2007 和 DL/T 1476—2015 的技术要求，根据本单位导电鞋实际使用情况以管理规定的文件形式，具体细化导电鞋的预试周期，以确保导电鞋的使用安全。

6.1.3 预试方法

根据 GB 21146—2007 和 GB/T 20991—2007，导电鞋预试

方法如下：以 100V 直流作为试验电源，将内电极（由多颗ϕ4mm的钢珠和一片宽度大于 4mm 且焊接有外接引出线的铜片组成）和外电极组成试验回路，通过此试验回路完成试验，见图 6－1。

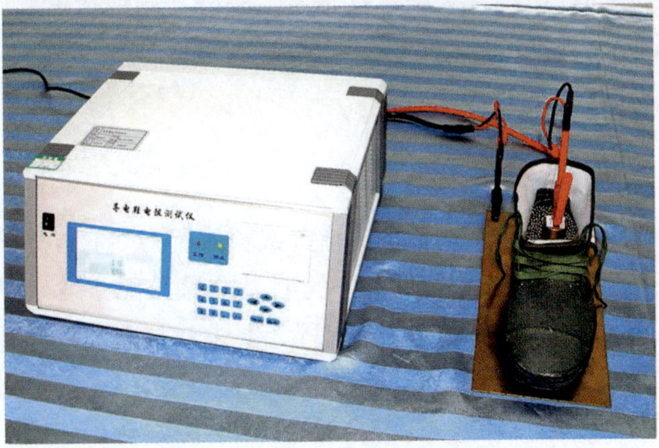

图 6－1　导电鞋预试

所谓内电极，就是在被试导电鞋内装满ϕ4mm 的钢珠，钢珠总重量应不小于 4kg，如鞋帮高度不够，装不下所需的全部钢珠，则可用绝缘材料加高鞋帮高度；装好钢珠后，将焊接有外接引出线且宽度大于 4mm 的一片铜片深深插埋于鞋内钢珠中，即构成内电极。外电极为铜板。内、外电极经过与电流表、毫安表、直流电源等构成回路后，即可进行导电鞋的测试。

依照 DL/T 1476—2015 的规定，导电鞋的加压时间为 1min，这时测得一定的电压值和电流值，然后根据欧姆定律计算出该双导电鞋的电阻值。如电阻值小于 100kΩ，即可判定该双导电鞋通过试验，合格可用。

测试结束，即刻断开电源开关，拔掉电源线，拆下试验电极，回收钢珠，关合仪器箱盖。

测试过程中，如仪器电流表出现闪烁“00000”，则说明导电鞋的电阻极小，试品合格。

一旦测试仪器试验电路发生短路，仪器就会自动进入保护状态，除面板电源开关指示灯正常点亮外，其他指示均自动熄灭。此时，必须立即关闭电源，至少过 5min 后再重新启动测试仪器，进行下一个试验。

6.1.4 基本安全要求

（1）开始试验前，根据实验室试验流程规定，首先应检查是否在所用试验装置（设备）的明显位置张贴了含有该装置（设备）的具体责任人、操作规程、要求或规定、安全组织措施、安全技术措施、试验注意事项等信息的操作管理规程（见图 6–2），以保证装置（设备）时时处于完好待用状态，从而保证试验安全。（以下各种电力安全工器具产品的试验现场操作管理规程基本相同，除个别需要特别指明的外，其他不再一一示意。——编者注）

（2）由于导电鞋预试无需使用工频试验变压器成套装置，故对工频试验变压器成套装置的使用规定在该项目试验中可不予考虑。但是，仍应在导电鞋测试仪试验台操作规程中明确写明装置的责任人，并明确规定装置责任人对试验时参试人员人身安全和设备安全负全责。

（3）强调坚持贯彻“安全第一，预防为主，综合治理”的安全管理基本要求，由于导电鞋测试仪在试验时的输出电压为直流 100V，因此操作时应做到试验操作规范化、标准化、准确化，严格防范触电风险。

（4）试验操作过程中，应根据导电鞋测试仪的铭牌标称技术参数和使用说明书规定进行操作，不得违章违规作业，以保证导电鞋测试仪的完好性。

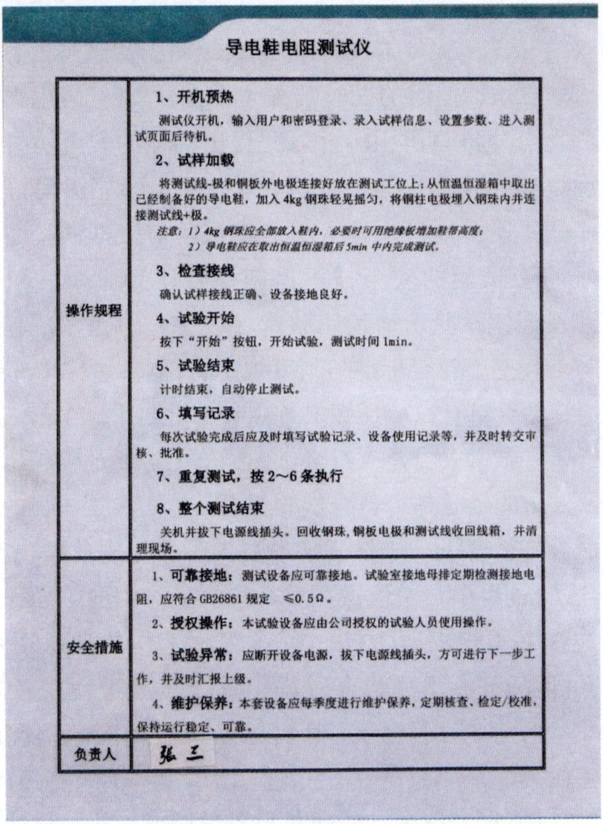

导电鞋电阻测试仪

操作规程	**1、开机预热** 测试仪开机，输入用户和密码登录、录入试样信息、设置参数、进入测试页面后待机。 **2、试样加载** 将测试线-极和铜板外电极连接好放在测试工位上；从恒温恒湿箱中取出已经制备好的导电鞋，加入4kg钢珠轻晃摇匀，将铜柱电极埋入钢珠内并连接测试线+极。 *注意：1）4kg钢珠应全部放入鞋内，必要时可用绝缘板增加鞋帮高度；* *2）导电鞋应在取出恒温恒湿箱后5min中内完成测试。* **3、检查接线** 确认试样接线正确、设备接地良好。 **4、试验开始** 按下“开始”按钮，开始试验，测试时间1min。 **5、试验结束** 计时结束，自动停止测试。 **6、填写记录** 每次试验完成后应及时填写试验记录、设备使用记录等，并及时转交审核、批准。 **7、重复测试，按2～6条执行** **8、整个测试结束** 关机并拔下电源线插头。回收钢珠，铜板电极和测试线收回线箱，并清理现场。
安全措施	1、**可靠接地：**测试设备应可靠接地。试验室接地母排定期检测接地电阻，应符合GB26861规定 ≤0.5Ω。 2、**授权操作：**本试验设备应由公司授权的试验人员使用操作。 3、**试验异常：**应断开设备电源，拔下电源线插头，方可进行下一步工作，并及时汇报上级。 4、**维护保养：**本套设备应每季度进行维护保养，定期核查、检定/校准，保持运行稳定、可靠。
负责人	张三

图6-2　试验现场设备操作管理规程示意图

（5）必须事先编制好试验的组织措施和技术措施。

组织措施主要包括：

1）使用导电鞋测试仪进行试验工作必须有2人进行，且必须明确其中一人为试验现场负责人，即主检人，同时也是现场安全监护人。通常，这类责任人必须经过相应的考试或考核，并由试验单位的安全与生产管理部门认定与认可，可以采用颁发相应证书的方法加以确认，而不必在每次试验之前进行确认。

2）对于试验工作，应以书面形式标明当次试验内容、使用标准、基本方法、使用的试验装置（设备），进行较为详尽的作业安全危险点分析与辨识，并以此提出具体的安全防护要求和安全注意事项，确定参与试验的人员、试验负责人等，以保证试验工作的正常开展。主检人必须在试验前根据试验通知书的内容逐一检查试验的安全技术措施是否达到通知书和试验要求，即涉及该次试验所需使用装置（设备）的完好性，检查试验场地与环境是否符合标准与制度规定的要求，检查试验现场安全防护措施是否符合试验通知书规定和标准要求。主检人还必须认真核查所有参试人员是否符合试验通知书标明的组织措施，即检查参试人员的资质是否符合试验要求，检查参试人员的安全防护装备是否符合要求，甚至了解参试人员当日的精神状态等。

3）试验过程中，主检人在整个检测工作中起主导作用，根据试验通知书承担主要责任，负责测试工作的技术引用与应用、人员组织配备、试验全过程指挥、试验过程中各项安全措施与安全防护应用等的正确实施、试验，应急情况的处理等各项工作。

4）参与试验人员应具备试验员资质证书，并按照试验通知书规定的内容与要求参与试验，明确该项试验引用标准、标准要求的具体内容及试验方法，试验过程的各项安全防范要求和措施，了解和掌握试验过程中可能发生的种种危险和防范措施、应急情况处理方法和路径，以及试验人员之间的协作关系，做到试验人员的互保。开始试验前，按照标准和现场安全措施要求佩戴、配用相应的安全防护工器具，并保证防护装备或装具使用的正确性。试验过程中，参试人员应根据试验通知书的规定明确各自的试验角色和承担的试验任务、工作分工，做到试验工作的有条不紊，以保证共同圆满完成试验任务。试验过程中，参试人员必须服从主检人的指挥，按照试验通知书规定的试验内容和试验方法，在主检人指挥下完成试验任务。

5）每项试验完成后，不论试验结果如何，所有参试人员都必须按照试验管理程序在试验流水单上签字（含电子签名），并标明试验时间（标注到年、月、日、时、分），以示试验责任。

6）试验过程中，坚持采用一人唱票、一人操作（通常一人操作，至多 2 人）的方法进行试验，按照主检人唱票内容逐步完成试验内容与操作。试验操作人必须严格听从当值主检人的命令按照唱票内容进行相关操作，不允许在主检人未下令或唱票未完时即擅自操作试验装置（设备）。

技术措施主要包括：

1）试验应在符合导电鞋测试仪工作环境的条件下进行，导电鞋测试仪试验电源一般为 220V 交流电，电源线长度为 1.5m 左右，试验环境温度为 0～40℃。

2）使用导电鞋测试仪进行试验时，现场四周应设立安全围栏，悬挂安全警示牌，禁止非试验操作人员进入试验现场，以确保试验的安全进行及试验人员的人身安全。

6.1.5 注意事项

（1）试验时，导电鞋测试仪箱盖需 180° 展平、放平，在电源开关断开的情况下，用专用短线将两个电流表校验端子短接（通常仪器出厂时已短接），测试前必须进行检查。

（2）应根据国家质检管理部门规定，定期将导电鞋测试仪交由具有资质的法定仪器校验实验室对其进行校验，以保证测试参数的准确性。校验主要分电压表校验和电流表校验。校验精度和校验要求应以国家对于测试仪器的相关规定为准，并以此作为校验依据。

6.2 个人保安线

个人保安线

在电气设备上作业时，为避免由感应电压引发触电事故而使用的专用接地线被称为个人保安线。个人保安线是一种保安工具，是二次防护，也是保障作业人员人身安全的重要工器具。

个人保安线可按相数分为三相式、四相式和五相式，按短路接地类型可分为短路型和短路接地型。个人保安线的导线截面以 $16mm^2$ 的为多，适用于－25～55℃和相对湿度≤90%的作业环境，普遍用于 0.4kV 及以上的电气设备设施和线路等。

在电气设备上使用个人保安线，应严格按照 GB 26859—2011、GB 26860—2011、DL 408—91、DL 409—91 以及 DL/T 879—2004 的相关规定执行。

个人保安线由作业人员自行携带。凡在低压配电和 10kV 及以上电压等级同杆并架或相邻的平行有感应电的电杆上进行停电工作时，均应在工作相上使用个人保安线，且不准采用搭接虚接的方法接地。工作结束后，作业人员须自行拆除所挂接的个人保安线。

6.2.1 外观检查

对于个人保安线，应定期进行预试，以保证在用个人保安线时时处于合格可用状态。进行个人保安线预试时，应先对其进行外观检查。个人保安线线夹应完整、无损坏，线夹与电力设备及接地体的接触面无毛刺；导线无裸露部分，导线外覆透明护层须均匀、无龟裂。

6.2.2 预试的项目、周期与技术要求

依照 DL/T 1476—2015 的规定并参照 DL/T 879—2004，个人保安线的预试项目为成组直流电阻试验。

常用的个人保安线由保安钳、带透明软护套的软铜线、接线铜鼻夹、汇流铜夹和接地夹组成。保安钳通常采用绝缘操作杆或绝缘手钳两种形式。对于绝缘操作杆，根据 DL/T 1476—2015 规定，应对绝缘操作杆整杆进行对应电压等级的工频耐压试验；对于绝缘手钳的相关试验，DL/T 1476—2015 并未提出相应要求，但从安全的角度，为保证作业人员的人身安全，强烈建议增加对绝缘手钳进行绝缘电阻测试。

因此，个人保安线预试的项目应包括成组直流电阻试验和绝缘手钳绝缘电阻试验，预试周期与技术要求详见表 6－3。

表 6－3　个人保安线预试的项目、周期与技术要求

项目	周期	技术要求
成组直流电阻试验	5 年	在各接线线夹之间测量直流电阻。对应 $10mm^2$、$16mm^2$、$25mm^2$ 截面的个人保安线，每米平均电阻值须小于 1.98mΩ、1.24mΩ、0.79mΩ
绝缘手钳绝缘电阻试验	5 年	线夹（杆）两端绝缘电阻≤7mΩ

6.2.3 预试方法

6.2.3.1 成组直流电阻试验

个人保安线的成组直流电阻试验主要是用于测试个人保安线线鼻与汇流夹及多股铜质软导线之间的接触是否良好，以及接触良好状态的程度，以此判定个人保安线的优劣。

对个人保安线进行成组直流电阻试验，是采用电流－电压表法的直流电压降法进行测量的，试验电流须大于等于30A，见图6－3。

在测得各接线线鼻间长度与直流电阻值后，计算得出每米的平均电阻值。计算所得电阻值满足标准规定的技术要求，即可判定该个人保安线通过试验，合格可用。

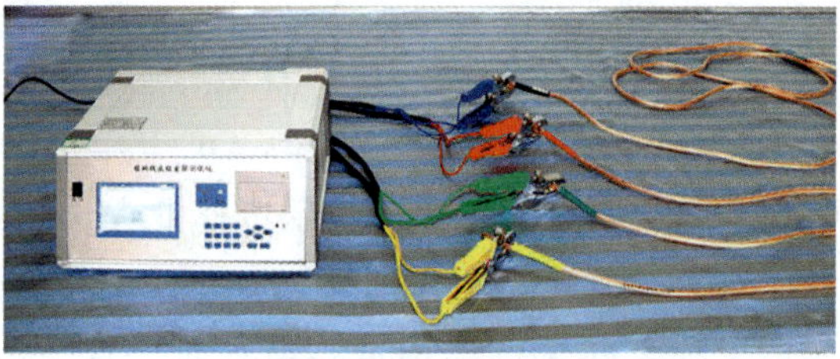

图6－3　个人保安线成组直流电阻试验

6.2.3.2　绝缘手钳绝缘电阻试验

绝缘手钳试验前的外观检查与个人保安线相同，绝缘电阻试验按DL/T 1191—2012《电力作业用手持式电动工具安全性能检验规程》6.3.3中规定的方法进行。具体如下：

“6.3.3　绝缘电阻

在试样电源线插头的短接电极与外壳覆盖的金属箔（或其他形式的电极）之间接入500V的绝缘电阻表，绝缘电阻试验布置可参照附录B，加压1min后测量绝缘电阻，测量值应不小于表1（见本书表6－3）*所示的规定值。*

……

附录B：

当进行手持式电动工具绝缘电阻试验时，可采用图B.1所示的试验布置。

测试过程：将手持式电动工具包覆导电布后放入绝缘电阻箱，将手持式电动工具的电源插头插入绝缘电阻测试仪专用插座（此插座作为绝缘电阻测试仪的高压输出端），而手持式电动工具外壳与导电布/导电海绵接触（其中导电布/导电海绵与绝缘电阻仪的接地端相连），将绝缘电阻测试箱的上盖合上，并对绝缘电阻测试箱的内部施加压力，使导电布/导电海绵与手持式电动工具外壳紧密接触（压力在 2kPa～5kPa 之间比较合适），再进行绝缘电阻的测试。”

6.2.4　基本安全要求

个人保安线预试的现场操作管理规程、组织措施、技术措施等基本安全要求参见 6.1.4，在此不再赘述。

6.2.5　注意事项

在进行个人保安线预试时，应保证测试全过程中测试仪的压板与个人保安线线鼻紧密贴合，不允许有任何松动或虚接，以保证测试数据的准确性。夹持完成后，在开始测试前应手动摸触检查测试压板与线鼻的贴合程度，应做到夹持紧固、不可晃动，方能满足测试要求。

为保证绝缘手钳绝缘电阻试验数据的准确性，务必严格遵照 DL/T 1191—2012 中 6.3.3 节和附录 B 的规定进行试验。

6.3　绝缘杆

绝缘杆

绝缘杆是由绝缘材料加工制作、专门用于电气操作的杆状工具，是电力行业重要且极常用的安全工器具之一。

关于绝缘杆的适用标准，严格来说，现在执行的国家标准 GB 13398—2008 是一份制作绝缘杆等一类产品的材料标准，目前尚无专门的国家或行业标准来对绝缘杆产品进行规范和定义。

GB 13398—2008 规定：绝缘管、棒材应由合成材料制成，密度不应小于 1.75g/cm^2，吸水率不大于 0.15%，50Hz 介质损耗角正切不大于 0.01。同时，该标准还规定了标称尺寸及公差要求，其中，目前广泛使用的空心管、填充管标称尺寸及公差要求中，标称外径小于 30mm 的最小壁厚为 1.5mm，标称外径大于 30mm（不含 30mm）的最小壁厚为 2.5mm。标准还规定了其电气性能和机械性能等。

6.3.1 外观检查

在进行绝缘杆预试之前须对被试试品进行外观检查。绝缘杆的端头封堵须牢固，接头连接紧固，经旋钮无松动；杆体表面须光滑，绝缘部分无气泡、皱纹、裂纹、绝缘层脱落、严重的机械损伤或电灼痕迹，玻璃纤维布与绝缘树脂间粘合平服、完好，无开胶、断裂现象；绝缘杆手持部分护套与操作杆连接紧密、无破损，不产生相对滑动或转动。凡有上述其中之一者，必须立即给予报废。

6.3.2 预试的项目、周期与技术要求

依照 DL/T 1476—2015 的规定并参照 GB 13398—2008，绝缘杆的预试包括工频耐压试验和直流耐压试验，见表 6-4。通常，采用工频试验变压器成套装置进行耐压试验，该装置操作过程及注意事项将在 6.3.4 节中详细说明。

表 6-4　　绝缘杆预试的项目、周期与技术要求

序号	项目	周期	技术要求			
			额定电压（kV）	试验长度（m）	耐压（kV）	
					持续时间：1min	持续时间：3min
1	工频耐压试验	1年	10	0.7	45	—
			35（20）	0.9	95	—
			66	1.0	175	—
			110	1.3	220	—
			220	2.1	440	—
			330	3.2	—	380
			500	4.1	—	580
			750	4.7	—	780
			1000	6.3	—	1150
2	直流耐压试验	1年	±400	4.2	—	740
			±500	3.2	—	680
			±660	4.3	—	745
			±800	6.6	—	895

注　表中数据为 $h<500$m 的试验长度和电压；仅±400kV 为 $2800\text{m}<h\leqslant4500$m 的数据，$h$ 为海拔。

6.3.3　预试方法

将高压试验电极夹持于被试绝缘杆的工作部分，有效试验长度须为高压试验电极与接地电极间的距离（不含绝缘杆间金属连接元件长度），具体技术参数见表 6-4。图 6-4 分别为采用横杆方式和吊架方式进行绝缘杆预试的场景。

夹持试验电极时，电极须用 50mm 左右宽的金属箔或其他恰当方式包绕，并与相邻绝缘杆之间保持一定距离。由于绝缘

杆耐压试验通常采用专用的试验装置夹持进行试验，虽然试验装置本身有一定间距，但仍须注意金属箔之间的距离，以保证试验的正常进行和所取得数据的准确性。

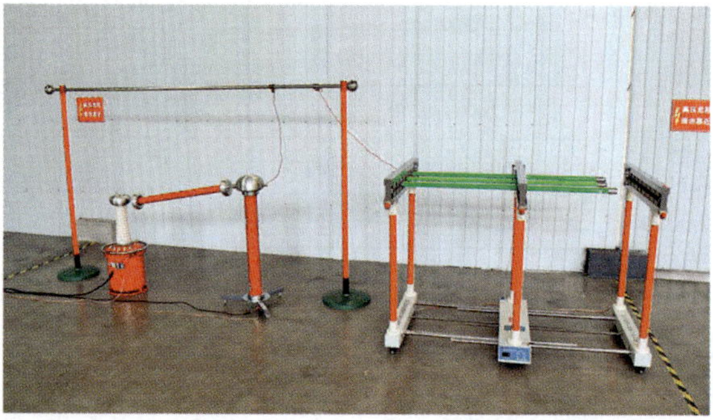

(a)

(b)

图 6-4　绝缘杆预试

（a）采用横杆方式；（b）采用吊架方式

根据 GB/T 16927.1—2011 中对于耐压试验的要求，在对试品施加电压时，须从足够低的电压数值开始，以防止操作瞬变过程引起的过电压的影响。然后，缓慢升高电压，以便从仪表上准确读取数据，但也忌讳升压过慢，以免造成在接近试验电压（U_t）时耐压时间过长。当试验电压值达到 0.75U_t 开始，须以每秒 2%U_t 的升压速率进行升压，直至达到规定的试验电压值，并保持表 6－4 中所要求的对应时间，之后才能迅速降压、回位。试验过程中间不得突然切断电压，以免可能出现瞬变过程而导致故障或造成不正确的试验结果。

在试验过程中，绝缘杆杆体各部分均不得发生闪络或击穿。试验后须进行仔细检查，绝缘杆应无放电、灼伤等痕迹，杆体不发热。各项试验和检查均通过者，可将其判定为合格可用产品。

绝缘杆是电力行业作业中最常用的安全工器具之一。通常，绝缘杆是采用特定工艺将绝缘材料经机械卷制而成，因产品生产企业所用绝缘材料、卷制工艺、生产环境、绕制设备自动化程度与精度、作业人员水平等差异较大，故产品质量良莠不齐。一般来说，质量较优的绝缘杆管壁厚度较厚且壁厚均匀，常用绝缘杆（外径≤30mm）的公称壁厚应在 1.8mm 左右（标准要求最小壁厚为 1.5mm），杆头封堵牢固，试验数据所反应的典型特征体现在其泄漏电流较小。

对于绝缘杆的预试，国电发〔2002〕777 号文中是允许分段进行的，而在 DL/T 1476—2015 中并未提出明确要求。目前，各实验室有依据 DL/T 976—2017 的要求进行整杆试验的，也有仍采用分段进行试验的，没有统一的做法。

鉴于试验用升压装置和厂房条件的限制，以及标准中强调有效试验长度的要求，本书认为：应当允许在按照标准要求的有效试验长度进行试验的前提下，结合试验实际，宜采用区别对待的方法。即建议对于35kV及以下电压等级的绝缘杆，采用整杆横杆式试验方法进行预试，对于110kV、220kV电压等级的绝缘杆则采用分段横杆式试验，这样在保证预试质量的前提下，地市级实验室完全可以承担起相应的预试任务。而对于330kV及以上电压等级的绝缘杆，由于其总体数量有限，加上杆体总长度较长，相对整杆试验难度较大，只有省级电科院高压试验大厅总高满足试验要求，配置相应的试验装置即可开展该项试验，具备整杆试验条件，且该预试任务对省级电科院试验压力不会太大，故建议由省级电科院采用整杆方式承担330kV及以上电压等级的绝缘杆的预试任务。

允许对部分绝缘杆采用分段试验的方法进行预试，必须明确规定分段的方法与数量，以保证分段试验的质量，并确保试验完成后重新组合的绝缘杆的安全可靠性。

采用分段试验的方法对绝缘杆进行预试，但应限制分段的数量，一般来说，以分为2段进行试验较为合理且可行。分段进行试验时，分段试验的试验电压应为整体试验规定试验电压除以分段总数，再乘以试验电压的1.3倍。例如，额定电压为220kV时规定的整体工频耐压试验电压为440kV，如分为2段进行试验，则分段试验的试验电压应为：$440\div2\times1.3=286$（kV）。1.2倍的系数取值在很多电气性能试验中被采用，但由于绝缘杆的特殊性，取值1.2是否合适仍可商榷，主要是考虑试验的合理性、可操作性以及被试试品质量的认定与保证。多家试验机构实际试验测得的累积数据表明，在额定电压为220kV的情况下对绝缘杆分2段进行试验时选取1.3倍取值系数，其试验结果最接近于整杆绝缘杆试验的结果。由于地市级电力单位是110kV、220kV绝缘杆的主要使用者，且地市级实验室配置的试验设备容量、体积等试验条件均能满足分段测试法的技术要求，因此，建议地市级实验室在进行 110kV、220kV 绝缘杆预试时，采用杆体分 2 段，1.3 倍取值系数进行试验为宜。当然，是否仅限于 1.3 倍取值系数或者只允许采用分 2 段测试等方法，仍可通过大量积累测试数据加以论证，使之更加科学、严谨。目前，也有实验室对 220kV 绝缘杆分 4 段进行试验，同样也应进行严格的论证及取得公认数据后方能确定。

鉴于 0.4kV 作业中大量使用到的对应电压等级绝缘杆的预试也是一个必须引起重视的问题，而在 DL/T 1476—2015 中并未对此提出要求，因此建议在修订时，应给予考虑与补充。

如前所述，目前 DL/T 1476—2015 对绝缘杆耐压试验是否合格采用“试验后检查绝缘杆须无放电、灼伤等痕迹，杆体不发热”作为判断依据，对测试结果并没有量化的数据判定。由于绝缘杆在工频耐压施加状态下近似一个阻性负载，在试品未击穿前除了局部放电产生的放电电流外，就是绝缘杆的泄漏电流，泄漏电流将直接在绝缘杆上产生有功功率。由于 $P=U\times I\times\cos\phi$，$\cos\phi$ 近似等于 1，因此在工频耐压试验过程中，泄漏电流 I 与在试品上产生的功率 P 成正比，而绝缘杆温度上升的直接原因就是泄漏电流在绝缘杆上产生有功功率。通过以上分析，可以认识到绝缘杆耐压试验过程中温度的上升与泄漏电流有着直接关系。但是，这一关系如何量化，继而借以确定泄漏电流合理的取值数据区间，尚有待于通过试验取得大量实际测试数据，并对发热情况加以统计、分析，通过论证取得共识，为规范泄漏电流的控制与判定乃至编写进相关标准打下基础。有兴趣的同仁可以将其作为一个课题进行深入研究，为今后标准的制定奠定理论依据与基础。综上，建议有条件的实验室和电力企业在考虑泄漏电流与绝缘杆工频耐压试验时温升关系的前提下，增加相应的测试项目。

6.3.4 工频试验变压器成套装置试验操作过程及注意事项

6.3.4.1 试验操作过程

通常，工频试验变压器成套装置的试验操作过程应按以下步骤完成。

（1）正式开始试验前，当值主检人应核对当日当次试验内容与要求是否与现场试验情况相同，所用试验装置（设备）是否与试验要求和试验通知书符合，试验现场的技术措施、组织措施、应急处置预案等是否与试验内容和要求一致，是否符合试验通知书规定等。经检查一切无误后，方可下令开始试验。

（2）试验操作人员按照主检人命令按下工频试验变压器成套装置启动按钮，绿色按钮指示灯亮，按升压按钮，试验电压逐渐上升，直至电压上升到所需试验电压为止。按下定时器开关开始计时，当时间达到设定时间时，报警声响，按降压按钮，施加的试验电压逐步下降，直至回零。试验辅助人员在试验过程中随时注意试验装置（设备）以及试品的变化情况，以便一旦发生意外或危险评估分析中的情况时，迅速配合主检人、试验操作人员按照应急预案采取消除危险可能性的相关处理措施，将可能的种种危险消灭于萌芽之中，保证试验现场人员的人身安全和试验装置（设备）的安全。如被试试品发生闪络或击穿，则过流整定保护器动作，自动跳闸，调压器自动回零。此时电压表显示值即为被试试品的闪络或击穿电压值。

（3）试验过程中坚持采用一人唱票一人操作（通常一人操作，如多人配合操作，则至多 2 人）方法进行试验，按照主检人唱票内容逐步完成试验内容与过程。试验操作人在正常试验操作过程中必须根据当值主检人员命令按照唱票内容进行相关操作，不允许在主检人员未下令或唱票未完即擅自操作试验装置（设备）。

6.3.4.2　注意事项

通常，工频试验变压器成套装置的使用说明书中已标明该套装置的使用条件，应根据该条件正确使用，以保证装置的完好性、可靠性及安全性。比如，在工频试验变压器成套装置的使用说明书中会明确规定，不得超过额定输出电压使用该装置；再如，通常会要求工频试验变压器成套装置在额定输出容量下的连续使用时间不得超过 2h，如根据试验任务需要继续使用时，则应明确规定使用方法和时间。通常，针对这种情况下的继续使用，装置生产企业在使用说明书中明确规定，在装置断电停止工作 2h 后即可再次通电使用。多数工频试验变压器成套装置的使用说明书中明确规定，在装置使用过程中试验电压未超过额定电压的 2/3 时，允许长时间连续使用工频试验变压器成套装置。

根据 DL/T 1476—2015 的规定，在电力安全工器具预试的涉电试验中，除导电鞋直流电阻测试以及个人保安线、携带型短路接地线的成组直流电阻试验无需使用工频试验变压器成套装置外，绝缘杆、携带型短路接地线操作杆、电容型验电器、核相器、绝缘罩、绝缘隔板、绝缘绳、绝缘夹钳、绝缘手套、绝缘靴、绝缘胶垫等均需使用工频试验变压器成套装置进行相应的试验，因此，在进行所有这类试验时，都应严格遵守上述管理要求，以顺利完成试验并保障试验安全。另外，在使用工频试验变压器成套装置对以上这些工器具产品进行试验时，由于试品种类不同，所需施加的试验电压等级、电流强度也各不相同，对应使用的工频试验变压器成套装置的容量、规格型号等也有所差异，但总的来说，工频试验变压器成套装置的试验操作规程与注意事项大同小异，故在后续各工器具产品预试的叙述中对此不再加以赘述。

6.3.5 基本安全要求

（1）实验室应在装置（设备）的明显位置张贴试验现场设备操作管理规程，规程中应包括该装置（设备）的具体责任人、试验操作规程、要求或规定、安全组织措施及技术措施、试验注意事项等内容，以保证试验安全文明，保证装置（设备）时时处于完好待用状态。如现场有多台绝缘杆试验装置（设备），且试验装置试验区域相对集中，则允许在试验的集中区域统一张贴一份操作规程；但是，仍应在每台（套）试验装置上标明单台试验装置的责任主体，明确规定设备责任人对试验时的参试人员人身安全以及设备安全负全责。

（2）由于工频试验变压器成套试验装置是电气性能试验中常用的装置，可以共用于多种电力安全工器具的试验项目，除了因电压等级不同而对应的安全防护距离不同等一些特殊要求外，其他要求在不同试验电压等级中基本可以通用，这里仅以某容量的工频试验变压器成套装置的试验使用规定为例进行阐述。

（3）必须根据工频试验变压器成套装置的铭牌标称技术参数和使用说明书规定该套装置的适用范围，并明确规定不得进行超越装置铭牌标称技术参数和使用说明书规定之外的任何操作，以保证装置的完好性。该管理权限归属于设备责任人。

（4）必须根据工频试验变压器成套装置铭牌标称技术参数和使用说明书事先编制好使用试验装置时的组织措施和技术措施。

组织措施主要包括：

1）使用工频试验变压器成套装置进行试验工作必须2人以上，但一般不超过3人。必须明确其中一人为试验现场负责人，即主检人，同时也是现场安全监护人，且其应具备相应资质。通常，此类责任人必须经过相应的考试或考核，由试验单位的安全与生产管理部门认定或认可，可以采用颁发相应证书的方法加以确认，而不必每次试验之前进行确认。如同一检测单位拥有多位主检人，则事先应对主检人进行责任排序，原则上同一项检测试验只派一名主检人，以方便检测工作的开展；也有单位每次试验之前指定主检人，以明确试验责任。

2）参试人员应具备相应的试验员资质证书，并按照试验通知书规定的内容与要求参与试验，明确该项试验引用的标准、标准要求的具体内容及试验方法，试验过程的各项安全防范要求与措施，了解和掌握试验过程中可能发生的种种危险和防范措施、应急情况处置方法与流程，甚至逃生路径等，明晰试验人员之间的协作关系，做到试验人员的互保。开始试验前，按照标准和现场安全措施要求佩戴、配穿、配用相应的安全防护工器具，并保证防护装备或装具使用的正确性。参试人员必须熟知试验通知书中各自的试验角色和承担的试验任务、工作分工，做到试验工作的有条不紊，共同圆满完成试验任务。

3）对于所有的检测工作，均应以书面形式标明当次试验内容、使用标准、基本方法、使用的试验装置（设备），有较为详尽的作业危险点分析与辨识，并据此提出具体的安全防护要求与注意事项、参与试验人员、试验负责人等，以保证测试工作的正常开展。在试验之前，主检人必须根据试验通知书的内容逐一检查试验的安全技术措施是否达到通知书和试验要求，即涉及该次试验所需使用装置（设备）的完好性，检查试验场地与环境是否符合标准与制度规定的要求。主检人还必须认真核查所有参试人员是否符合试验通知书标明的要求，即检查参试人员的资质是否符合试验要求，检查参试人员的安全防护装备是否符合要求、穿戴是否正确，甚至了解参试人员当日的精神状态等。

4）试验过程中，主检人在整个检测工作中起到主导作用，根据试验通知书承担主要责任，负责测试工作的技术引用与应用、人员组织配备、试验全过程指挥、试验过程的各项安全措施与安全防护应用等的实施与正确性、试验应急情况的处置等。参试人员必须服从主检指挥，按照试验通知书规定的试验内容和试验方法，在主检指挥下完成试验任务。

5）每项试验完成后，不论试品试验结果如何，所有参试人员都必须按照试验管理程序在试验流水单上签字（含电子签名），并注明试验时间（标明到年月日时分），以示承担试验责任。

技术措施主要包括：

1）必须在符合工频试验变压器成套装置试验的环境条件下进行试验，即环境温度为5～40℃，相对湿度不得高于80%。

2）在工频试验变压器成套装置周围，应按照GB 26860—2011、GB 26861—2011规定的不同试验电压等级对应的安全距离，设置高度不低于1.5m的封闭式安全围框，且不得留有任何可能的缝隙，以确保试验安全以及现场试验人员人身安全和设备安全。同时，应在安全围栏上按照规定间距悬挂“止步，高压危险”一类的安全警示标识牌。建议尽可能使用带有靠近报警装置的围栏，以强化安全防护功能。一旦有人因种种原因靠近工频试验变压器成套装置工作区域时，安全围栏的自动报警装置就可以及时自动报警，提示误近者立即撤离警示区域，同时提醒现场试验人员及时采取必要的防护措施，保证试验现场的安全。

3）开始试验前，必须对工频试验变压器成套装置加以接地，试验装置责任人或主检人（通常为同一人）必须亲自认真检查核实，保证装置接地连线连接正确、可靠。

4）每次试验前，都必须认真检查工频试验变压器成套装置的线路是否正常。试验连接线路与方法是否符合相关标准规定与要求，连接是否牢靠等。将调压器调至零位。一切均达到试验要求方可由主检人下令合上连接电源通电。这时，电源指示装置（一般为电源指示灯亮）须表明装置已经通电。同时，检查工频试验变压器成套装置的调压器指示灯，是否为红色停止按钮上的指示灯亮。如该指示灯亮，则表示调压器处于零位；如该指示灯不亮，则表示调压器不在零位，必须立即将调压器旋转手柄按逆时针方向旋至零位。此时，工频试验变压器成套装置才处于允许工作状态。

5）正式开始试验前，主检人还必须核对被检试品标准所规定的正常试验电压、所需的电流等级、耐压时间等，设定好过流整定器和定时报警器的动作值，并与现场参试人员进行技术交底和安全交底。一切就绪，方可开始试验。

6）按照相关规程规范的要求，使用工频试验变压器成套装置对大于等于 35kV 及以上试品进行试验时，操作人员必须在已设置屏蔽的专用高压试验室操作间进行。

6.4 携带型短路接地线

携带型短路接地线

携带型短路接地线用于施加临时性接地，便于携带，现场使用灵活。由于其接地是采用了相间短路连接后接地，故称为携带型短路接地线。

临时性接地可防止突然来电对人体的伤害，是电气工作中必不可少的一项重要安全防护措施和安全保护屏障，是电力检修人员的生命线。

在现场使用中，携带型短路接地线仅对工作票指定的电气设备或线路进行短路接地，保障作业人员在该保护区间内的作业安全，确保作业人员的人身和生命安全。

6.4.1 外观检查

对携带型短路接地线进行预试前，应先对其进行详尽的外观检查。经检查，符合 DL/T 1476—2015 规定要求的试品方可进入预试阶段。

DL/T 1476—2015 规定，携带型短路接地线线夹应完整、无破损，线夹与电力设备及接地体的接触面不得有毛刺，且夹持有力。

接地线导线无裸露部分，导线外覆透明保护层无龟裂，附着均匀，无硬化。

携带型短路接地线接地绝缘棒（即绝缘操作杆）的外观检查要求与绝缘杆相同，具体如下：杆的端头封堵须牢固，接头连接紧固，经旋钮无松动；杆体表面须光滑，绝缘部分无气泡、皱纹、裂纹、绝缘层脱落、严重的机械损伤或电灼痕迹，玻璃纤维布与绝缘树脂间粘合平服、完好，无开胶、断裂现象；绝缘杆手持部分护套与操作杆连接紧密、无破损，不产生相对滑动或转动。

6.4.2 预试的项目、周期及技术要求

依照 DL/T 1476—2015 的规定并参照 DL/T 879—2004，携

带型短路接地线应进行的预试项目见表 6–5。

表 6–5　　携带型短路接地线预试的项目、周期及技术要求

序号	项目	周期	技术要求			
1	接地线的成组直流电阻试验	5 年	先在各接线鼻之间测量直流电阻，然后在各线夹之间测量直流电阻。对应 25mm^2、35mm^2、50mm^2、70mm^2、95mm^2、120mm^2 的各种截面，平均每米的电阻值应分别小于 0.79mΩ、0.56mΩ、0.40mΩ、0.28mΩ、0.21mΩ、0.16mΩ			
			额定电压/kV	试验长度/m	工频耐压/kV 持续时间：1min	工频耐压/kV 持续时间：3min
2	接地绝缘棒的工频耐压试验（整杆）	5 年	10	0.7	45	—
			35（20）	0.9	95	—
			66	1.0	175	—
			110	1.3	220	—
			220	2.1	440	—
			330	3.2	—	380
			500	4.1	—	580
			750	4.7	—	780
			1000	6.3	—	1150
3	接地绝缘棒的直流耐压试验（整杆）	5 年	±400	4.2	—	740
			±500	3.2	—	680
			±660	4.3	—	745
			±800	6.6	—	895

注　表中数据为 $h<500\text{m}$ 时的试验长度和电压；仅±400kV 为 $2800\text{m}<h\leqslant 4500\text{m}$ 的数据，h 为海拔。

6.4.3　预试方法

接地线成组直流电阻试验采用电流–电压表法的直流电压

降法进行测量，试验电流须小于 30A，试验方法与个人保安线相同，见图 6－5。

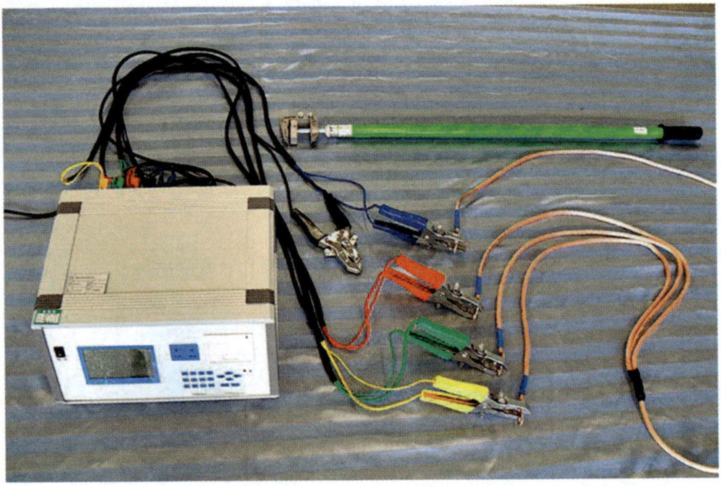

图 6－5　携带型短路接地线成组直流电阻试验

接地绝缘棒的工频耐压试验和直流耐压试验与绝缘杆的试验方法相同，参见图 6－4 绝缘杆预试。但是，应强调试验是整杆进行耐压试验，而不规定试验有效长度。

6.4.4　重要说明

（1）虽然在 DL/T 879—2004 规定的型式试验中没有要求对携带型短路接地线进行成组直流电阻试验，但是，成组直流电阻试验是用于测试接地线线鼻与汇流夹及多股铜质软导线之间接触是否良好的重要技术参数，也是测试多股铜质软导线截面积是否符合标准规定的重要手段，因此，这个试验极为重要和必要，在产品出厂试验中、采购验收试验中、产品定期预防性试验中都应突出强调进行此项试验，以保证携带型短路接地线满足DL/T 879—2004的要求和现场实际安全的需要。

（2）在DL/T 879—2004规定的型式试验中，也未要求对携带型短路接地线的接地绝缘棒进行工频耐压试验、直流耐压试验。同样，在实际使用中，这两个试验项目做与不做可以直接影响携带型短路接地线的安全可靠性，影响到一线作业人员的人身安全。因此，GB 26859—2011和GB 26860—2011对此提出了要求，将接地绝缘棒的工频耐压试验、直流耐压试验作为必做的预防性试验项目。DL/T 1476—2015沿用了GB 26859—2011、GB 26860—2011的相关规定，以切实保证在用携带型短路接地线的安全可靠性。

（3）通常，携带型短路接地线导线部分所使用的铜线是由电解铜棒经多次冷拔制成的，单根电解铜线线径不大于0.10mm的，其技术质量曲线为最佳。因此，就单根电解铜线而言，其截面积越小，铜材的基础材质越好，由其制作出来的符合不同电压等级所要求的线径截面的携带型短路接地线的质量就越好。出于经济利益的考虑，携带型短路接地线生产企业往往首先在铜线加工上下手，最为常见的是用非电解铜或无氧铜代替电解铜。由于杂铜的导电性能远远低于电解铜，这就导致携带型短路接地线的接地效果大打折扣，严重影响安全生产。其次，携带型短路接地线的导线是由多股电解铜线经多次绞合制成的，针对不同的电压等级，标准规定了对应的接地铜线的线径，以使之能起到有效的保护作用。另外，为延长携带型短路接地线的使用寿命，防止铜线由于裸露而受到磨损，导致铜线导电性能下降和铜线氧化过快，标准还规定应在铜线外覆有硫化透明保护层。这样的加工方法虽保护了铜线，防止铜线破损及过快氧化，又使接地线美观且耐用，但是，由于铜线外固化的保护层，从外观上就无法直接看到铜线的结构，也无法对接地铜线截面是否符合对应电压等级所要求的数据作出判断。而对携带型短路接地线进行成组直流电阻试验是辨别携带型短路接地线合格与否的有效手段，因此，在携带型短路接地线入库验收和预试中都应特别强调该项试验。

（4）关于接地铜线，还应引起注意的是，目前市售接地线单根线径普遍在 0.15mm 左右，极少数竟然达到 0.21mm，另外还有少数生产企业用铝铜或含杂铜的材料加工接地线。虽然此类接地线在新品时多数可以通过型式检验，但一旦使用一段时间后，由于其氧化速度极快，导电性能迅速下降，整体电阻直线上升，成组直流电阻迅速攀升，严重不符合标准要求；再加上使用携带型短路接地线的基层企业和一线员工因手段有限，无法进行有效判别，且目前 DL/T 1476—2015 规定的预试周期是 5 年（保持与 GB 26859、GB 26860 的一致性），由此极有可能对电力行业一线作业人员构成安全威胁。这一问题亟需引起全行业的高度重视。因此，本书建议：一方面，坚持执行现行 DL/T 1476—2015 关于每 5 年一次逐件对携带型短路接地线进行预试的要求；另一方面，在可能的条件下，携带型短路接地线使用单位可以提高成组直流电阻试验的频率，比如每年或每 2 年进行一次预试，以保证携带型短路接地线的安全可靠性。同时建议，有条件的话，对携带型短路接地线的接地绝缘棒的预试也可按每年一次的频率进行。

（5）另外，在对携带型短路接地线进行成组直流电阻测试时，应特别注意测试线夹与接地线的线鼻连接应紧密。这是因为，线夹与接地线的线鼻连接之间的接触电阻会直接影响检测结果的准确性。

（6）携带型短路接地线的线夹、汇流夹等采用压铸工艺制作而成，在使用一段时间后，如使用或保存不当，线夹内就会产生裂痕等缺陷，可能会对预试结果产生一定的影响。而此种缺陷，只能通过无损检验才能检出。因此，本书建议有条件的省级电科院、发电集团检修公司及具有无损检验资质的预试实验室根据实际需要对线夹、汇流夹等部件进行无损检验。

6.4.5 基本防护要求

携带型短路接地线成组直流电阻试验的基本安全要求与个人保安线相同，参见 6.1.4 节；接地绝缘棒的耐压试验与绝缘杆相同，参见 6.3.5 节。

6.5 电容型验电器

电容型验电器

验电器是一种用于检测电气设备上是否存在工作电压的便携式装置。电容型验电器通过检测流过验电器对地杂散电容中的电流来检测电气设备、线路上是否存在工作电压。本书引用的标准为 DL/T 740—2014，下文所指的验电器均仅指电容型验电器。

电容型验电器由接触电极、指示器、绝缘杆、护手、手柄等部件组成。

电容型验电器有很多种分类方法，按指示方式可分为声类、光类、声光组合类等；按连接方式可分为整体式（指示器与绝缘部件固定连接）、分体组装式（指示器与绝缘杆可拆卸组装）；按使用环境条件可分为户内型、户外型；按使用环境温度可分为低温型、常温型和高温型；按照有无接触电极延长段可分为L类（无接触电极延长段）和S类（有接触极延长段）；按照标称电压范围可分为单一标称电压的验电器和具有标称电压范围的验电器。

6.5.1 外观检查

对于电容型验电器，应依据DL/T 1476—2015的规定定期进行预防性试验。试验前，应对验电器进行外观检查。检查内容如下：绝缘杆应无气泡、皱纹、裂纹、划痕、硬伤、绝缘层脱落、严重的机械损伤或电灼痕迹，伸缩型绝缘杆应滑动自如，各节配合合理，拉伸后不出现自动回缩；指示器应密封完好，表面光滑、平整；手柄与绝缘杆、绝缘杆与指示器之间的连接应紧固；最后，进行三次自检，每次检查时，指示器都应同时发出视觉与听觉信号。

DL/T 740—2014规定的自检方法如下：

“6.2.7　自检试验

6.2.7.1　按照使用说明启动自检功能。

6.2.7.2　自检时应出现视觉和（或）听觉信号。试验应重复3次，每一次都应有信号出现。

6.2.7.3　检查电路图，应确认除了使用说明中指明无需自检部分，所有电路都已自检。”

6.5.2 预试的项目、周期与技术要求

依照DL/T 1476—2015的规定并参照DL/T 740—2014，电容型验电器的预试项目包括起动电压试验和工频耐压试验。验电器预试的项目、周期及技术要求详见表6－6。

表 6-6　电容型验电器预试的项目、周期与技术要求

序号	项目	周期	技术要求
1	起动电压试验	1 年	起动电压值为额定电压的 10%～45%
2	工频耐压试验	1 年	同绝缘杆，见表 6-4

6.5.3　预试方法

6.5.3.1　起动电压试验

验电器的起动电压试验中，测量时用球电极和环电极方法。球电极在环电极之后的试验布置适用于 S 类（有接触极延长段）验电器，见图 6-6，试验布置参数见表 6-7；球电极在环电极之前的试验布置适用于 L 类（无接触电极延长段）验电器，见图 6-7，试验布置参数见表 6-8。以上图表均引用自 DL/T 740—2014。

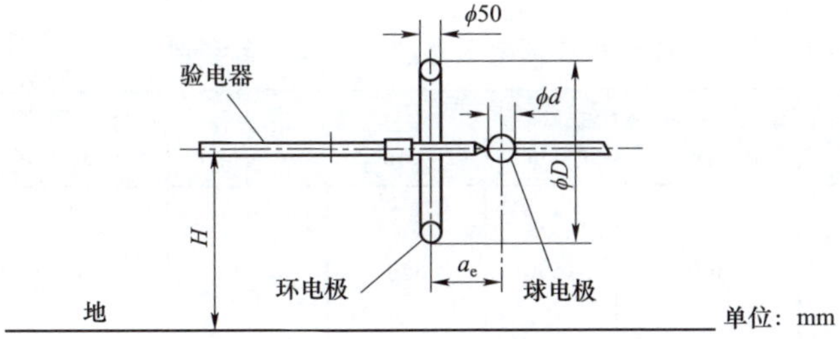

图 6-6　验电器起动电压试验中球电极在环电极之后的试验布置

表 6-7　球电极在环电极之后的试验布置参数

额定电压 U_n（kV）	电极间隔距离 a_e（mm）	离地高度 H（mm）	环直径 D（mm）	球直径 d（mm）	（3D）与墙壁和天花板的间距 W（mm）
10	100	1500	550	60	＞1650
20	270				
35	430				

续表

额定电压 U_n（kV）	电极间隔距离 a_e（mm）	离地高度 H（mm）	环直径 D（mm）	球直径 d（mm）	（3D）与墙壁和天花板的间距 W（mm）
66	650	2500	1050	100	＞3150
110					
220	850				
330	850	2500	1050	100	＞3150
500					
750	1000	3500	1600	150	＞4800

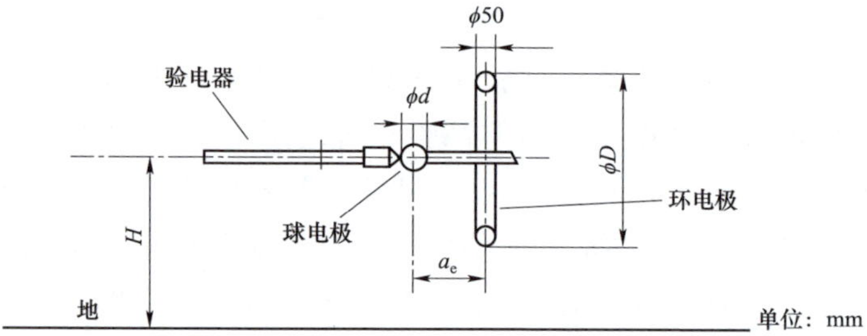

图 6－7　验电器起动电压试验中球电极在环电极之前的试验布置

表 6－8　　球电极在环电极之前的试验布置参数

额定电压 U_n（kV）	电极间隔距离 a_e（mm）	离地高度 H（mm）	环直径 D（mm）	球直径 d（mm）	（3D）与墙壁和天花板的间距 W（mm）
10	300	1500	550	60	＞1650
20					
35					
66	1000	2500	1050	100	＞3150
110					
220					
330	1000	2500	1050	100	＞3150
500					
750	1000	3500	1600	150	＞4800

试验时，应根据验电器类型选择相应的电极布置。对于有标称电压范围的验电器，须按照最大标称电压进行试验布置。不带与带接触电极延长段验电器的试验布置均按 DL/T 740—2014 规定的要求进行布置。

电容型验电器起动电压试验应采用带环电极的试验台架进行。球电极与环电极的试验布置连接分别见图 6－8、图 6－9。

图 6－8　球电极在环电极之后的试验连接布置

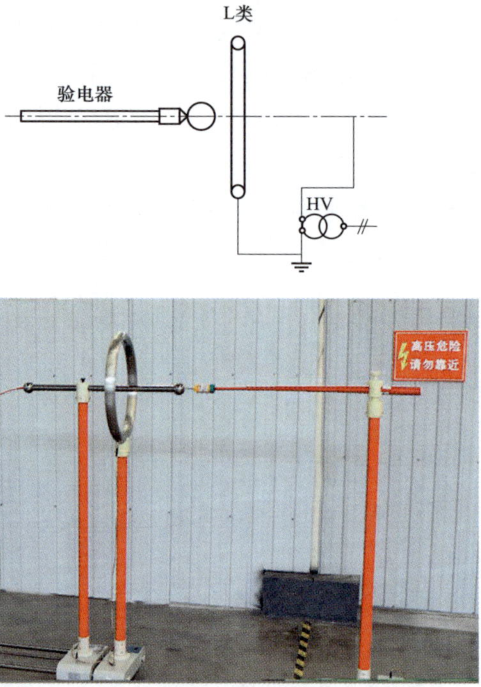

图 6-9　球电极在环电极之前的试验连接布置

试验具体步骤如下：将验电器指示器的接触电极与试验电极相接触，然后开始升压；升压过程应按 GB/T 16927.1—2011 的规定进行，当指示器的“电压存在”指示信号出现时，停止升压；如信号继续存在，则记录此刻的起动电压值；之后，将试验变压器迅速回零，断电并对之放电。

应该注意的是，与国电发〔2002〕777 号文相比，DL/T 1476—2015 中对于验电器起动电压试验的要求有重要变化：起动电压值由原来规定的在额定电压 U_n 的 15%～40%之间修改为在额定电压的 10%～45%之间。

电容型验电器起动电压试验中使用环电极与不使用环电极

的主要差别见表 6－9。

表 6－9 电容型验电器起动电压试验中使用环电极与不使用环电极的主要差别

电压等级（kV）	起动电压（kV）		误差
	不带环电极	带环电极	
10	3.19	2.38	34.03%
35	9.87	8.05	22.60%
110	40.20	29.26	37.38%
220	61.15	42.82	42.80%
500	135.76	100.50	36.07%

6.5.3.2 工频耐压试验

电容型验电器绝缘杆部分的工频耐压试验方法与绝缘杆试验方法相同，参见 6.3.3 节。其中，涉及使用工频试验变压器成套装置的相关管理要求和管理流程参见 6.3.4，此处不再赘述。

6.5.4 影响验电器预试结果与性能偏差的几个因素

电容型验电器大多采用纽扣电池作为供电电源，因而最常见的问题就是因纽扣电池电量不足而导致试验时验电器不能正常响应。

DL/T 740—2014 规定，电容型验电器的起动电压应为额定电压的 10%～45%，测试结果表明，通常优质产品的起动电压多为额定电压的 25%，其最佳点体现在抗干扰能力强。过低的起动电压则抗反相干扰能力弱，容易出现误起动；而过高的起动电压则抗同相干扰的能力弱。

与电容型验电器制造相关的问题与不足主要为：验电器起动电压过低；500kV 级验电器弯曲度常常不合格；环境试验（尤其是低温试验）不合格；验电器电极与线路板短路等。

6.6 核相器

核相器

核相器，也被称为核相仪，是用于探测和指示在相同的额定电压和频率下两个已带电部位之间正确相位关系的专用便携式装置。核对相位是电力行业经常性的一项工作，在检修工作中尤其重要。

核相器通常由接触电极、电阻元件、指示器、连接引线、连接系统、地线、适配器、绝缘操作杆、测试元件、附件等部件组成。而一般无线核相器则由 2 个发射器、接收器、绝缘操作杆等部件组成。

虽然 DL/T 971—2017 已将原 2005 版中规定的核相器的电压等级由 1kV～35kV 拓展到了 500kV，但在实际应用中，由于采用核相器进行核相比采用在电压互感器的二次侧进行核相更方便、更直观，因此，多数情况下，在低压（10kV、20kV 和 35kV）设备上通常采用核相器进行核相，而在 110kV 及以上电压等级的设备或回路上一般仍采用在电压互感器的二次侧核相的方法。同时应当指出，实际应用中，应用最广泛的是 10kV、20kV 和 35kV 电压等级的核相器。

6.6.1 外观检查

依据 DL/T 1476—2015 的规定，应定期对核相器进行预防性试验。试验前，应对核相器进行外观检查。检查内容包括：各部件须无明显损伤，连接可靠；指示器表面光滑、平整，可视程度好，密封完好；绝缘操作杆内外表面应清洁、光滑，无划痕及硬伤；连接线绝缘层不得有破损、老化等明显缺陷，导线无扭结现象。

另外，本书建议在对核相器进行外观检查时，应按照 DL/T 971—2017 的规定进行自检试验，自检周期为 1 年。DL/T 971—2017 规定的自检试验方法及要求如下：

“5.2.9　自检试验

根据使用说明书分 3 次启动自检元件，每次都应出现可视或可听信号。除了使用说明书所提到的线路外，其他所有线路均要确保经过测试。”

6.6.2　预试的项目、周期及技术要求

依照 DL/T 1476—2015 的规定，核相器的预试项目包括以下四项：起动（动作）电压试验、绝缘部分工频耐压试验、连接导线绝缘强度试验以及电阻管泄漏电流试验。

在现行 DL/T 1476—2015 编制时，参考了 DL/T 976—2005 中的规定。但是，DL/T 976—2005 规定的核相器预试项目仅为泄漏电流试验和工频耐压试验，较为简单。因此，编写人员经充分调研、论证并结合实际情况进行了详尽探讨后，最终确定对于核相器应开展起动电压试验、绝缘部分工频耐压试验、连接导线绝缘强度试验和电阻管泄漏电流试验等四项预试项目。这些预试项目对评估核相器的性能具有一定的代表性和科学性。而新修订的 DL/T 976—2017 及 DL/T 971—2017 中，对核相器的预试规定了自检试验、连接引线和地线的绝缘强度试验、操作杆工频耐压及操作杆冲击耐压试验、防止短接试验、明显指示试验、电阻管回路电流试验等，与 DL/T 1476—2015 相比仍存在着一定差异，值得进一步探讨，详见 6.6.4 节。

DL/T 1476—2015 所设置的预试项目中，起动电压试验和电阻管泄漏电流试验在 DL/T 976—2017 及 DL/T 971—2017 预试要求中未被列入。起动电压试验是核相器重要的功能检测项目，

主要用于测试核相器的功能及灵敏度。电阻管泄漏电流试验则是用于测试核相器主要承压元件的参数及性能。本书认为，这两项预试项目的试验结果是反映核相器性能的重要指标，是必须进行的预试项目。另外，DL/T 1476—2015 规定的电阻管泄漏电流试验内容与 DL/T 971—2017 中的回路电流试验内容相同，只是试验项目名称不同。一般来讲，泄漏电流是指绝缘件在电场作用下产生的电流，而电阻管为导电元件，其在试验电压下流过的电流应称为回路电流，因此，DL/T 971—2017 中对测试项目名称的表述更为准确。建议 DL/T 1476—2015 在修订时对此予以考虑并加以更改。为保持与 DL/T 1476—2015 的一致性，本书中仍称之为电阻管泄漏电流试验。

对于 DL/T 976—2017 及 DL/T 971—2017 中要求的自检试验，本书认为也是必要的，且应在外观检查后就应进行该项目试验。

综上所述，本书认为，对核相器必须开展的预试项目、周期及技术要求见表 6－10。

表 6－10　　核相器预试的项目、周期及技术要求

<table>
<tr><th>序号</th><th>试验项目</th><th>周期</th><th colspan="4">技术要求</th></tr>
<tr><td>1</td><td>起动电压试验</td><td>1 年</td><td colspan="4">最低起动电压应达到额定电压的 25%</td></tr>
<tr><td rowspan="3">2</td><td rowspan="3">绝缘部分工频耐压试验</td><td rowspan="3">1 年</td><td>额定电压（kV）</td><td>试验长度（m）</td><td>工频耐压（kV）</td><td>持续时间（min）</td></tr>
<tr><td>10</td><td>0.7</td><td>45</td><td>1</td></tr>
<tr><td>35</td><td>0.9</td><td>95</td><td>1</td></tr>
<tr><td rowspan="3">3</td><td rowspan="3">连接导线绝缘强度试验</td><td rowspan="3">必要时</td><td>额定电压/kV</td><td>工频耐压/kV</td><td colspan="2">持续时间/min</td></tr>
<tr><td>10</td><td>8</td><td colspan="2">5</td></tr>
<tr><td>35</td><td>28</td><td colspan="2">5</td></tr>
<tr><td rowspan="3">4</td><td rowspan="3">电阻管泄漏电流试验</td><td rowspan="3">半年</td><td>额定电压/kV</td><td>工频耐压/kV</td><td>持续时间/min</td><td>泄漏电流/mA</td></tr>
<tr><td>10</td><td>10</td><td>1</td><td>≤2</td></tr>
<tr><td>35</td><td>35</td><td>1</td><td>≤2</td></tr>
</table>

注　对于无线式核相器仅做起动电压和绝缘部分工频耐压试验

6.6.3 预试方法

6.6.3.1 起动电压试验

（1）试验接线布置。DL/T 1476—2015 中规定的核相器起动电压试验是一个重要试验，本书认为在修订时仍应坚持进行该项试验。由于相关标准中均未提供该试验接线图，故本书根据 DL/T 1476—2015 中的详细规定，并结合多数实验室的通常做法设置了现场的试验接线，见图 6－10、图 6－11。

（2）试验步骤。电阻型核相器起动电压试验接线见图 6－10。试验时，先将交流试验电压的电极连接到核相器的 X 接触电极上，同时将核相器的 Y 接触极连接到接地电极上；然后，分别检查高压电极与核相器 X 接触电极连接是否牢固，检查核相器 Y 接触极与接地电极连接是否牢固。只有经检查确认电极接触牢固后，方可将核相器电源打开，按 GB/T 16927.1—2011 的规定逐渐升高试验电压，测量核相器的起动电压。测量过程中，观察核相器仪表，当仪表指示值变化时，说明核相器动作，此时试验电压即为核相器起动电压。可重复测试多次，记录最小起动电压，然后降压，切断高压，用放电棒放电，试验结束。将 X，Y 端接线对调，重复以上试验，取两次试验高值作为测试结果。如最低起动电压达到额定电压的 25%，则认为该核相器试验合格。

无线核相器起动电压试验接线见图 6－10（b）。试验时，先将无线核相器的两个发射器分别连接到试验高压电极，再打开接收主机，当接收主机能接收到两个发射器的信号时，说明核相器已经动作，此时的试验电压即为核相器起动电压，可反复测量几次，并记录最小起动电压。如最低起动电压达到额定电压的 25%，则认为该核相器试验合格。

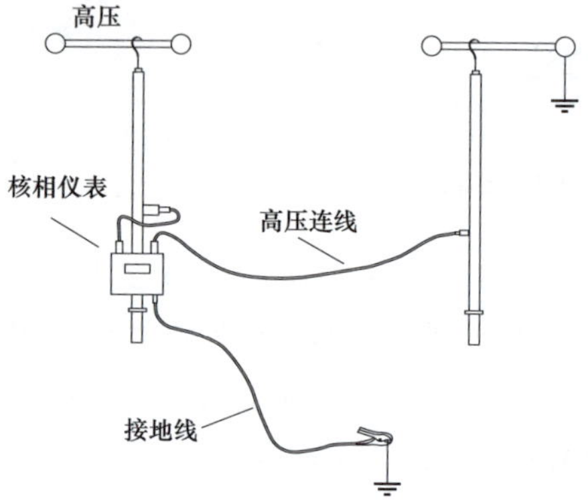

(a)

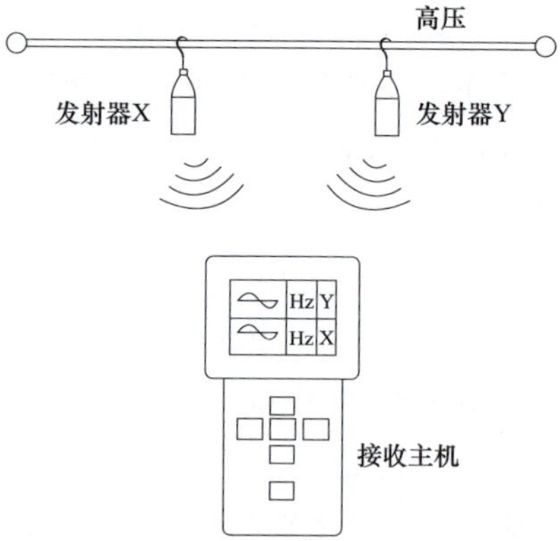

(b)

图 6－10　核相器起动电压试验接线布置

（a）有线核相器起动电压试验；（b）无线核相器起动电压试验

（3）注意事项。

1）在进行核相器起动电压试验时，除必须执行 GB/T 16927.1—2011 和 DL/T 1476—2015 的规定外，还须参阅 DL/T 971—2017 和 DL/T 976—2017 等标准规定的技术要求和方法，进行综合考虑后开展试验工作。核相器起动电压测试实景图如图 6－11 所示。

(a)

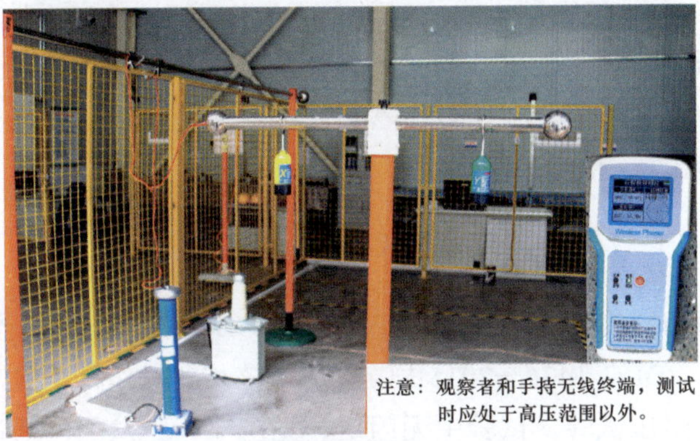

(b)

图 6－11 核相器起动电压测试实景图

（a）电阻型核相器起动电压测试；（b）无线型核相器起动电压测试

2）必须将试验后的核相器置于专用的放置台架上，并在被试核相器的规定部位做好合格标记，同时出具相应的试验报告。建议采用 DL/T 1475—2015 中提供的几种合格标记方法，以便于数据查询以及电力安全工器具的全寿命管理和使用。

3）核相器起动电压的测试原理是：对核相器的一个接触电

极施加工频交流电压，同时另一电极接地，在电压上升的过程中，核相器刚刚出现正确显示时，此时的电压即为起动电压。为了准确测量这一电压，应在出现正确显示后，就将施加的工频交流电压缓慢降低到测得的起动电压以下，然后再缓慢升压，从而得到精确的起动电压测试结果。

4）某些电阻型核相器在未对其施加试验电压时，显示同极性；当一端施加试验电压后，另一端接地，如该核相器不能检测到同极性信号，核相器显示异相，则在显示变化时的电压即为起动电压。为了保证核相器两相均有效，需要将两端对调后重复进行试验，如得到同样的结果，则核相器功能正常。

5）对于电容型无线核相器而言，未施加试验电压时，核相器主机不会显示波形、向量、频率及是否同相等参数。当施加试验电压之后就会显示以上参数，因此无论采用同相或异相均可检测出核相器的起动电压。

6.6.3.2　绝缘部分工频耐压试验

核相器的绝缘操作杆应使用符合 GB 13398—2008 要求的绝缘杆。DL/T 1476—2015 规定，应对核相器操作杆绝缘部分进行工频耐压试验。试验中无闪络、无击穿、无发热，则认为试验结果合格。

DL/T 1476—2015 中的 6.2.4 条规定了 10kV 和 35kV 核相器绝缘部分工频耐压试验的试验方法及参数。由于 DL/T 971—2017 已将核相器电压等级扩展至 500kV，鉴于试验内容的趋同性，本书引用 DL/T 1476—2015 第 6.2.1 条中表 7 对绝缘操作杆的试验参数作为对核相器绝缘部分工频耐压试验的要求，具体参数要求见 6.3 节的表 6–4，具体试验方法与注意事项请参见 6.3 节“绝缘杆”中的相关内容。

对于不同电压等级的绝缘杆，选用的试验装置也不同。各电压等级绝缘杆工频耐压试验所使用试验装置的参数及要求可参见本书4.1.4节“绝缘杆工频耐压试验装置”的相关内容，本节不再赘述。

6.6.3.3 连接导线绝缘强度试验

（1）试验接线布置。核相器连接导线绝缘强度试验接线布置见图6－12。

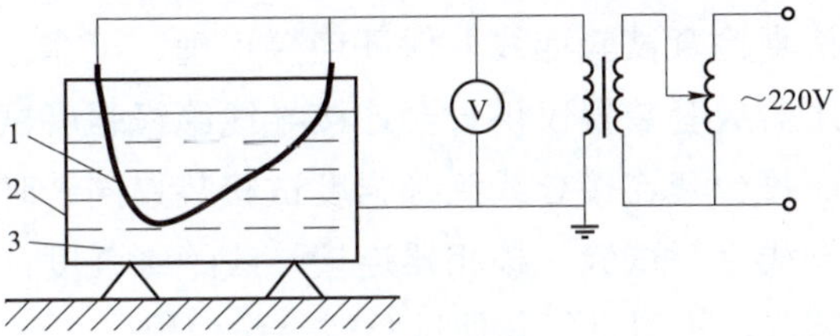

图6－12 核相器连接导线绝缘强度试验接线布置

1—连接导线；2—金属盆；3—水

（2）试验方法。按照图6－12所示进行连接导线绝缘强度试验的接线。接线时，必须用线夹正确夹持，并保证夹持牢固。

连接导线绝缘强度试验用的不锈钢水槽应接地良好。将水槽高压电极与工频升压系统的高压线相连接，将被试连接导线两端导电部分与高压线可靠连接，在试验水槽中注入适量的水，并将被试连接导线的绝缘部分2m长导线浸入试验水槽。在试验人员退出试验区至安全区后，按GB/T 16927.1—2011的规定开始匀速升压，在电压升高到试验电压时，保持1min。测量过程中，如浸入水中的绝缘导线未被击穿，水面以上导线未出现闪络，则该被试连接导线通过试验，可判定为合格可用。

（3）注意事项。

1）进行连接导线绝缘强度试验时，除必须执行 GB/T 16927.1—2011 和 DL/T 1476—2015 规定的试验要求外，还应参阅 DL/T 971—2017 和 DL/T 976—2017 等标准规定的技术要求和方法，在进行综合考虑后开展试验工作。

2）对于通过连接导线绝缘强度试验后的核相器，凡是判定合格的，必须将其置于专用的放置台架上，同时，按照相关规定出具相应的试验报告、合格标签等。

3）利用核相器连接导线绝缘强度试验装置进行试验时，试验前必须认真检查试验连线，保证连接正确、可靠。一台套工频试验变压器成套装置仅供一台连接导线绝缘强度试验装置进行试验，而每台套连接导线绝缘强度试验装置同一时间仅能对一条连接导线进行试验。核相器连接导线绝缘强度试验装置是专用试验装置，不得进行其他试验或另作他用。

6.6.3.4 电阻管泄漏电流试验

便携式核相器分为电阻型和电容型两大类，而电阻型核相器又分为带接地线和不带接地线两种，DL/T 1476—2015 仅要求对带接地线的电阻型核相器进行电阻管泄漏电流试验。理论上，在对这两种电阻型核相器进行预试时，都应进行电阻管泄漏电流试验。DL/T 1476—2015 中将该项试验称为泄漏电流试验，对应于 DL/T 971—2017 中 5.3.12 节的回路电流试验。DL/T 971—2017 中的“5.3.13 带地线核相仪”和“5.3.14 无接地线核相仪”对于该项试验进行了详细描述。

“5.3.12　回路电流试验

5.3.13　带地线核相仪

仅对电阻型核相仪进行该项试验，核相仪的地线应通过电

流测量设备接地。给两根杆的接触电极施加 1.2U_r 试验电压，测量通过核相仪的电流。如果最大线路电流低于 3.5mA，则认为试验通过。

5.3.14　无地线核相仪

仅对电阻型核相仪进行该项试验，在两个接触电极之间施加 1.2U_r 试验电压，测量通过核相仪的电流。如果最大电流低于 3.5mA，则认为试验通过。”

与 DL/T 971—2017 的要求相比，DL/T 1476—2015 存在明显差异：前者要求对带接地线的和无接地线的电阻型核相器均进行电阻管泄漏电流试验，试验电压为 1.2U_r，泄漏电流≤3.5mA；而后者仅要求对带接地线的核相器进行电阻管泄漏电流试验，试验电压即为额定电压，泄漏电流≤2mA。由于 DL/T 1476—2015 为现行预试标准，故本书认为应按照现行标准执行，该差异性留待 DL/T 1476—2015 修订时提出并讨论。

另外，需要指出的是，DL/T 1476—2015 中要求的核相器电阻管泄漏电流对应于 DL/T 971—2017 的电阻管回路电流试验，而 DL/T 971—2017 中“5.3.7 泄漏电流试验”是对整体式核相器绝缘部分进行泄漏电流试验，关于此试验项目将在 6.6.4 节进行探讨。

（1）试验接线布置。电阻管泄漏电流试验是对电阻管施加额定电压，并测量流过电阻管的电流。具体接线方式见图 6－13。

核相器电阻管泄漏电流试验是利用核相器绝缘试验支架完成的。在进行该试验时，首先将核相器牢靠地固定在试验支架上，然后通过夹持夹将核相器试验电极与试验工频电压相连接。通常，试验工频电压由相应容量等级的工频试验变压器成套装置通过高压母线施加。核相器连接导线端口与交流电压接地极相连接。

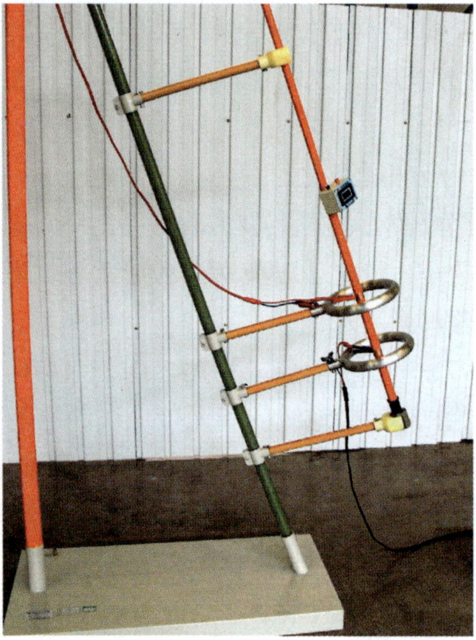

图 6－13　核相仪电阻管泄漏电流测试

（2）试验方法。将核相器牢靠固定在核相器绝缘试验支架上并经检查确认接线无误后，方可按照 GB/T 16927.1—2011 的规定缓慢匀速地升压至与被试核相器电压等级相一致的预试标准规定值，测得对应的电流值，将此值与标准要求相比对后判定被试核相器是否通过电阻管电流试验。

（3）注意事项。

1）进行电阻管泄漏电流试验时，应严格按照 DL/T 1476—2015 规定的技术要求和技术参数进行试验，还应根据 GB/T 16927.1—2011 的规定缓慢匀速地升压。同时，应参阅 DL/T 971—2017 和 DL/T 976—2017 等规定的技术要求和方法进行试验工作。

2）核相器电阻管泄漏电流试验开始前，必须认真检查被试核相器与试验支架的固定程度，只有确保固定牢靠，方可允许进行试验。

3）核相器电阻管泄漏电流试验后，凡是判定合格的必须将其置于专用放置台架上，同时按照相关规定出具相应的试验报告、合格标签等。对判定不合格的试品则在试验结束后即刻归入不合格区，并按对应流程加以处理。

4）由于 DL/T 1476—2015 明确规定对无接地线核相器无需进行电阻管泄漏电流试验，而 DL/T 971—2017 则规定对无接地线的核相器同样需要进行电阻管泄漏电流试验，在现行 DL/T 1476—2015 有效的情况下，本书认为应遵照 DL/T 1476—2015 执行。建议有条件的实验室或核相器持有单位可根据实际应用情况酌定是否进行无接地线核相器的电阻管泄漏电流试验。

6.6.4 相关标准中规定的其他核相器预试项目的探讨

6.6.4.1 相关标准中规定的核相器预试项目的对比及探讨

修订后的 DL/T 971—2017 与 DL/T 971—2005 相比，不仅仅是将测试范围由 35kV 以下电压等级扩展至 500kV，而且其规定的预试项目也有所变化，与现行 DL/T 1476—2015 的规定也不尽相同。相关标准中规定的核相器预试项目的比较见表 6－11。

表 6－11　相关标准中规定的核相器预试项目的比较

序号	DL/T 971—2005	DL/T 971—2017	DL/T 1476—2015	试验项目比较
1	外观及尺寸检查	外观及尺寸检查	外观检查	要求相同
2	连接引线与地线的绝缘强度试验	连接引线与地线的绝缘强度试验	连接导线绝缘强度试验	要求相同
3	泄漏电流试验（整体式）	未要求	未要求	要求不同

续表

序号	DL/T 971—2005	DL/T 971—2017	DL/T 1476—2015	试验项目比较
4	未要求，仅要求对绝缘材料进行试验*	操作杆工频耐压及操作杆冲击耐压试验	绝缘部分工频耐压试验	DL/T 1476—2015与DL/T 971—2017相比，除测试长度外，其他要求基本一致
5	防止短接试验	防止短接试验	未要求	要求不同
6	明显指示试验	明显指示试验	未要求	要求不同
7	未要求	未要求	起动电压试验	要求不同
8	电阻管回路电流试验	电阻管回路电流试验	电阻管泄漏电流试验	要求相同，名称不同
9	测试元件的检查	自检	未要求	要求不同

* DL/T 971—2005 中 5.3.1 节规定，应对核相器的绝缘部件进行试验，具体方法及要求如下：

“5.3 绝缘试验

5.3.1 绝缘材料

对长度为 60～200mm 的绝缘部件要对全长做试验。对更长的绝缘部件，至少要对其中 200mm 做试验。检测件的末端不能封闭密封。每个试验件要沿轴长剥离厚度约为 0.5mm、宽度约为 10mm 的电极带，放置在电阻率为 100Ω•m、温度为（40±2）℃的水中 96h。在试验品两端的表面缠上一个宽度为 20mm 的电极带。在温度为（23±3）℃的房间内烘干（15±1）min 后，施加 1kV/cm 的试验电压 5min。在最后 4min 内，电流不能大于 50μA。试验品移开后，通过试验装置的电流不应超过 10μA。”

由表 6－11 可以看出，DL/T 971 从 2005 版升级至 2017 版，其设置的预试项目共 6 项，其中最主要的变化为：“泄漏电流试验（整体式）”由预试项目变更为型式试验项目，而“绝缘材料试验”由型式试验项目变更为预试项目，名称也变更为“操作杆工频耐压及操作冲击耐压试验”。对于测试项目的变化可以作如下解释：随着核相器电压范围的提高，在应用核相器时不得不大量采用绝缘操作杆进行操作，整体式核相器的占比随之减少，故统一按照绝缘操作杆进行检测有利于测试的标准化和简便化。由于部分核相器的应用涉及330kV及500kV的绝缘操作杆，因此DL/T 971—2017除设置工频耐压试验外还增加了操作杆冲击耐压试验。鉴于DL/T 1476—2015为现行预试执行标准，在其未修订前，本书认为仍以现行预试标准要求为准。建议有条件的实验室或核相器拥有单位可以增加操作杆冲击耐压试验，以确保核相器的安全可靠性，试验方法参见DL/T 971—2017相关规定。

DL/T 1476—2015设置的预试项目较之于DL/T 971—2005差异较大，仅两项要求（外观检查和连接导线绝缘强度试验）相一致，其他的变化为：省略了自检试验；增加了起动电压试验、绝缘部分工频耐压试验以及核相器电阻管泄漏电流试验。其中，后两项试验项目与DL/T 971—2017一致。DL/T 1476—2015增加设置起动电压试验及核相器电阻管泄漏电流，是从实际应用情况出发，通过起动电压试验来确认核相器测试功能的可靠性；通过电阻管泄漏电流试验来测量核相器主要高压承压元件的参数数据，保证核相器使用时的安全可靠。起动电压试验及电阻管泄漏电流试验所测得的数据是反映核相器质量和性能的重要指标，从定量的角度反映了核相器主要功能的可靠性和安全性，鉴于此，DL/T 1476—2015设置了这两项试验项目。

另外，对于DL/T 971—2005、DL/T 971—2017中要求的“防止短接”“明显指示试验”“测试元件的检查”等试验项目，由于试验相关参数在型式试验时就已被确定，一般来说不会轻易改变，或即使出现问题，在日常工作中也很容易被发现，因此DL/T 1476—2015未做出要求。

关于核相器绝缘部分检测，DL/T 971—2005采用泄漏电流试验（整体式），而DL/T 1476—2015采用了工频耐压试验，未采用泄漏电流试验（整体式）。本书认为：DL/T 1476—2015 对于该试验项目的选择，虽然为基层测试带来了方便，但对于大量使用的整体式核相器的安全性检测来说，实际上是降低了要求。在使用整体式核相器进行操作时，通常都是手持操作且接触高压，因此其安全性至关重要。就像对绝缘靴、绝缘手套进行试验一样，早期进行工频耐压试验时无击穿闪络即可判定为合格，然而，考虑到触电对人体所产生伤害是以通过人身的电流来衡量的，虽然未被击穿，但在接触高压时，泄漏电流通过人体接地，当电流超过人体所能承受的电流时，同样会造成人员触电伤亡，因此，目前在进行绝缘靴、绝缘手套的耐压试验时，只有当泄漏电流小于规定值时，才被认为是安全的，也才能被判定合格。同样道理，对整体式核相器进行泄漏电流试验是对核相器安全性的有效考核。鉴于此，本书建议：应对整体式核相器进行泄漏电流试验；另外，在 DL/T 1476—2015 标准修订时，应将整体式核相器泄漏电流试验增加到预试项目中，以保证核相器使用人员的安全。

6.6.4.2　整体式核相器泄漏电流试验

在 DL/T 971—2017 中，核相器泄漏电流试验被列入型式试验和抽检试验项目，并仅对整体式核相器做出试验规定。标准规定，应根据实际情况，对整体式核相器分别进行干燥（干式）和淋雨（湿式）泄漏电流试验，尤其是对于户外型核相器，必须进行淋雨试验，以充分测试核相器绝缘杆材料在不同环境下的绝缘性能。

（1）试验基本条件。利用 4.1.7.4 节所述的核相器泄漏电流试验装置进行整体式核相器泄漏电流试验。试验前，应预先根据被测整体式核相器的电压等级确定其耐压强度和测试高度。

DL/T 971—2017 规定，试验电压应为额定电压（U_n）的 1.2 倍。对于有额定电压范围的核相器，应按照其最大额定电压值进行试验。比如，35kV 核相器的试验电压应为 42kV。

（2）试验方法。利用核相器泄漏电流试验装置进行整体式核相器泄漏电流试验时，由工频试验变压器成套装置通过高压母线施加工频电压。根据 DL/T 971—2017 要求试验电压为额定电压 1.2 倍的规定，针对不同电压等级的核相器，需考虑和斟酌选用容量适当且有一定冗余的工频试验变压器成套装置，以保证试验的顺利进行。另外，严格执行同一时间内一台套工频试验变压器成套装置仅供一台套整体式核相器泄漏电流试验装置进行一件试品试验的规定。

整体式核相器泄漏电流试验装置与前述核相器回路电流试验（即 DL/T 1476—2015 中的电阻管泄漏电流试验）装置的主要差别在于：前者应带有两个屏蔽环，且具有严格的角度和安装要求，以保证试验时淋雨与核相器的角度；后者无需屏蔽环。

由于试验涉及整体式核相器限位标记和护手之间的部分，因此，试验前需在被试核相器绝缘操作杆限位标记和护手部位上各安装一个有一定宽度的带状电极及与之相应配备的同心圆环（以下称为屏蔽环），该带状电极宽度应符合 DL/T 971—2017 中规定的与被试核相器额定电压相对应的宽度要求。两个带状电极均缠绕在绝缘操作杆上，一个位于核相器的限位标记旁边，靠手柄方向侧，一个位于核相器的护手旁边，靠接触点方向侧。采用屏蔽环对带状电极进行屏蔽，屏蔽环中心平面与限位标记及护手边缘对齐，带状电极与屏蔽环相互绝缘。带状电极宽度为 20mm；同心屏蔽环外径为 200mm，截面直径为 30mm。

1）干式整体式核相器泄漏电流试验。干燥条件下整体式核相器泄漏电流试验接线图见图 6－14。

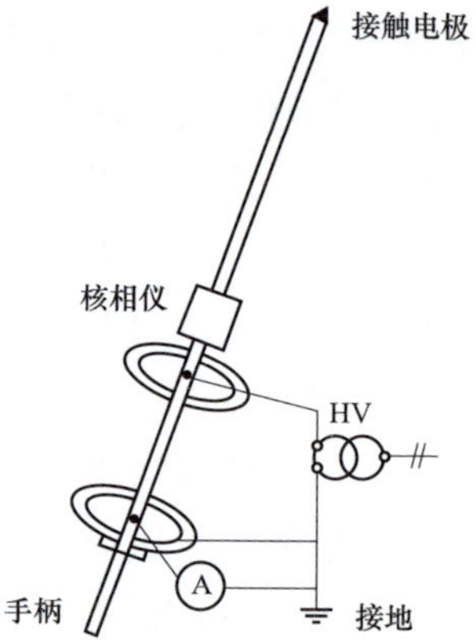

图 6－14　干式整体式核相器泄漏电流试验接线

泄漏电流（有效值）应在干燥条件下测量，施加电压的时间为 1min。

利用接触极托架和手柄托架将被试核相器固定在试验支架上，然后根据前述方法将符合尺寸要求的带状电极安装在护手处和限位标记侧。护手处的带状电极通过电流表并用屏蔽电缆接地。相邻的屏蔽环应直接接地。试验开始前，调整两屏蔽环，保证两屏蔽环与被试核相器绝缘杆同心，再调整两屏蔽环中心平面，分别使之均与所对应的护手处带状电极或限位标记侧带状电极处于同一平面。将试验电压一同施加在限位标记侧和屏蔽环上。

经检查确认核相器安装无误、各种连接导线连接正确、带状电极及同心屏蔽环使用正确、试验升压成套装置选用及连线正确、试验现场人员均已退至试验安全区域、试验防范规范有效后，方才允许开始试验。

试验时，按 GB/T 16927.1—2011 的要求缓慢匀速升压，当电压升至被试核相器额定电压的 1.2 倍时，持续 1min，测量泄漏电流。如果在干燥条件下，测得的被试整体式核相器泄漏电流不大于 0.5mA，则判定该被试核相器通过了干式整体式核相器泄漏电流试验。

2）湿式整体式核相器泄漏电流试验。对于户外型核相器，必须进行湿式整体式核相器泄漏电流试验，即淋雨试验。根据 DL/T 971—2017 的规定，在进行淋雨条件下的整体式核相器泄漏电流试验时，应模拟雨水与垂直面呈 45°角，被试验段尽可能均匀淋雨；并且，应进行向下和向上两种位置的试验。湿式整体式核相器泄漏电流试验布置见图 6–15。

如图 6–15（a）图所示，将核相器放置在接地面上，保证核相器与垂直面呈 20°±5°角。利用接触极托架和手柄托架将被试核相器固定在整体式核相器泄漏电流试验支架上。然后，分别在护手处和限位标记侧安装对应的屏蔽环并进行调整，保证两屏蔽环与被试核相器绝缘杆同心。接着，再调整两屏蔽环中心平面，使之均与所对应的护手处带状电极或限位标记侧带状电极处于同一平面，保证接触电极向下（即雨水与核相器的夹角约为 65°）。限位标记侧的带状电极应通过电流表接地，限位标记附近的接触电极和同心屏蔽环应接地（即附近的同心屏蔽环接地）。将试验电压施加在手柄附近的带状电极和同心屏蔽环上，并保证两带状电极与屏蔽环均处于相互绝缘状态。

具体试验步骤如下：首先，对固定在试验支架上的被试核相器淋雨 15min；然后，保持淋雨状态并测量电流，测量时间为 1min，记录测量时间内的最大泄漏电流值；试验完成后，降压断电。

应注意的是，测量过程中，为避免由于水滴和水流引起的电流尖峰，电流值的平均显示时间至少为 1s，并应配备适用的 RC 滤波器，以去除 240Hz 以上的频率。

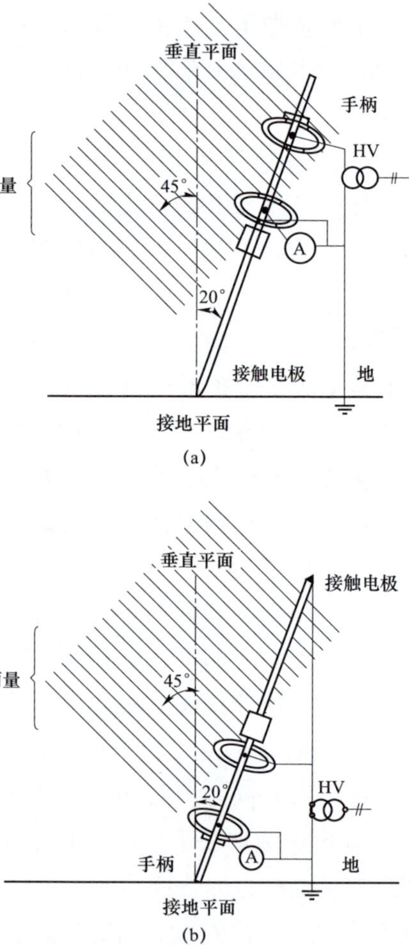

图 6－15　湿式整体式核相器泄漏电流试验布置

（a）向下位置；（b）向上位置

如图 6－15（b）所示，将核相器旋转 180°，使其接触电极朝上。将手柄附近的带状电极通过电流表接地，并使周围的同心屏蔽环接地。将试验电压施加在限位标记附近的接触电极、带状电极和同心屏蔽环上。再淋雨 15min，然后保持淋雨状态并测量泄漏电流，测量时间为 1min，记录测量时间内的最大泄漏电流值。

如果上述两种位置下测得的淋雨条件下整体式核相器的泄漏电流值均不超过 0.5mA，即可判定该核相器通过试验。

（3）注意事项。

1）利用整体式核相器泄漏电流试验装置进行试验时，除应按照 GB/T 16927.1—2011 的通用要求进行试验外，还应参阅 DL/T 971—2017 和 DL/T 976—2017 等规定的技术要求和方法，进行综合考虑后开展试验工作。

2）试验结束后应将核相器放置于专用的放置台架上，同时出具试验报告，并在规定的部位做好合格标记等。

3）进行整体式核相器泄漏电流试验时，应注意：应保证两屏蔽环与被试核相器绝缘杆同心，并调整两屏蔽环中心平面使之均与所对应的护手处带状电极或限位标记侧带状电极处于同一平面；淋雨试验过程中，为了避免水滴和水流引起电流尖峰，电流的平均显示时间至少为 1s，配备 RC 滤波器，以去除 240Hz 以上频率。

（4）关于开展整体式核相器泄漏电流试验的建议。DL/T 1476—2015 仅要求对核相器进行电阻管泄漏电流试验（即 DL/T 971—2017 要求的电阻管回路电流试验），而 DL/T 971—2017 在进行电阻管回路电流试验的基础上还要求进行整体式核相器泄漏电流试验，并把试验细分为干式和湿式试验，且在 DL/T 971—2017 中将整体式核相器泄漏电流试验列为型式要求。虽然 DL/T 971—2017 是一份产品标准，但出于使用安全的考虑，本书认为其要求进行整体式核相器泄漏电流试验的规定是符合编写标准从严要求的。实际上，整体式核相器泄漏电流试验中的干式试验还是比较容易完成的，只需配备对应电压等级的标准屏蔽环用于与核相器工频耐压试验支架组合进行试验即可。至于湿式试验，则难度相对较大，而且试验环境条件较为复杂和苛刻，从严格要求的角度出发，本书认为DL/T 976—2017对此提出要求是有必要的，但从试验的客观实际来说，的确不是容易执行的。为此，本书建议省级电科院以上级别的实验室应进行整体式核相器泄漏电流湿式试验，地级单位则可根据各自实际情况决定是否开展此项试验工作。本书认为，在有条件的情况下还是应进行该项试验，或以编制试验制度的形式按一定比例和周期送省级电科院进行该项试验，以确保在用核相器的安全可靠性。

6.7 绝缘罩

绝缘罩

绝缘罩，也被称为遮蔽罩，是用于遮蔽带电导体或不带电导体部件，以避免作业人员作业时可能与带电体发生直接接触而引发事故的罩型保护装置。

绝缘罩由绝缘材料制成，仅起遮蔽带电导体或不带电导体部件的作用。

绝缘罩仅限于35kV及以下电压等级配电设备作业时使用，不起主绝缘作用。由于其安全距离小，加装绝缘罩可提高放电电压值（提高额度有限），作业时能起到重要的安全防护作用。

绝缘罩目前适用的产品标准是GB/T 12168—2006《带电作业用 遮蔽罩》和DL/T 880—2004《带电作业用导线软质遮蔽罩》。

GB/T 12168—2006中，依照电压等级的不同将绝缘罩分为5个等级，详见表6－12。

表 6-12　　适用于不同电压等级的遮蔽罩

级别	交流电压（kV）
0	0.4
1	3
2	10（6）
3	20
4	35

6.7.1 外观检查

根据 DL/T 1476—2015 的规定，应对绝缘罩定期进行预防性试验。

试验前，应对绝缘罩进行外观检查。绝缘罩内外表面均不得存在破坏其均匀性、损坏表面光滑轮廓的缺陷，如小孔、皲裂、局部隆起、切口、夹杂导电异物、折缝、空隙、凹凸波纹等。提环、孔眼、挂钩等用于安装的配件应无破损，闭锁部件应开闭灵活、闭锁可靠。

6.7.2 预试的项目、周期及技术要求

DL/T 1476—2015 中，仅对适用于 10kV、20kV、35kV 电压等级的绝缘罩规定了预试的项目、周期及技术要求；而参照 GB/T 12168—2006 中根据电压等级的不同对于绝缘罩的分级，本书认为，也应对适用于 0.4kV 和 3kV 电压等级的绝缘罩进行定期预试，以保证电网运行安全。绝缘罩预试的项目、周期及技术要求见表 6-13。

表 6-13 绝缘罩预试的项目、周期及技术要求

项目	周期	技术要求		
工频耐压试验	1 年	额定电压（kV）	工频耐压（kV）	持续时间/min
		0.4	5	1
		3	10	1
		10	30	1
		20	50	1
		35	80	1

6.7.3 预试方法

通常，绝缘罩预试是在绝缘耐压试验平台上进行的。一般来说，绝缘耐压试验平台是由绝缘材料加工而成的一个桌状平台，近年来市售有采用优质不锈钢为基材加工制成的试验平台，其详细介绍参见“4.1.5 绝缘耐压试验平台”。

绝缘耐压试验平台可用于多种电力安全工器具（包括绝缘罩、绝缘垫、绝缘毯、绝缘隔板、绝缘夹钳等）的试验。根据各试验项目的不同要求，通过在绝缘耐压试验平台上加铺全尺寸具有足够厚度和绝缘强度的绝缘板来将被试工器具两极分离而不致直接导通，从而完成对应的试验工作。

目前，对绝缘罩进行预试时主要参照的是产品标准 GB/T 12168—2006 和 DL/T 880—2004，以及预试标准 DL/T 1476—2015 和 DL/T 976—2017 等相关标准。由于 DL/T 1476—2015 仅提出了预试要求和基本的试验方法，而 DL/T 976—2017 进行了比较详尽的阐述，因此，在对绝缘罩进行预试时应综合考虑 DL/T 1476—2015 和 DL/T 976—2017 的相关规定。

（1）试验布置和接线。利用绝缘耐压试验平台对绝缘罩进行预试时，该试验平台仅起到支撑放置作用。如果试验时所采

用的绝缘耐压试验平台是由不锈钢基材加工而成的，则必须在平台上加铺全尺寸、能满足试验要求、具有足够厚度和绝缘强度的绝缘板，以确保试验工作的顺利进行。

由于绝缘罩种类、型号繁多，故仅选取软质或硬质绝缘罩中各一种为例，介绍其在绝缘耐压试验平台进行试验时的典型的试验布置和接线。

绝缘罩的交流耐压及操作冲击耐压试验接线见图6－16，绝缘罩试验电极布置见图6－17。

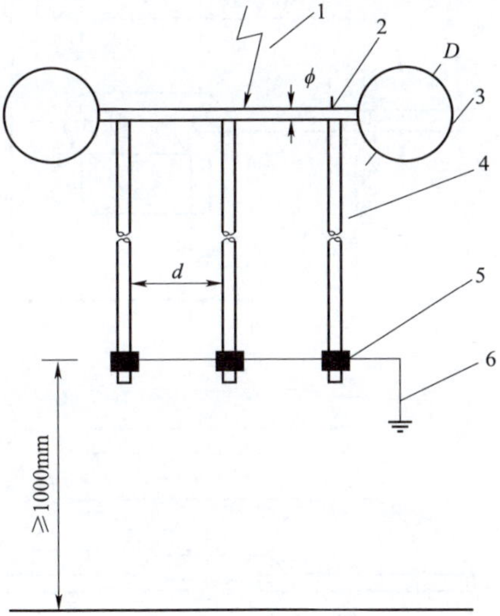

图6－16　交流耐压及操作冲击耐压试验接线

1—高压引线；2—模拟导线，$\phi \geq 30$mm；3—均压球，D=200mm～300mm；4—试品，试品间距$d \geq 500$mm；5—下部试验电极；6—接地引线

注：用直径不小于30mm的单导线作模拟导线，模拟导线两端应设置均压球（或均压环），其直径不小于200mm，球距试品不小于1.5m。

多个试品同时进行实验时，试品间距d应不小于500mm。

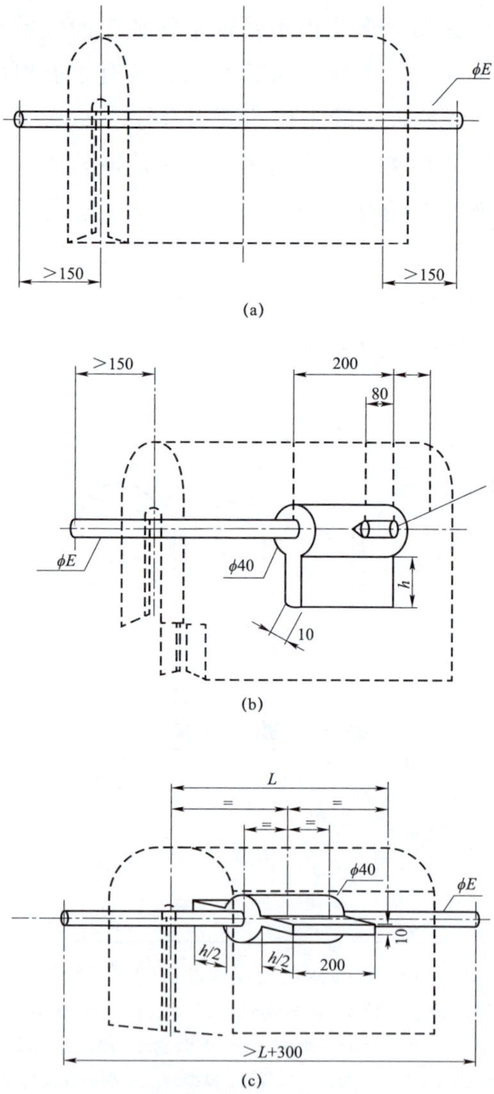

图 6－17　绝缘罩试验电极布置（一）

（a）硬质导线遮蔽罩电极；（b）耐张装置遮蔽罩的电极；（c）棒形绝缘子遮蔽罩的电极

1—螺纹孔，用ϕ15 的绝缘杆来支撑电极。图中：$e=80\times(c+1)$，$h=40\times(c+1)$，

c 为遮蔽罩等级数。

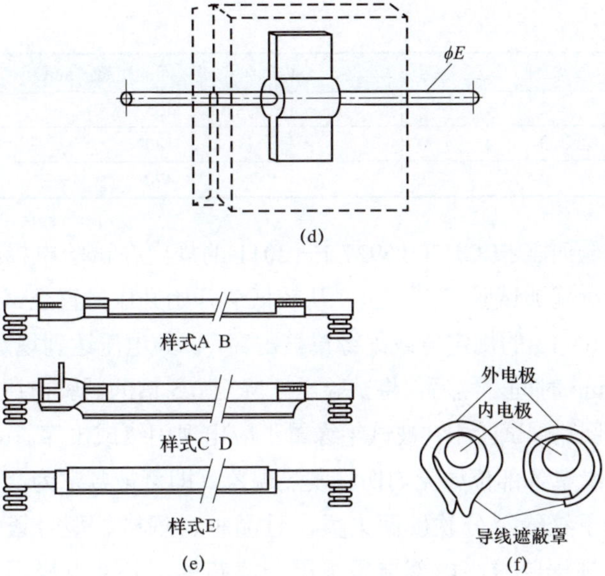

图6-17　绝缘罩试验电极布置（二）

（d）悬垂装置遮蔽罩的电极；（e）软质导线耐压试验内电极；
（f）软质导线耐压试验外电极

（2）试验方法。绝缘罩预试的环境要求如下：温度为（23±5）℃，相对湿度为45%～75%。

对功能、类型、外观不同的绝缘罩进行预试时，应采用不同型式的电极。通常，绝缘罩的内部电极是一根金属芯棒，且被置于绝缘罩内的中心处；绝缘罩的外部电极为接地电极，由导电材料（如金属箔、导电漆等）制成。根据GB/T 12168—2006的规定，绝缘罩试验时内、外电极之间的距离应满足表6-14的要求。

表6-14　　绝缘罩试验时内、外电极之间的距离

级别	内、外电极之间的距离（mm）
0	40
1	90

续表

级别	内、外电极之间的距离（mm）
2	135
3	180
4	470

试验时，按 GB/T 16927.1—2011 的规定在试验电极间对被试绝缘罩施加试验工频电压，从较低值开始升压，直至试验电压达到表 6–13 的规定值或绝缘罩被击穿，试验电压达到规定值后，保持 1min 时间。然后，将试验电压降至 0.5 倍的试验电压时，断开试验回路。试验中，被试绝缘罩不应出现闪络或击穿。试验后，被试绝缘罩各部位如无灼伤、发热现象，即可被判定为合格。

由于绝缘罩分软硬两大类，且品种、规格、型号繁多，按照预试规程要求，内部电极采用金属芯棒，外部电极则由导电材料制成（如金属箔或导电油漆等）。有的实验室在对绝缘罩进行测试时，针对绝缘罩门类、规格、型号繁多等特点，为各类型绝缘罩专门加工、制作和配备了与之相对应的绝缘罩内、外电极模具，方便和保证了测试工作的正常开展，大大提高工作效率，测试工作进一步规范。

6.7.4 注意事项

绝缘罩预试工作涉及使用工频试验变压器成套装置，其试验操作过程及注意事项参见 6.3.4 节，此处不再赘述。

6.8 绝缘隔板

绝缘隔板

绝缘隔板是用于隔离带电部件、限制作业人员活动范围、防止发生误操作事故的一种专用电力安全工器具。

绝缘隔板有多种分类。按电压等级可分为10kV绝缘隔板、35kV绝缘隔板；按用途可分为断路器绝缘隔板、空开绝缘隔板、配电箱绝缘隔板等。

绝缘隔板由绝缘材料与环氧树脂经热压加工制成。不同厚度的绝缘隔板具有不同的绝缘强度和机械强度。一般来说，要求在 10kV 电压等级电气设备上使用的绝缘隔板的厚度不得小于 3mm，在 35kV 电压等级电气设备上使用的绝缘隔板的厚度不得小于 4mm（也有规定不得小于 5mm 的）。

绝缘隔板上设有提环、孔眼、挂钩等部件，以便于现场使用时的装设。在使用时，可利用绝缘杆将绝缘隔板固定、装设在相关电气设备或部件的特定部位上。

在 35kV 及以下电压等级电气设备上进行带电作业时，将绝缘隔板装设在人体与带电体之间，可以隔离带电部件、限制作业人员活动范围，以此来弥补作业空间间隙不足，起到相对隔绝带电体、防止发生误操作事故的作用。但应特别注意的是，绝缘隔板不起主绝缘作用，仅允许偶尔短时“擦过接触”，即限制人体活动范围，同时必须与个人安全防护用具并用。

通常，绝缘隔板仅适用于 35kV 及以下电压等级带电作业的安全防护。但是，目前电力行业中总的趋势是 35kV 电压等级系统逐步退出配网系统，取而代之的是 110kV 电压等级站进入配网系统，即由 110kV 电压等级站直接提供 10kV 等级的配电。因此，也有一些电力企业在 110kV 电压等级设备上使用绝缘隔板，并规定其厚度不得小于 10mm。对于绝缘隔板，由于目前尚未制订专用的标准或规范，现在参照的是 DL/T 803—2015《带电作业用绝缘毯》和 DL/T 853—2015《带电作业用绝缘垫》，故 DL/T 1476—2015 在编制过程中直接依据 GB 26859—2011、GB

26860—2011、DL 408－91、DL 409－91，仅对用于35kV及以下电压等级带电作业用绝缘隔板的预试要求与技术条件做出规定。对于110kV电压等级设备设施作业加装绝缘隔板及其厚度应慎重。需经过严格的数据采集、分析、评判等论证过程，使用更应慎之又慎，以确保一线作业安全。另外，由于绝缘隔板没有专门的产品标准，建议相关单位应引起高度重视，及早列入研究项目，编制标准，规范绝缘隔板的生产、使用、试验、保管及报废等工作。

6.8.1 外观检查

根据DL/T 1476—2015的规定，应对绝缘隔板定期进行预防性试验。试验前，应对绝缘隔板进行外观检查。标识应清晰、完整；表面均匀，不得有小孔、裂缝、局部隆起或波纹、切口、夹杂异物、折缝、空隙等缺陷。

6.8.2 预试的项目、周期及技术要求

依照DL/T 1476—2015的规定并参照DL/T 803—2015和DL/T 853—2015，应对绝缘隔板进行6～35kV的表面工频耐压试验以及10kV、20kV、35kV级的工频耐压试验。结合电力行业生产实际情况，建议增加0.4kV、3kV级两档试验。绝缘隔板预试的项目、周期及技术要求见表6－15。

表6－15 绝缘隔板预试的项目、周期及技术要求

序号	试验项目	周期	技术要求		
			额定电压（kV）	工频耐压（kV）	持续时间（min）
1	表面工频耐压试验	1	0.4，3，6～35	60	1
2	工频耐压试验	1	额定电压（kV）	工频耐压（kV）	持续时间（min）
			0.4	5	1
			3	10	1

续表

序号	试验项目	周期	技术要求		
			额定电压（kV）	工频耐压（kV）	持续时间（min）
2	工频耐压试验	1	10	30	1
			20	50	1
			35	80	1

6.8.3　预试方法

通常，绝缘隔板预试是在绝缘耐压试验平台上进行的。

试验前，先将试验用海绵浸湿（也可用湿布或金属箔），并按照图 6－18 所示放置于绝缘耐压试验平台的正中。然后，将有机玻璃绝缘板放置在平台上，使浸湿的海绵正好位于有机玻璃绝缘板中间的方孔中。之后，将被试绝缘隔板正确放置在有机玻璃绝缘板上，再在相应正中位置压上已连接导电极的金属上盖板，接好试验平台的接地线，用夹持夹将上压板与试验电极连接。试验准备工作完成后，检查被试绝缘隔板放置情况、导电极与接地极接线、电极之间的间隙以及使用的电极是否符合要求，一切无误后，方可开始试验。图 6－19 为绝缘隔板试验实景图。

进行表面工频耐压试验时，采用金属板作为试验电极，要求金属板长 70mm，宽 30mm，两电极之间相距有效距离为 300mm。在两电极间施加 60kV 的工频电压，保持时间 1min。试验过程中，被试绝缘隔板不得出现闪络或击穿。试验后，如被试绝缘隔板各部分均无灼伤、发热现象，即可判定该被试绝缘隔板合格。

进行工频耐压试验时，先将被试绝缘隔板上下铺上湿布或金属箔，除上下四周边缘各预留出 200mm 左右的距离以免沿面

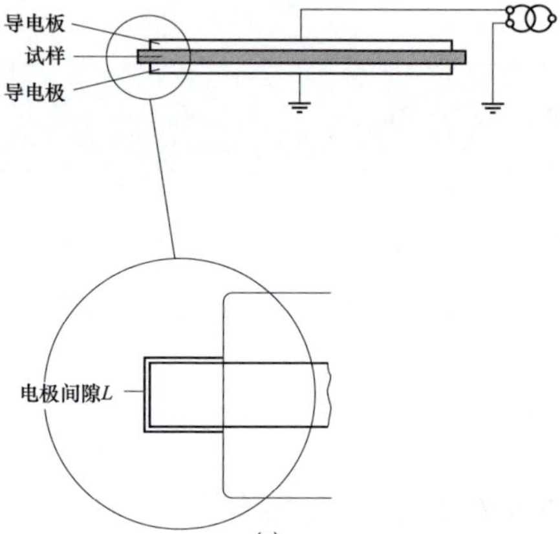

(a)

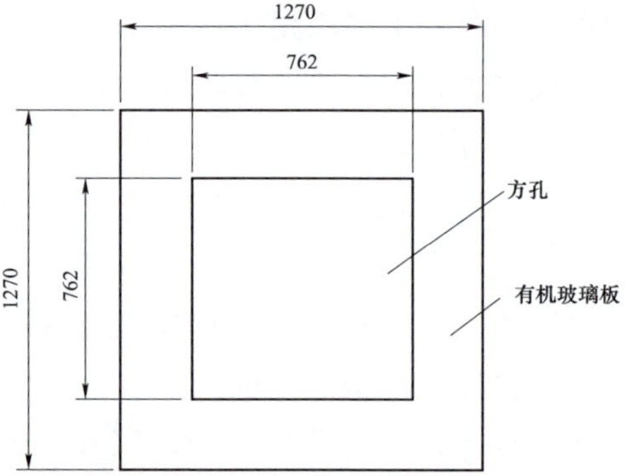

(b)

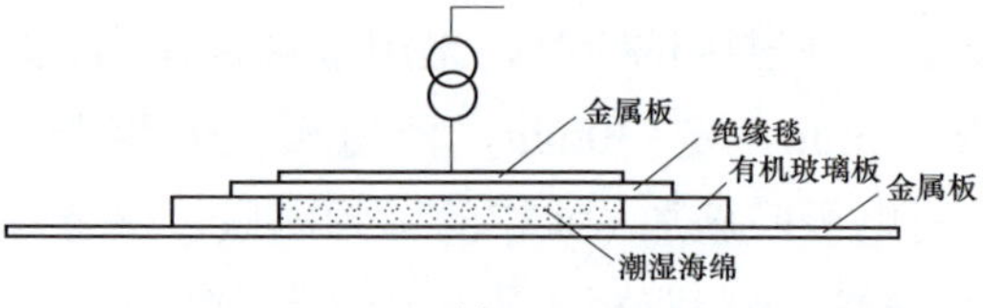

(c)

图 6－18　绝缘隔板交流耐压试验接线

（a）标准电极；（b）替代标准电极俯视图；（c）替代标准电极侧视图

注：1. 电极间隙取值：0 级、1 级为 80mm, 2 级为 150mm，3 级为 200mm，41 级为 300mm。

2. 在试验过程中不发生闪络的前提下，应使用标准电极进行试验；如果使用标准电极进行试验过程中发生闪络，则应使用替代标准电极进行试验。

(a)

(b)

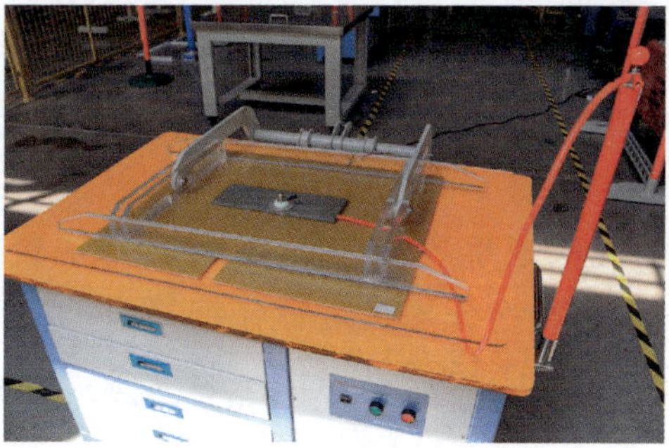

(c)

图 6－19 绝缘隔板试验实景图

（a）绝缘隔板预试实景图隔板（接地极）；（b）绝缘隔板预试实景图隔板（高压极）；（c）绝缘隔板预试实景图隔板（扣试验盖板）

放电外，被试绝缘隔板的其余所有区域均应完全被覆盖，同时在其上下安好金属极板，然后按 GB/T 16927.1—2011 的规定对被试绝缘隔板施加试验工频电压，逐渐升压至规定电压，保持时间为 1min。试验中，被试绝缘隔板不得出现闪络或击穿。试验后，如被试绝缘隔板各部分均无灼伤、发热现象，即可判定该被试绝缘隔板合格。

6.8.4 注意事项

（1）由于绝缘隔板没有专用的产品标准，目前其预试工作主要参照的是 DL/T 976—2017、DL/T 1476—2015 两份预试专用标准，同时还应分别参阅 GB/T 12168—2006、DL/T 803—2015、DL/T 853—2015、DL/T 880—2004 等标准规定的技术要求和试验方法，进行综合考虑后再进行试验。为此，试验前，试验人员应认真学习和掌握相关标准的技术要求和条件，以便较好地完成试验任务。

（2）进行工频耐压试验时，必须突出强调导电极的选用和正确的铺设、连接。

（3）出于外观要求的考虑，有些绝缘隔板生产厂家在加工时采用金属铆钉等方法进行连接固定，再用绝缘漆等一类外层进行涂饰。对于这一类绝缘隔板，如不认真检查即开始试验，很可能由此酿成事故。因此，在对绝缘隔板进行耐压试验之前，必须先对绝缘隔板进行仔细检查，同时必须将金属箔覆盖整个绝缘隔板，以保证试验安全，并确保试验的准确性。

（4）绝缘隔板预试工作涉及使用工频试验变压器成套装置，其试验操作过程及注意事项参见 6.3.4，此处不再赘述。

6.9 绝缘绳

绝缘绳

根据 DL/T 779—2001《带电作业用绝缘绳索类工具》的规定，绝缘绳索是带电作业时使用的消弧绳、绝缘绳套、绝缘保险绳和绝缘测距绳的总称。其中，绝缘保险绳又可分为人身绝缘保险绳和导线绝缘保险绳 2 种。人身绝缘保险绳由绝缘丝线制成，是用于在带电作业中防止作业人员高空坠落的一种保护绳索工具；导线绝缘保险绳由绝缘丝线制成，是用于在带电作业中防止导线脱落的一种保护绳索工具。就电力安全工器具而言，DL 1476—2015 中的绝缘绳主要指的是人身绝缘保险绳，因此，本书中所说的绝缘绳即为人身绝缘保险绳。

绝缘绳是以桑蚕丝为基材，经并丝、加捻制成线，然后进行染色，再进行整理定型后制成的。优质的绝缘绳，其桑蚕丝含量可达 99%，绝缘效果好，抗拉力强，牢固度高，硬度强，安全系数高。

绝缘绳在电力行业的多种作业中都会使用到，是一种常见的电力安全工器具。

目前，绝缘绳可参照的产品标准为 DL/T 779—2001 和 GB/T 13035—2003《带电作业用绝缘绳索》。

6.9.1 外观检查

依据 DL/T 1476—2015 的规定，应定期对绝缘绳进行预防性试验。试验前，必须对绝缘绳进行外观检查。绝缘绳应光滑、干燥，无诸如霉变、断股、磨损、灼伤、缺口等损坏性缺陷，只有符合上述要求，方可进入试验阶段。

6.9.2 预试的项目、周期与技术要求

依照 DL/T 1476—2015 的规定并参照 GB 13035—2003、DL/T 779—2001，绝缘绳预试的项目、周期与技术要求见表 6－16。

表 6－16　　绝缘绳预试的项目、周期与技术要求

项目	周期	技术要求		
工频耐压试验	半年	工频耐压（kV）	试验长度（mm）	持续时间（min）
		100	500	5

6.9.3 预试方法

绝缘绳的预试通常采用专用的绝缘绳试验装置来完成，该装置的详细介绍见“4.1.9 绝缘绳试验装置”。DL 1476—2015 中描述了绝缘绳工频耐压试验方法。

如图 6－20 所示，试验时，先将绝缘绳缠绕在试验装置的凹槽上，再通过金属箔或导线将高压试验电极包绕连接到被试绝缘绳绳体一端的工作部位，并通过接地金属箔或导线包绕将绝缘绳的另一端接地。如采用夹持夹作为试验电极，则其宽度必须符合标准要求的电极宽度。将高压试验电极置于绝缘绳绳体的工作部位时，接地与试验电极必须用 50mm 左右宽的金属箔或导线包绕。该两极间的距离即为有效试验长度，该试验长度应符合表 6－16 所列要求。然后，按 GB/T 16927.1—2011 的规定对被试绝缘绳缓慢匀速施加试验工频电压，直至升高到规定的试验电压值，并保持 5min。试验中，被试绝缘绳不得发生闪络或击穿。试验后，如被试绝缘绳无放电、无灼伤痕迹、无明显发热现象，即可判定该绝缘绳为合格。

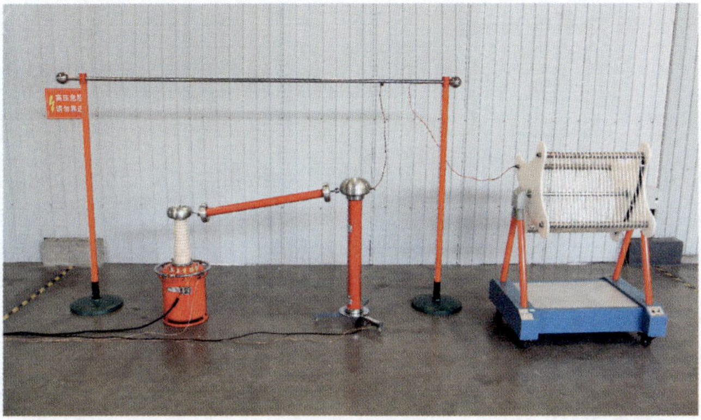

图 6－20 绝缘绳工频耐压试验

6.9.4 注意事项

（1）试验前，应认真检查绝缘绳试验装置的完好性和适用性，如发现绝缘绳试验架凹槽半径过小、装置表面有尖锐物件或突起、生锈等缺陷，则应在更换试验装置后再进行预试。绝缘绳试验装置不得用于其他用途。

（2）进行绝缘绳工频耐压试验时，应根据预试要求选用合适的工频试验变压器成套装置。

（3）在缠绕绝缘绳时应保持匀速，不得过紧或过松，最后应将尾部系紧，避免试验过程中绝缘绳松开。完成缠绕后，应进行检查，如缠绕不符合标准要求，则应重新进行缠绕，符合要求后方可进行试验，以防止因缠绕松紧不均而影响试验参数的准确性。

（4）试验过程中，在施加试验电压前需将电极转筒定位。

（5）对于较长的绝缘绳，在无法将其一次性全部缠绕在凹槽上时，应将其剩余部分放置于试验场地，保证绝缘绳缠绕结束在接地电极上，同时，保证绝缘绳接地电极与试验高压电极之间的距离大于 500mm。

（6）对于试验不合格的被试绝缘绳，应即刻将其报废，且应按照相关规定进行人为破口。鉴于绝缘绳的特殊性，进行破口处理时，不能简单地剪切成几段，应将绝缘绳破口剪切至不能再次投入使用的长度为止。

（7）绝缘绳预试工作涉及使用工频试验变压器成套装置，其试验操作过程及注意事项参见 6.3.4 节，此处不再赘述。

6.10 绝缘夹钳

绝缘夹钳

绝缘夹钳是用于安装或拆卸高压熔断器或执行其他类似工作的专用工具，主要适用于 35kV 及以下电压等级电力设备的作业，在电力行业中的使用较为广泛。

绝缘夹钳由工作夹钳钳口、绝缘部分和手握部分三部分组成，且各部分都由绝缘材料制成。绝缘夹钳与绝缘杆相类似，区别仅在于其工作部分是一个坚固的夹钳，并有一个或两个管型的开口，用来夹持、夹紧熔断器。

对于绝缘夹钳，未制订专用的产品国家标准或行业标准。由于其材质与绝缘杆相同，因此主要参照的标准为 GB 13398—2008。

6.10.1 外观检查

根据 DL/T 1476—2015 的规定，应对绝缘夹钳定期进行预防性试验。试验前，应先对绝缘夹钳进行外观检查。

绝缘夹钳的绝缘部分应无气泡、皱纹、裂纹，绝缘层不得脱落，夹钳无严重的机械或电灼伤痕，玻璃纤维布与树脂间粘合完好，不得有开胶或裂缝。夹钳手握部分护套与绝缘部分应连接紧密，不得有破损等缺陷，不产生相对滑动或转动。绝缘夹钳动作的钳口应张合灵活，无卡阻现象。

6.10.2 预试的项目、周期与技术要求

DL/T 1476—2015 中，根据电力行业的使用情况，对用于10kV 和 35kV 电压等级作业的绝缘夹钳提出了进行工频耐压试验的预试要求。然而，近年来，在高铁和城市轨道交通行业中，也普遍采用绝缘夹钳来进行 20kV 级高压熔断器的装卸作业。结合生产实际，本书建议对用于 20kV 级的绝缘夹钳同样应定期进行预试。绝缘夹钳预试的项目、周期与技术要求见表 6－17。

表 6－17　　绝缘夹钳预试的项目、周期与技术要求

项目	周期	技术要求			
		额定电压（kV）	试验长度（mm）	工频耐压（kV）	持续时间（min）
工频耐压试验	1年	10	700	45	1
		20	800	70	1
		35	900	95	1

6.10.3 预试方法

绝缘夹钳的预试是在绝缘耐压试验平台上进行的。也可利用横位式绝缘杆试验架进行绝缘夹钳预试，本书以采用绝缘耐压试验平台为例阐述。如该试验平台由金属材料制成，则事先应在平台面板上放置全尺寸的具有足够耐压强度和厚度的绝缘平板。如图 6－21 所示，首先，将绝缘夹钳平放于绝缘耐压试验平台面板（绝缘平板）上；然后，将由工频试验变压器成套装置引出的高压试验电极置于绝缘夹钳的工作部位，并通过导

电极（导电宽度不得小于 50mm）的夹持夹将其与绝缘夹钳的工作部位紧紧连接；接着，采用夹持夹（导电宽度同样不得小于 50mm）夹紧接地电极并接地，试验电极与接地电极之间的距离即为试验长度，按照表 6－17 的要求，根据被试绝缘夹钳的电压等级确定两电极之间的距离。DL/T 1476—2015 中要求的是采用金属箔或导线包绕，其实质与使用夹持夹是一样的。

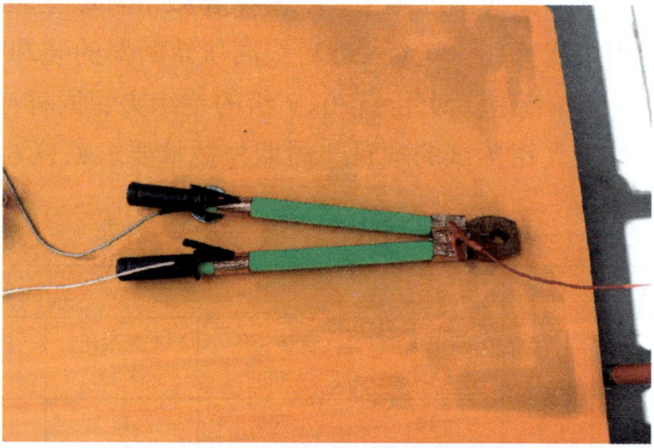

图 6－21　绝缘夹钳工频耐压试验

试验时，按 GB/T 16927.1—2011 的规定对被试绝缘夹钳缓慢、匀速地施加试验工频电压，直至其升到规定值，并保持 1min。试验过程中，被试绝缘夹钳不得发生闪络或击穿。试验后，如被试绝缘夹钳无放电、无灼伤痕迹、无明显发热现象，即可判定该绝缘夹钳通过工频耐压试验。

6.10.4　注意事项

（1）由于绝缘夹钳工频耐压试验是在绝缘耐压试验平台上进行的，而该试验平台是一个多种电力安全工器具共用的试验装置，因此，在进行绝缘夹钳工频耐压试验时，应遵守该装置的使用注意事项，详见“4.1.5 绝缘耐压试验平台”。

（2）绝缘耐压试验平台应可靠接地。

（3）采用金属箔或导线包绕方式进行试验时，试验前应认真检查金属箔或导线包绕的牢固度；采用夹持夹试验时，则应检查夹持是否牢固。

（4）绝缘夹钳预试工作涉及使用工频试验变压器成套装置，其试验操作过程及注意事项参见 6.3.4 节，此处不再赘述。

6.11 绝缘手套

绝缘手套

绝缘手套是采用天然橡胶为基材，用绝缘橡胶经压片、模压、硫化或浸模成型制成的手套，起到手部与带电体在一定范围等级内的绝缘作用，主要用于在高压电气设备上作业时对作业人员手部的专业防护。

电力安全工器具范畴内的绝缘手套专指用于低压作业（试验电压最高为 8kV）、旨在提高作业人员对地绝缘强度的辅助型绝缘手套，仅作为辅助绝缘安全工器具使用。其与带电作业用绝缘手套的本质区别在于：辅助型绝缘手套仅用于 35kV 低压无电或瞬间带电作业（比如，使用绝缘夹钳拉合电气设备保险管，这时有可能低压电气设备带电，带辅助型绝缘手套可提高作业者绝缘程度，防止作业人员触电受伤）；而带电作业用绝缘手套用于有电作业，必须承受电压，这是根本的区别。下文所述绝缘手套均仅指辅助型绝缘手套。

用于制作绝缘手套的绝缘橡胶，其实质上是一种高分子结构组成的化学产品，这类产品的物理化学性能决定其会随着时间的推移而逐渐老化，导致绝缘手套的绝缘性能随着时间的推移而逐步衰减，继而直接影响到绝缘手套的安全可靠性。这就是必须突出强调定期对绝缘手套进行预试的原因，只有严格遵循试验条件并采用合适的试验方法定期进行预试，方能准确判断被试绝缘手套是否处于合格可用状态，才能真正起到保护使用者安全的作用。

辅助型绝缘手套依据的标准为 GB/T 17622—2008《带电作业用绝缘手套》。辅助型绝缘手套采用 GB/T 17622—2008 也是无奈之举，由于电力安全工器具标准体系中目前尚无辅助型绝缘手套产品标准，GB/T 17622—2008 是唯一可用标准，产品认证时只能对 GB/T 17622—2008 中涉及带电认证部分进行规避，以满足非带电作业用的辅助型绝缘手套测试的要求。GB/T 17622—2008 规定了带电作业用绝缘手套的分类、要求（包括手套厚度）、试验、检验规则等。随着科学技术的进步和新材料、新工艺的投入应用，目前国外已生产出超薄型绝缘手套，完全能满足 GB/T 17622—2008 规定的除厚度以外的所有技术性能指标，且使用起来更方便、更舒适，这将是未来发展和应用的一个趋势。但是，在现行标准 GB/T 17622—2008 未修订和升版之前，还应坚持以该标准中的各项规定和技术指标作为判定绝缘手套合格与否的条件。当然，如果近几年内可以有辅助型绝缘手套产品标准编制与颁布实施是最为理想的，届时可完全根据新编并实施的辅助型绝缘手套产品标准进行型式试验和对应进行辅助型绝缘手套的预试。

6.11.1 外观检查

根据 DL/T 1476—2015 和 GB/T 17622—2008 的要求，应定期对绝缘手套进行预防性试验。试验前，应先进行外观检查。手套应质地柔软良好，内外表面均应平滑、完好无损，无划痕、裂缝、折缝或孔洞等缺陷。

进行外观检查时，可以通过封闭手套口、再向手套手指挤压手指内空气的方法检查手套是否有孔洞。如绝缘手套存在孔洞，将直接影响到绝缘手套的绝缘性能和绝缘强度，因此，在外观检查阶段，应仔细检查，以保证试验安全和试验质量。一旦发现一副绝缘手套中有一只有孔洞，则必须直接将此副绝缘手套予以报废，不得使其进入试验阶段。

6.11.2 预试的项目、周期与技术要求

依照 DL/T 1476—2015 的规定并参照 GB/T 17622—2008，绝缘手套的预试工作应进行工频耐压试验，试验周期与技术要求详见表 6－18。

表 6－18　绝缘手套预试的项目、周期与技术要求

项目	周期	技术要求			
工频耐压试验	半年	电压等级	工频耐压/kV	持续时间/min	泄漏电流/mA
		低压	2.5	1	≤2.5
		高压	8	1	≤9

6.11.3 预试方法

绝缘手套的预试一般是利用专用的、二合一的绝缘靴、绝缘手套性能试验装置进行的，其详细介绍参见“4.1.2 绝缘靴、绝缘手套性能试验装置”。因辅助型绝缘手套一般仅限于在 35kV 及以下电压等级中使用，因此选用 5/50 或 10/100 容量的工频试验变压器成套装置即可完成试验。试验装置与工频试验变压器成套装置的接线见图 6－22，图 6－23 为绝缘手套预试实景。

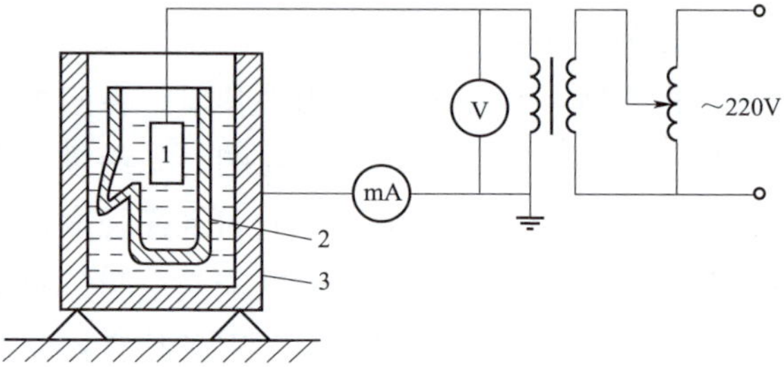

图 6－22　绝缘手套试验装置与工频试验变压器成套装置的接线

1—电极；2—试样；3—盛水金属器皿

图 6－23　绝缘手套预试

试验时，首先向被试手套内注入电阻率≤100Ω·m 的水（标准对试验用水质 pH 值有要求，但由于国家对自来水标准的要求基本符合试验的技术条件，因此，绝大多数地区的自来水可满足或达到试验要求而无需特别强调另行制备试验用水。——编者注）；然后，将其浸入盛有相同水的金属器皿中，使手套内外水平面呈相同高度，并使手套保持有 90mm 露出水面部分，且必须将这部分擦干；接着，将试验装置的测试夹持夹按照标准示意图连线方法正确夹持，并保证夹持牢靠；检查无误后，再按 GB/T 16927.1—2011 的规定对被试绝缘手套缓慢匀速地施加试验工频电压，直至试验电压升至被试绝缘手套对应电压等级的规定值，并保持 1 min 时间，同时测量泄漏电流。

试验中，如被试绝缘手套未发生电气击穿，且泄漏电流小于对应的规定值，则该绝缘手套通过试验，即可判定其为合格。

该试验通过对水槽和绝缘手套内连接的两个电极施加试验电压来测试被试绝缘手套的耐压情况和泄漏电流，以此来判定被试绝缘手套的绝缘性能。理论上，在试验时，虽然对注水槽和被试绝缘手套注水并分别连接到两个电极上，尽管对电极施加标准规定的电压，却由于橡胶绝缘手套固有的绝缘性能可以阻隔电路的导通，使得试验装置不构成回路，以此证明被试绝缘手套的完好性和绝缘性能。一旦被试绝缘手套的绝缘性能达不到标准要求的技术指标时，即被击穿，回路导通，据此就可判定被试绝缘手套不合格，应即刻予以强制报废。

6.11.4 注意事项

（1）在进行绝缘手套试验时，应保证手套内注水的深度，同时应保证距手套端口 90mm 处的干燥，以保证试验数据的正确性以及试验人员与试验设备的安全。

（2）试验完成后，应将合格试品倒插在专用的手套支架上，使手套内的浸水尽快排干，并在干燥后对手套内扑拍薄层滑石粉，以防因后期处理不当引起手套内层粘连，降低手套绝缘强度，甚至直接影响后续的使用与保管。建议有条件的单位设置快干柜或智能工具柜（见图 6－24），利用现代化的设备来保证电力安全工器具的合格可用性。

（3）辅助型绝缘手套预试工作涉及使用工频试验变压器成套装置，其试验操作过程及注意事项参见 6.3.4 节，此处不再赘述。

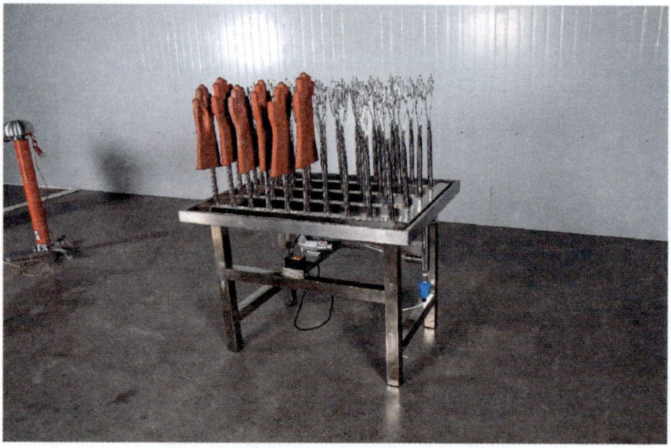

(a)

(b)

图 6-24　手套专用支架、快干柜（或智能工具柜）

（a）手套专用支架；（b）快干柜

6.12 绝缘靴

绝缘靴

本书所称的绝缘靴专指辅助型绝缘靴，主要用于在配电作业时与基本绝缘安全工器具配合使用，提高作业人员在电气设备上作业时的对地绝缘等级，以此保护作业人员的人身与生命安全。辅助型绝缘靴与带电作业用绝缘靴有着本质区别，不得用于带电作业。

辅助型绝缘靴（鞋）分为绝缘靴和绝缘鞋两大类，两者的主要区别如下：

（1）适用电压等级不同，绝缘靴主要用于35kV及以下电压等级的高压电气设备上的作业，绝缘鞋通常用于0.4kV以下电压等级的现场作业。

（2）材质不同，绝缘靴完全由绝缘材料一次性模注成型，相对价值较高，而绝缘鞋仅鞋底及与鞋帮粘合部位采用绝缘材料，多数绝缘鞋鞋帮用料采用帆布或动物皮质等，相对价值较低。

绝缘靴（鞋）适用的产品标准为GB 12011—2009。

应特别指出的是，现行DL/T 1476—2015中提出的电性能要求仅仅是针对绝缘靴的，并未针对绝缘鞋提出相关的要求；而GB 12011—2009针对电绝缘皮鞋、电绝缘布面胶鞋、绝缘靴（电绝缘全橡胶胶鞋和电绝缘全聚合材料鞋）的预防性试验分别提出了不同的电性能要求，规定较为具体、全面。建议后续在DL/T 1476—2015修订时添加绝缘鞋预试的相关内容。

6.12.1 外观检查

根据DL/T 1476—2015和GB 12011—2009的要求，应定期

对绝缘靴进行预防性试验。试验前，应先对绝缘靴进行外观检查。

绝缘靴应外观干净、无油污等污垢；鞋帮完好无损，无划痕、皲裂、折缝、开胶或孔洞等缺陷；鞋底不得出现防滑齿平秃，外底不得磨露出绝缘层等。特别应当注意检查绝缘靴跟部的磨损，如已经超出标准规定的许可范围，则立即予以报废，无需再进行下一步的试验。只有经外观检查满足上述基本条件的绝缘靴方可对其进行预防性试验。

6.12.2 预试的项目、周期与技术要求

依照 DL/T 1476—2015 的规定，应对绝缘靴进行工频耐压试验，试验电压为 15kV。绝缘靴预试的项目、周期与技术要求见表 6-19。

表 6-19　　绝缘靴预试的项目、周期与技术要求

项目	周期	技术要求			
工频耐压试验	半年	种类	工频耐压（kV）	持续时间（min）	泄漏电流（mA）
		胶面绝缘靴	15	1	≤6

6.12.3 预试方法

绝缘靴的预试一般是利用专用的、二合一的绝缘靴、绝缘手套性能试验装置进行的，其详细介绍参见“4.1.2 绝缘靴、绝缘手套性能试验装置”。因辅助型绝缘靴一般仅限于在 35kV 及以下电压等级中使用，因此选用 5/50 或 10/100 容量的工频试验变压器成套装置即可完成试验。绝缘靴试验布置接线见图 6-25，图 6-26 为绝缘靴预试实景。

如图 6-25 所示，试验前，先在绝缘靴内铺满 ϕ4mm 的钢

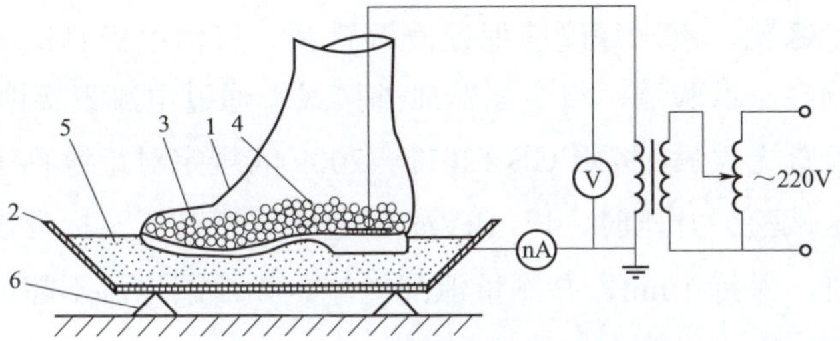

图 6-25 绝缘靴试验布置接线

1—被试靴；2—金属盘；3—金属球；4—金属片；5—海绵和水；6—绝缘支架

图 6-26 绝缘靴预试

珠（有少数实验室使用ϕ3mm 的钢珠，本书建议按标准要求使用ϕ4mm 的钢珠），钢珠质量一般为 2kg，并保证钢珠高度不低于 15mm，以确保试验数据的准确性。

内电极为一端焊接有一片宽度＞4mm 铜片的外接引出线。将内电极焊有铜片的外接引出线的铜片端埋入铺满钢珠的被试绝缘靴中，将内电极另一端连接到试验高电压端。外电极为盛装绝缘靴的金属器皿，金属器皿内有浸水海绵。将插入内电极的被试绝缘靴置于金属器皿内，此处应特别注意的是：对于全橡胶绝缘靴，浸水深度应保证浸湿靴帮。将内电极测试端连接到工频高压试验端，将金属器皿外接线端通过电流表接地。

检查无误后，按照 GB 12011—2009 的规定对绝缘靴进行工频耐压试验。升压时，以 1kV/s 的速率缓慢升压至标准规定的电压值，保持 1min，并测量泄漏电流。如泄漏电流不超过标准规定值，则可以判定绝缘靴为合格。

6.12.4 注意事项

（1）多数实验室采用绝缘靴、绝缘手套二合一整体试验装置对绝缘靴进行预试。对两者进行预试的主要区别在于：绝缘手套试验采用金属水槽注水方式；绝缘靴试验采用在靴内灌注钢珠，并将内电极铜片插入钢珠内，然后将被试绝缘靴置于内盛浸水海绵的金属器皿中。因此，本书建议使用金属器皿与试验装置为整体结构的试验装置为宜，以减少可能的接触电阻，保证试验数据的正确性和准确性。

（2）试验时，应尽可能使被试绝缘靴的底部最大限度地接触到浸水海绵，以确保测试数据的准确性。

（3）试验完成后，应将试验合格的试品倒插在专用的绝缘靴支架上，使其尽快干燥；并在干燥后对绝缘靴内扑拍薄层滑石粉，以防因处理不当而影响其后续的使用与保存。建议有条件的单位设置快干柜或智能工具柜，利用现代化的设备来保证电力安全工器具的合格可用性。

（4）由于绝缘靴预试工作涉及使用工频试验变压器成套装置，其试验操作过程及注意事项参见 6.3.4 节，此处不再赘述。

6.13 绝缘胶垫

绝缘胶垫

绝缘胶垫一般由具有良好绝缘性能的特种天然橡胶制成，用于带电装置（设备）区域。使用时，将其敷设在地面上或接地物体上，用于加强作业人员对地绝缘等级，防止作业人员遭受电击，从而保障作业人员的人身与生命安全。

绝缘胶垫分为辅助型绝缘胶垫和带电作业用绝缘胶垫。辅助型绝缘胶垫又可分为高压电气设备用和低压电气设备用 2 种。本书所述绝缘胶垫均为用于低压电气设备作业时敷设的绝缘胶垫，是一种辅助型绝缘电力安全工器具。

绝缘胶垫适用的产品标准为 DL/T 853—2015 和 DL/T 803—2015。

6.13.1 外观检查

根据 DL/T 1476—2015、DL/T 853—2015 和 DL/T 803—2015 的要求，应定期对绝缘胶垫进行预防性试验。试验前，应先对绝缘胶垫进行外观检查。

绝缘胶垫上下表面应不存在破坏均匀性、损坏表面光滑轮廓的缺陷，诸如小孔、裂缝、局部隆起、切口、夹杂导电异物、折缝、空隙、凹凸波纹及铸造标识等。

6.13.2 预试的项目、周期与技术要求

依据 DL/T 1476—2015 的规定并参照 DL/T 853—2015 和 DL/T 803—2015 的要求，绝缘胶垫的预试项目为工频耐压试验，详见表 6－20。

表 6-20　绝缘胶垫预试的项目、周期与技术要求

项目	周期	技术要求		
工频耐压试验	1 年	电压等级	工频耐压/kV	持续时间/min
		低压	3.5	1
		高压	15	1

6.13.3 预试方法

绝缘胶垫的预试是在绝缘耐压试验平台上进行的。绝缘耐压试验平台是一种多用途、多器具试验共用的装置，绝缘胶垫交流耐压试验接线布置应参照 DL/T 976—2017 中 P36 的“图 B.10 绝缘毯（垫）交流耐压试验接线图”执行，DL/T 976—2017 中 P36 的示意图已在图 6-18 标示，可参阅了解接线示意。下面提供 DL/T 1476—2015 的绝缘胶垫预试接线示意图，详见图 6-27，预试见图 6-28。

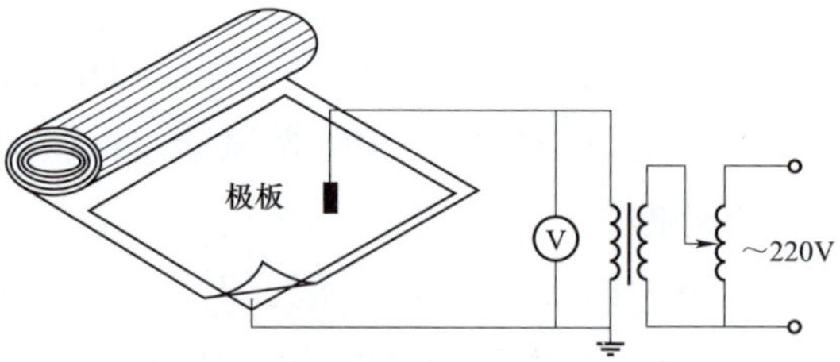

图 6-27　辅助型绝缘胶垫试验接线

试验时，先在绝缘胶垫上下分别铺上湿布或金属箔，湿布或金属箔应比被试绝缘胶垫小，使绝缘胶垫四周均大于湿布或金属箔 200mm。然后，按 GB/T 16927.1—2011 的规定对被试绝缘胶垫缓慢匀速连续升压，直至试验电压升至规定值，并保持 1min 时间，观察被试绝缘胶垫有无击穿现象。如被试绝缘胶垫

图 6－28　辅助型绝缘胶垫预试

未被击穿，则判定该绝缘胶垫通过试验。

如果被试绝缘胶垫尺寸较大，无法一次性完成试验，则需要分段进行试验。应注意的是，采用此种试验方式时，绝缘胶垫每两段的试验边缘必须重合，才能得到比较准确的试验数据。

6.13.4　注意事项

（1）由于绝缘胶垫工频耐压试验是在绝缘耐压试验平台上进行的，而该试验平台是一个多种电力安全工器具共用的试验装置，因此，在进行绝缘胶垫工频耐压试验时，应遵守该装置的使用注意事项，详见“4.1.5　绝缘耐压试验平台”。

（2）绝缘胶垫预试涉及使用工频试验变压器成套装置，其试验操作过程及注意事项参见 6.3.4 节，此处不再赘述。

6.14　安全帽

安全帽是最常用的电力安全工器具，DL/T 1476—2015 明确规定应对安全帽定期开展预试工作。

安全帽

目前安全帽适用的标准主要有 GB 2811—2007 和 GB/T 2812—2006。其中：前者为产品生产标准，于 2007 年颁布实施，是强制性标准；后者为安全帽测试标准，先于产品标准颁布实施，是推荐性标准。

6.14.1 外观检查

DL/T 1476—2015 中对安全帽外观的要求如下：永久标识和产品说明等标识应清晰、完整；安全帽的帽壳、帽衬（帽箍、吸汗带、缓冲垫及衬带）、帽箍扣、下颚带等组件应完好无缺失；帽壳内外表面应平整、光滑，无划痕、裂缝和孔洞，无灼伤、冲击等外力破坏痕迹。另外，还应注意检查帽壳与帽衬之间的连接应牢固，缩紧卡调节灵活、缩紧牢固。

6.14.2 预试的项目、周期与技术要求

依据 DL/T 1476—2015，安全帽的预试仅包括冲击性能试验和耐穿刺性能试验。虽然 GB/T 2812—2006 中还规定了其他试验（如下颚带强度试验、防静电性能试验、电绝缘性能试验、侧向刚性试验、阻燃性能试验等），但由于这些试验与电力行业常规使用安全帽直接关系不大，故 DL/T 1476—2015 未将这些试验列入预试范围内。安全帽预试的项目、周期与技术要求见表 6-21。

表 6-21　安全帽预试的项目、周期与技术要求

项目	周期	技术要求
冲击性能试验	植物枝条编织帽：1 年后；塑料和纸胶帽：2.5 年后；玻璃钢（维纶钢）橡胶帽：3.5 年后	传递到头模上的冲击力小于 4900N，帽壳不得有碎片脱落
耐穿刺性能试验		钢锥不接触头模表面，帽壳不得有碎片脱落

注　使用期从产品制造完成之日起计算，以后每年抽检一次。每批从最严酷使用场合中抽取，每项试验试样不少于 2 顶，有一顶不合格，则该批安全帽报废。

6.14.3　预试方法

安全帽冲击性能试验和耐穿刺性能试验均按 GB/T 2812—2006 进行。

目前最为常用的安全帽预试专用装置为“二合一”的安全帽力学性能试验装置（冲击与耐穿刺试验兼用型），其详细介绍参见“5.1.1　安全帽力学性能试验装置”。

6.14.3.1　冲击性能试验

冲击性能试验装置如图 6－29 所示。首先，根据安全帽的佩戴高度选择合适的头模，按照说明书将安全帽调整到正常使用状态并将安全帽正常佩戴在头模上，应保证帽箍与头模的接触为自然佩戴状态并佩戴稳定。然后，选用标准规定的冲击落锤（质量为 $5^{+0.01}_{-0}$ kg），调整落锤的轴线，使之同传感器的轴线重合，调整落锤高度为 1000mm，允许误差±5%，且记录冲击力值到 1N。实际试验时，常常已事先将落锤的轴线和高度调整好，而不是每次都需要调整。对于冲击力误差，一般认为只要使用按照 GB/T 2812—2006 要求制造出的落锤，在落锤高度符合标准要求的前提下，测力误差即自动保持在许可范围内。

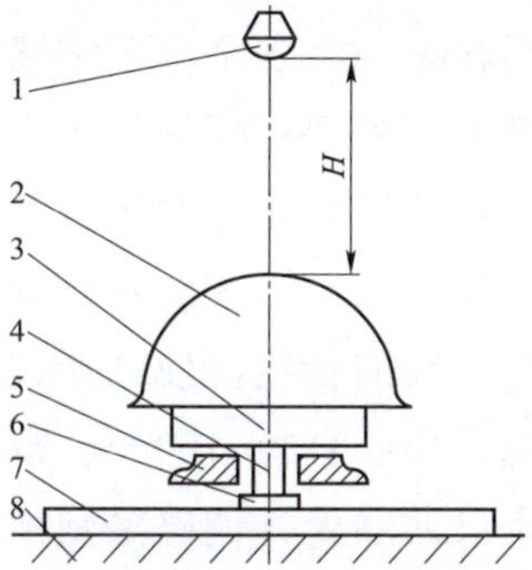

图 6－29　冲击性能试验装置

1—落锤；2—安全帽；3—头模；4—过渡轴；5—支架；6—传感器；7—底座；8—基座

试验中，在将被试安全帽水平置于头模上时，帽带及帽带紧固绳自然下垂，不得垫于帽体内。闭合安全帽力学性能试验装置的试验安全金属围栏，轻轻扳动落锤悬挂锁止柄（如装有自动启动装置，则轻按启动按钮，落锤自动下落），使落锤自由落体冲击至安全帽帽体正中部位。阅读试验装置液晶显示屏上的安全帽被冲击参数，如满足 DL/T 1476—2015 对头模承受冲击力小于 4900N 的规定，且未见帽体有明显损坏或有帽体碎片脱落，则可判定该被试安全帽通过试验。

6.14.3.2 耐穿刺性能试验

耐穿刺性能试验装置如图 6-30 所示。首先，根据安全帽的佩戴高度选择合适的头模，按照说明书将安全帽调整到正常使用状态，将安全帽正常佩戴在头模上，应保证帽箍与头模的接触为自然佩戴状态并佩戴稳定。选用标准规定的 3kg 穿刺锤，调整穿刺锤的轴线，使之穿过安全帽帽顶中心直径 100mm 范围内结构最薄弱处。调整穿刺锤尖至帽顶接触点的高度为 1000mm，允许误差±5%。然后开始测试，观察通电显示装置和安全帽的破坏情况，同时记录穿刺结果。

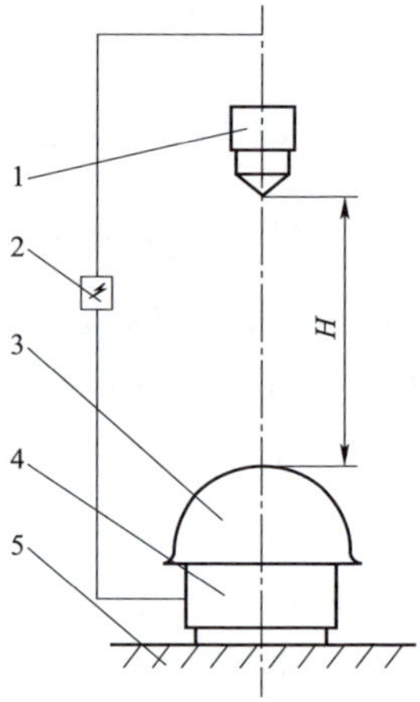

图 6-30 耐穿刺性能试验装置

1—穿刺锤；2—通电显示装置；3—安全帽；4—头模；5—基座

如果经穿刺试验后未见被试安全帽帽体有导通报警，且未发现帽体明显损坏及有碎片脱落，则可判定该顶被试安全帽通过耐穿刺性能试验。

6.14.4 注意事项

安全帽预试是 DL/T 1476—2015 中规定的唯一一个采用抽

样试验的项目，且 DL/T 1476—2015 规定应当从安全帽使用最严酷的场所抽取试样。依照 DL/T 1476—2015 规定的两项试验要求，应从每批次安全帽中为每项试验项目各抽取两顶安全帽进行试验，只有这四顶试样安全帽在分组试验中全部通过试验，方能认为该批次安全帽通过本次试验。只要其中有一顶试验安全帽未能通过试验，则认为该批次所有安全帽不合格，必须立即报废，不得继续使用。

而 GB 2811—2007 根据安全帽的检验项目、批量范围分别对检验样品数量作出了规定，具体抽取试样数量变化较大，合格判定数量也不尽相同。

应该特别指出的是，虽然 DL/T 1476—2015 要求抽检的比例远远低于 GB 2811—2007，但后者采用的是穷举法，即以一定比例从每批次安全帽中抽取试样，试样合格数量达到规定数值以上即判定该批次安全帽合格；而 DL/T 1476—2015 采用的是“典型抽取，突然死亡”的方式，要求从同批次安全帽“最严酷使用场合”中抽取预试样品，虽仅仅抽取 4 顶（分别用于冲击性能试验和耐穿刺性能试验，各 2 顶），但 4 顶被试安全帽中只要有任何一顶未通过任何一项试验，该批次安全帽即被判定为不合格，必须对该批次所有安全帽进行强制报废。由此可见，DL/T 1476—2015 规定的合格判定较 GB 2811—2007 严格得多。

另外，按照 DL/T 1476—2015 的规定进行预试，唯有被试安全帽的抽取方法上较难控制，对于“最严酷场合”，因无量化解释，不易掌握，需要安全帽使用管理部门结合本单位的实际情况（比如从酸碱盐尘相对环境恶劣的使用现场或安全帽使用频度最高的场所抽取样品等），以管理文件的方式确定安全帽预试时被试样品的抽取方法。

综上，本书认为，试验样品的抽取方式应按照 DL/T 1476—2015 的规定处理，而试验方法则应按照 GB/T 2812—2006 的规定执行为宜。特别是为保证测试数据的正确性，应对 GB/T 2812—2006 关于安全帽放置于试验头模时的技术要求引起充分的重视并严格遵守。

必须突出强调的是：即使被试安全帽被判定为合格，也仅允许对该批次安全帽（被试安全帽除外）发放合格使用报告，而被试安全帽一律不得被再次使用，必须对其进行强制报废。

6.15 安全带

安全带

安全带是防止高处作业人员发生坠落或发生坠落后将作业人员安全悬挂的个体防护装备。目前，安全带适用的标准为 GB 6095—2009 和 GB/T 6096—2009。

GB 6095—2009 将安全带分为围杆作业安全带、区域限制安全带和坠落悬挂安全带三大类。根据用途、使用场所和挂点装置的不同，安全带的组成也可分很多种。目前，国际上普遍认同的做法是将安全带与其他安全工器具配套使用，从而构成一个完整的防护系统，确保起到有效安全防护的作用。GB 6095—2009 遵循上述通行做法，在附录 A 中推荐了常用的安全带使用组成，见表 6-22。

表 6-22　安全带组成

分类	部件组成	挂点装置
围杆作业安全带	系带、连接器、调节器（调节扣）、围杆带（围杆绳）	杆（柱）
区域限制安全带	系带、连接器（可选）、安全绳、调节器、连接器	挂点
	系带、连接器（可选）、安全绳、调节器、连接器、滑车	导轨

续表

分类	部件组成	挂点装置
坠落悬挂安全带	系带、连接器（可选）、缓冲器（可选）、安全绳、连接器	挂点
	系带、连接器（可选）、缓冲器（可选）、安全绳、连接器、自锁器	导轨
	系带、连接器（可选）、缓冲器（可选）、速差自控器、连接器	挂点

GB 6095—2009 所描述的安全带均指全身式安全带。在穿戴正确的情况下，全身式安全带的肩带、腿带、胸带、护腰及连接件、保护环、安全绳等部件可对安全带使用人员身体各部位分别进行固定，一旦发生坠落，安全带各部件能有效地分解下坠冲击力，尽最大可能减小对使用人员的伤害，有效保护使用人员的人身安全。

安全带在电力行业的安全生产中起着非常重要的作用。由于坠落悬挂安全带是在人体工程学和安全工程学等多学科理论基础上研发而成的产品，在现有各类产品中，其受力分析、各项技术参数与性能、安全可靠性等多项技术指标均优于其他两类产品，因此电力行业主张尽可能使用坠落悬挂安全带。

6.15.1 外观检查

依据 DL/T 1476—2015 的规定，应定期对安全带进行预防性试验。试验前，应对安全带进行外观检查。

安全带的商标、合格证和检验证等标识应齐全、清晰、完整。安全带各部件应完整无缺失，无伤残破损。

主带应是整根，不得有接头；带体缝纫线无脱线，缝制牢固；带体无毛疵、断口或拉丝；主带宽度不得小于 40mm，辅带宽度不得小于 20mm；与腰接触的一面应光滑、平整、柔软、吸汗、透气，不应有突出物。主带扎紧扣应牢固可靠，不能意外开启。

扣件应完好，收紧、松脱自如；金属部件不得使用焊接件，表面应光滑，无裂纹、锈蚀、变形及损坏。

腰带和护腰带应同时使用，护腰带整体硬挺度不应小于腰带硬挺度，宽度不应小于 80mm，长度不应小于 60mm。

织带折头连接应使用线缝，不得使用铆钉、胶粘、热合等工艺。绳、织带和钢丝绳形成的环眼内应有塑料或金属支架。每个可拍（飘）动的带头应有相应的带箍。缝纫线应采用与织带无化学反应的材料，颜色与织带应有区别。

安全绳绳体应光滑、干燥，无霉变、断股、磨损、灼伤、缺口等缺陷。织带型缓冲器的保护套应完整，无破损、开裂等现象。连接器的活门应有保险功能，应由两个及以上明确的动作方能打开，且闭锁灵活、无卡涩；当处于闭合状态时，应闭合紧密、无缝隙。

对于坠落悬挂安全带，一般要求在试验前还应检查背板，背板应光滑、无龟裂、无毛刺等缺陷。

6.15.2　预试的项目、周期与技术要求

GB/T 6096—2009 在“4　测试方法”的开头即明确要求进行模拟人穿戴测试。

GB/T 6096—2009 规定了主带、安全绳静态负荷测试的测试设备选取、测试设备量程、精度；测试夹具和夹持方法以及测试步骤。全面详尽地规定了对围杆作业安全带、区域限制安全带和坠落悬挂安全带进行型式试验的要求和相关技术参数与条件，涵盖的内容较全面，阐述较为严密和审慎。

GB/T 6096—2009 分别对围杆作业安全带整体静态负荷测

试、区域限制安全带整体静态负荷测试以及坠落悬挂安全带整体静态负荷测试的方法、设备和步骤进行了详细描述。

“4.4 围杆作业安全带整体静态负荷测试

4.4.1 测试示例

围杆作业安全带整体静态负荷测试见图3。

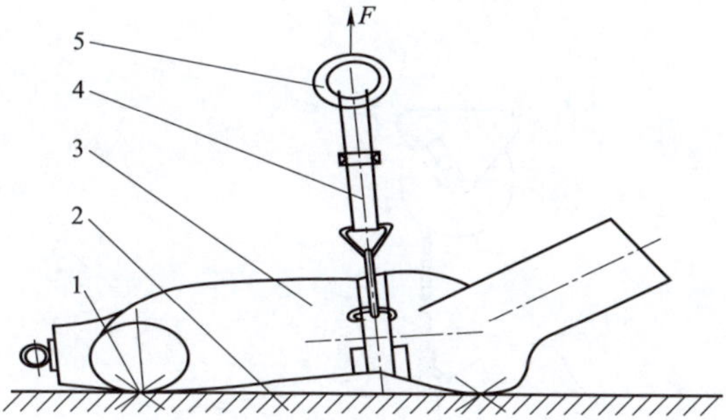

图3 围杆作业安全带整体静态负荷测试示意图

1—连接固定点；2—测试台架；3—模拟人；4—测试样品；5—加载拉环

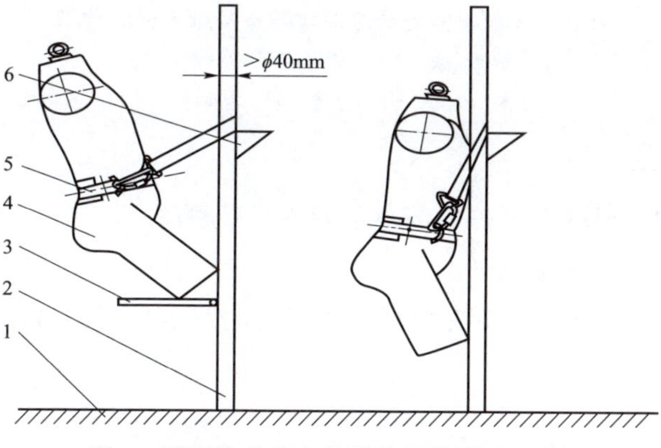

图4 围杆作业安全带整体滑落测试示意图

1—底座；2—立柱；3—翻板；4—模拟人；5—被测样品；6—挂点

……

4.6 区域限制安全带整体静态负荷测试

4.6.1 测试示例

区域限制安全带整体静态负荷示例见图5。

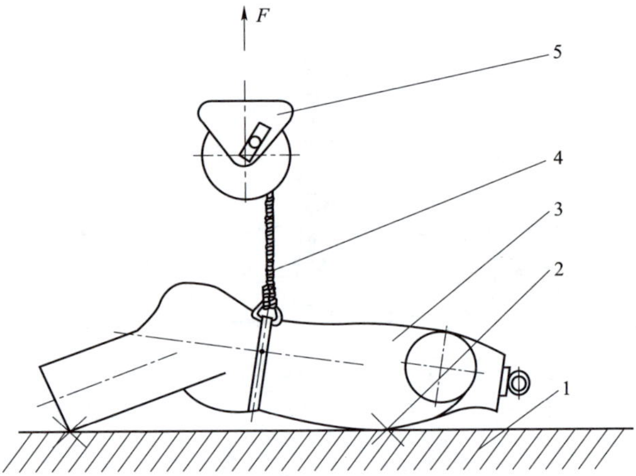

图5 区域限制安全带整体静态负荷测试示意图

1—测试台架；2—连接固定点；3—模拟人；
4—被测样品；5—调节器（带滚筒）

……

4.7 坠落悬挂安全带整体静态负荷测试

4.7.1 测试示例

坠落悬挂安全带的整体静态负荷测试示例见图6、图7、图8。

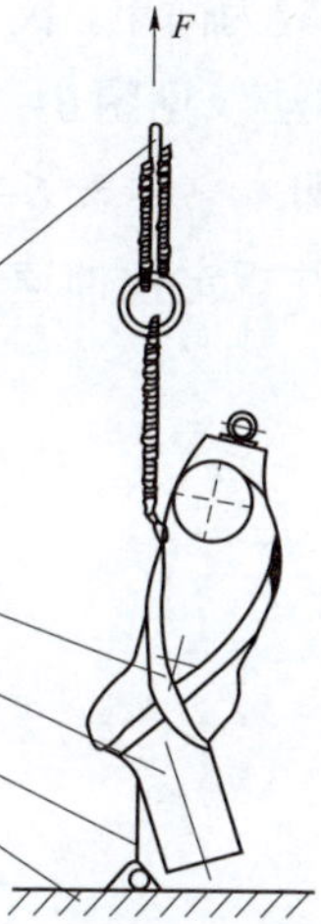

图6 仅含安全绳的坠落悬挂安全带整体静态负荷测试示意图

1—测试台架；2—连接点；3—模拟人；4—被测样品；5—挂点

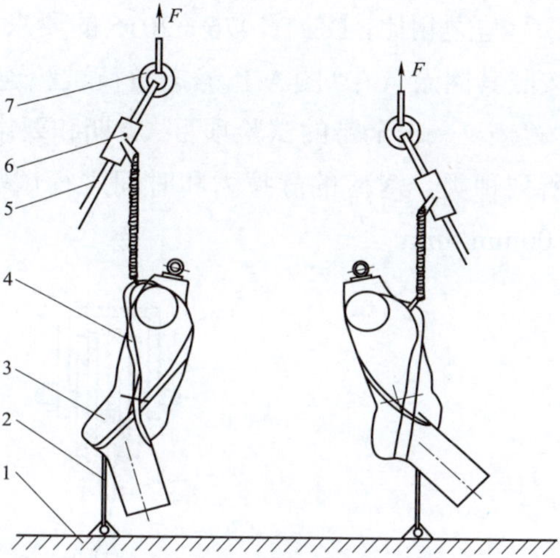

图7 含安全绳、自锁器的坠落悬挂安全带整体静态负荷测试示意图

1—测试台架；2—连接点；3—模拟人；4—被测样品；5—导轨；6—自锁器；7—挂点

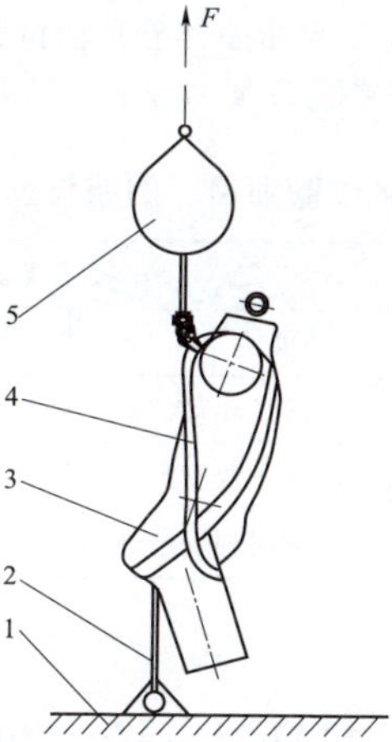

图8 含速差自控器的坠落悬挂安全带整体静态负荷测试示意图

1—测试台架；2—连接点；3—模拟人；4—被测样品；5—自锁器”

与之相比，DL/T 1476—2015 的要求相对较为简单，仅要求按照其附录 A 中“图 A.1 静态负荷试验连接方法”（见图 6–31），按“表 2 安全带的试验项目、周期和要求”（即本书中表 6–23）所列种类、对应的静拉力和时间进行试验，并规定拉伸速度为 100mm/min。

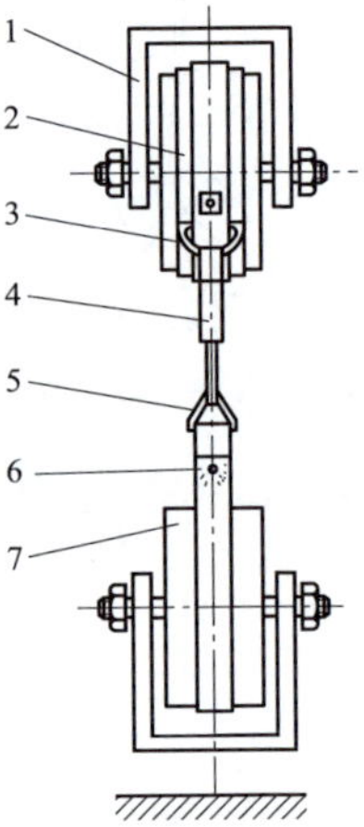

图 6–31 安全带整体静负荷试验示意图

1—夹具；2—安全带；3—半圆环；4—钩；5—三角环；6—带、绳；7—木轮

表 6–23 安全带的试验项目、周期与技术要求

项目	周期	技术要求			
		种类		试验静拉力（N）	载荷时间（min）
静负荷试验	1 年	整带	坠落悬挂安全带	3300	5
			围杆作业安全带	2205	5
			区域限制安全带	1200	5

注 牛皮带的试验周期为半年。

GB/T 6096—2009 和 DL/T 1476—2015 之间就试验要求与方法有着较大的差异，鉴于目前电力行业普遍使用的是全身式

安全带，与以往的腰带式安全带有着根本性不同，为保证安全带预试工作能实现其基本目的，本书建议有条件的单位和实验室应遵照 GB/T 6096—2009 中 4.4、4.6、4.7 条款的规定进行安全带的预试。同时，在 DL/T 1476—2015 修订之前，允许仍然按照现行版本的要求进行安全带的预试。

6.15.3 预试方法

首先，按照 GB/T 6096—2009 的要求进行模拟人穿戴测试：将标准附录 A 规定的模拟人悬吊在安全带综合性能测试机的挂架上，将安全带穿戴在模拟人身上，调节各活动部件，使系带同模拟人躯干贴合，改悬吊点为系带，观察是否有 GB 6095—2009 中 5.1.1.4 规定的不应出现的缺陷（即模拟人的腋下、大腿内侧不应有绳、带以外的物品，不应有任何部件压迫喉部、外生殖器）。如发现以上缺陷，则必须对测试机进行调整，直至符合上述标准要求后，方能进入正式试验。通常，电力安全工器具预试实验室在建成后正式投入试验前应对试验装置（设备）进行校正，另外，还应在实验室年检认证时进行再次校正。由于安全带生产企业良莠不齐，由安全带质量引发的事故在电力行业内屡见不鲜，因此本书建议，进行安全带预试时最好先对被检安全带进行模拟人穿戴测试。

DL/T 1476—2015 规定安全带的预试工作仅需进行整体静负荷试验，且仅给出安全带整体静负荷试验示意图（附录 A 中的图 A.1）。与之相比较，GB 6096—2009 的指导性更强，分别给出了围杆作业安全带整体滑落试验，区域限制安全带整体静态负荷测试，以及仅含安全绳的坠落悬挂安全带整体静态负荷测试、含安全绳、自锁器的坠落悬挂安全带整体静态负荷测试、含速差自控器的坠落悬挂安全带整体静态负荷测试等的示意图。为获得更加准确的试验结果，本书建议，对以上三大类安全带进行预试时，最好分别依照 GB 6096—2009 4.4.1 中图 3 和 4.5.1 中图 4、4.6.1 中图 5、4.7.1 中图 6、图 7、图 8（见 6.15.2 节中引文内容）的图示进行测试。

由于电力行业内大多选用坠落悬挂安全带，故本书以坠落悬挂安全带为例进行阐述。在按照 GB 6096—2009 的 4.7.1 中示例对坠落悬挂安全带进行预试时，有些安全带后背背板在测试过程中会出现弯曲等现象。后背背板通过穿越背板连接于带体前部，是为固定带体而设，同时背板还能起到增加安全带佩戴者舒适度的作用。试验过程中，背板不应出现断裂等永久性破坏，同时，GB 6096—2009 规定由背板固定的任一带体移位不得超过 25mm，如测试后背板出现了影响被试安全带的缺陷或任一带体移位超过该值，则被试安全带被判定为不合格。在对被试安全带进行上述测试并检查确认无误后，再依据标准规定的其他参数与技术评判条件确定被试安全带是否合格。如测试结果符合 DL/T 1476—2015 的技术要求，则可判定该被试安全带合格可用。

6.15.4 注意事项

由于各类安全带的基本用途不同，故不能采取同一种方法对所有的安全带进行预试。采用单一的安全带预试方法进行试验，既是对标准理解的不全面、执行的不完备，有悖于预试的宗旨，更是会导致不正确的预试结论，从而给安全带使用人员的人身安全埋下隐患。

由于模拟人穿戴测试中模拟人的标称重量为 100kg，因此在试验过程中现场试验人员应注意自身的安全防护工作，防止和避免重物击打或磕撞碰伤。建议采用合适的起吊设备将模拟人吊起后再穿戴被试安全带。

试验时，在安全带穿戴完成并经检查符合标准规定的穿戴要求、所有扣紧件锁扣正确后，现场试验人员必须先撤离至安全区域并关闭安全围栏网，之后再开始试验。

6.16 安全绳

安全绳

安全绳适用的产品标准为 GB 24543—2009。

安全绳是指在安全带中连接系带与挂点的绳（带、钢丝绳等），一般与缓冲器配合使用，起扩大或限制佩戴者活动范围、缓解冲击能量的作用，主要用于坠落防护的二次保护。

按作业类别进行分类，安全绳可分为围杆作业用安全绳、区域限制用安全绳、坠落悬挂用安全绳。按材料类别进行分类，安全绳可分为织带式安全绳、纤维绳式安全绳、钢丝绳式安全绳、链式安全绳。

纤维绳式安全绳材料可以有多种，目前使用较普遍的是高强度尼龙绳，也有少数使用柞蚕丝或桑蚕丝捻制而成的高强度安全绳。任何材料制成的安全绳均应是不少于 3 股的多股绳，多股绳绳径不得低于 14mm，且两端应编末端环眼。末端环眼应为插花编织，绳头编花前应经燎烫处理，编花后不得再做燎烫处理。绳扣接头每绳股连续插花不得少于 4 道，长度不低于 10mm，并在编花部分加保护套。

通常，电力行业使用的安全绳为编织绳体、编织带体，统称为织带式安全绳，且以编织绳体居多，基本不用钢丝绳式安全绳和链式安全绳。有些安全绳长度可调整，称为可调安全绳。

安全绳长度一般在 2m 以内，但在电力行业内，作业现场情况各异，尤其是在高压线路作业中经常使用长度超过 2m、但通常不超过3m的安全绳，故在进行预试时，应根据安全绳的具体长度和实验室客观条件采用合适的试验装置。本书建议采用卧式静荷拉力测试机（简称卧式拉力机）进行试验。有关卧式拉力机的描述详见“5.1.3　卧式静荷拉力测试机”。

目前，在进行安全绳试验时，很多实验室采用最大行程为2m的普通立式拉力机，但由于试验时在安全绳两端需连接测试夹具，其实际最大行程一般在1.8m左右，因此，若采用这种立式拉力机对2m及2m以上安全绳进行试验的话，就有可能无法真实反映安全绳的实际性能，继而可能对被试安全绳产生误判。为了试验的准确性，同时兼顾试验的便捷性，本书建议，对长度超过1.8m的安全绳进行试验时，应采用卧式静荷拉力机，而不宜采用立式拉力机。

6.16.1　外观检查

安全绳绳体应光滑、干燥，无霉变、断股、磨损、灼伤、缺口等缺陷；各部件应顺滑，无材料或制造缺陷，无尖角或锋利边缘；护套（如有）应完整、无破损。

安全绳两端末端环眼接插牢固、末端环眼保护套无破损、开裂、毛刺等缺陷，末端环眼内连接器活门应有保险功能，并须经两个及以上明确的连续动作方能打开，闭锁灵活，无卡涩。当处于闭合状态时，应闭合紧密，无缝隙。

6.16.2　预试的项目、周期与技术要求

DL/T 1476—2015 中对于安全绳预试技术要求的规定较为笼统，仅提出“施加2205N静拉力，持续时间5min，卸载后，无变形或破断”；而GB 24543—2009中针对不同作业类别、不同材料类别的安全绳分别规定了测试力值，较为科学、合理。

本书认为，安全绳作业类别和材料特性的不同决定了其受力与工作环境的不同，而针对不同用途的安全绳、依据其各自材料特性分别采用不同的静荷载进行测试是最能体现各类安全绳质量性能的方法，故建议有条件的实验室或单位按照表 6-24 的要求进行安全绳的预试，表中规定的静拉力值参照了安全带的技术性能要求。同时，在 DL/T 1476—2015 修订前仍允许按照现行规定进行预试。

表 6-24　　安全绳预试的项目、周期与技术要求

项目	周期	技术要求		
静负荷试验	1 年	安全绳作业类别	试验静拉力（N）	载荷时间（min）
		坠落悬挂用安全绳	3300	5
		围杆作业用安全绳	2205	5
		区域限制用安全绳	1200	5

6.16.3　预试方法

根据 GB 24543—2009 的规定，安全绳静态力学性能试验是通过测试架完成的。具体描述如下：

“6　测试方法

6.1　测试设备

6.1.1　测试架

含刚性挂点的测试结构，挂点在承受 20kN 力时，最大位移小于 1mm。

注：刚性挂点的高度应能保障动态力学性能测试过程中测试重物不接触地面。

6.1.2　静态力学性能的测试装置

量程：不小于 50kN；精度：1 级。

6.1.3　释放装置

可与测试重物的吊环或连接器相连，确保释放测试重物时没有初速度。

6.1.4　测试重物

质量为（100±1）kg 的钢（铁）圆柱体，公称直径为（200±10）mm，顶端中心有吊环。

6.1.5　冲击力测量仪

测量范围：1.2kN～20kN；精度：±2%；最小采样频率：1kHz。

……

6.3　静态力学性能测试

测试步骤如下：

a）将安全绳安装在静态力学性能测试装置上，按表 1 加载，加载速度：织带式和纤维绳式安全绳不应超过 100mm/min，钢丝绳式和链式安全绳不应超过 30mm/min；

表 1　　测试力值要求

安全绳作业类别	安全绳材料类别	测试力值/kN
坠落悬挂用安全绳	织带式安全绳、纤维绳式安全绳	22
	钢丝绳式安全绳、链式安全绳	15
围杆作业用安全绳 区域限制用安全绳	织带式安全绳、纤维绳式安全绳、 钢丝绳式安全绳、链式安全绳	15

注：因纺织材料比金属更易磨损，所以用于坠落悬挂的织带式、纤维绳式安全绳比钢丝绳式安全绳、链式安全绳需更大的测试力

b）达到负荷后保持 3min，卸载，观察并记录安全绳的破坏情况。”

依据 DL/T 1476—2015 的规定，安全绳的预试方法如下：按照图 6－32 所示，将安全绳安装在静态力学试验装置（卧式静荷拉力测试机）上，施加 2205N 静压力，缓慢加载，加载速度为（100±5）mm/min，持续时间 5min，卸载后，不得出现安全绳绳体撕裂、编织绳散丝、断股，金属件明显变形、扣合处明显松脱等现象。如依据表 6-24 进行预试时，则应针对不同类型的安全绳分别施加相应的测试静荷载。

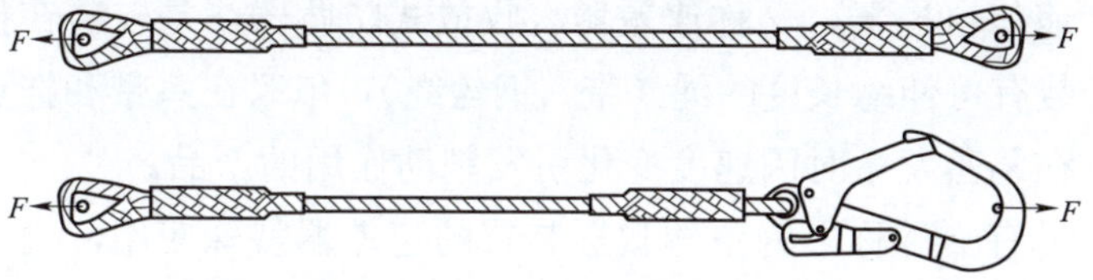

图 6-32　利用卧式拉立机对安全绳静负荷试验示意图

对于安全绳的测试，GB 24543—2009 与 DL/T 1476—2015 有着较大的差异，主要为：

（1）前者对测试装置提出了具体要求，而后者未涉及。

（2）前者针对不同作业类别、不同材料类别的安全绳分别对测试力值、加载速度等作出了明确规定，较为科学、合理，而后者仅统一规定一个定值。

（3）前者规定的测试力值与后者相差较大，虽然 GB 24543—2009 中规定的是型式试验的要求，但两者测试力值的差距过大，值得深入研究。

GB 24543—2009 与 DL/T 1476—2015 就试验要求与方法有着较大差异，为保证安全绳预试工作能满足其基本目的，本书建议有条件的单位和实验室在认为有必要的情况下可遵照 GB 24543—2009 中 6.3 节规定的试验步骤、参数取值、施力要求等进行预试。同时，在 DL/T 1476—2015 修订前仍然允许按照现行版本的规定进行安全绳预试。

6.17　速差自控器

速差自控器

速差自控器适用的标准为 GB 24544—2009。

GB 24544—2009 定义的速差自控器仅适用于高处作业、登高及悬吊作业中体重及负重之和不大于 100kg 的人员使用的速差器。

速差自控器，又称速差器、收放式防坠器，是安装在挂点上，装有可伸缩长度的绳（带、钢丝绳），串联在系带和挂点之间，在坠落发生时因速度变化引发制动作用的产品。

另有一种称之为整体救援装置的速差器特殊应用，是与速差器完全合而为一体的机械装置，用于救援人员适当地升起或降低被速差器悬吊于半空无法活动人员的。

整体救援装置属于应急救援装备，电力行业在应急救援中也会用到该装置，归入应急救援物资，而不属于电力安全工器具，故本书未涉及。

速差器在电力行业高处作业的二次保护中起着重要的作用，尤其是在线路施工、工程施工等作业中得到广泛的应用。

6.17.1 外观检查

在对速差器进行预试前，应先进行外观检查。

速差器外观应平滑，无材料和制造缺陷，无毛刺和锋利边缘；各部件应完整无缺失、无伤残破损。

安全识别保险装置（如有）应未动作。

用手将速差器的安全绳（带）进行快速拉出，应能有效制动并完全回收。

在速差器顶端应有合适的装置与挂点连接。速差器顶端挂点或安全绳末端连接器应有可旋转装置。

电力行业使用的速差器选用的内置安全绳以钢丝绳居多，GB 24544—2009 规定内置钢丝绳直径不得小于 5mm，应认真检查确认。目前市场上部分速差器采用ϕ4mm、甚至ϕ3mm 的钢丝绳，声称为优质航空钢丝绳等，因其不符合标准要求，故不应选用，以规避相关责任。

6.17.2 预试的项目、周期与技术要求

对于速差器的预试，DL/T 1476—2015 仅要求进行空载动作试验，见表 6-25。

表 6-25 速差自控器的预试项目、周期与技术要求

项目	周期	技术要求
空载动作试验	1 年	拉出的钢丝绳（或合成纤维带）卸载或锁止卸载后，即能自动回缩，无卡绳（或卡带）现象

GB 24544—2009 分别针对速差器的静态性能测试和动态性能测试详尽地规定了测试力值、测试设备、测试步骤等。与之相比较，DL/T 1476—2015 的要求过于简单，既不属于静态测试，也不属于动态测试，且没有量化指标，较难掌握。

6.17.3 预试方法

通常，采用防高坠试验台架对速差器进行预试，其详细介绍见“5.1.4 防高坠试验台架”。

DL/T 1476—2015 要求的预试方法如下：将速差器的安全绳（钢丝绳或合成纤维带）在其全行程中抽选 5 处，进行拉出、制动，如拉出的钢丝绳（或合成纤维带）卸载或锁止卸载后，即能自动回缩，无卡绳（或卡带）现象，则可判定该试品合格可用。

为保证试验的有效性，本书建议在根据现行 DL/T 1476—2015 进行速差器预试时，对于标准要求的任抽选 5 处，应理解为是对每个速差器进行试验时，应抽出 5 处不同长度试验段，并以此考验每段处抽出安全绳后能否按标准要求自动锁止与全

部回缩。

6.17.4 速差自控器的静态性能试验和动态性能试验

由于 DL/T 1476—2015 对于速差器的预试较为简单，且对试验方法的规定也不够全面、严谨，而速差器在二次保护中处于保护链的端部，起着举足轻重的作用，因此建议有条件的单位和实验室（或委托第三方实验室）按照 GB 24544—2009 的要求对速差器进行静态性能试验和动态性能试验，以确保在用速差器的安全可靠性。

GB 24544—2009 对于速差器的技术性能要求和测试方法如下：

“5.3 基本技术性能

5.3.1 静态性能

按 6.1 测试，在规定测试力下保持 5min，测试力值见表 1，应无任何元件破裂和断裂，连接器不允许打开，不应出现运动机构卡死等使速差器失效的情况。

表 1 静态性能测试力值表

速差器种类	测试力/kN
织带速差器	15
纤维绳索速差器	15
钢丝绳速差器	12

注：纺织材料需要更高的力，因为它们更容易磨损，比与它们相接触的金属件更容易损坏

注 缓冲器允许展开。

5.3.2 动态性能

5.3.2.1 按 6.2 测试，速差器应能自锁且冲击作用力不大于 6.0kN，坠落距离不大于 2.0m，应无任何元件破裂和断裂，连接

器不允许打开，不应出现运动机构卡死等使速差器失效的情况。

……

6　测试方法

6.1　静态负荷测试

6.1.1　测试设备

测力装置：量程小于 50kN；精度 1 级。

6.1.2　测试步骤

测试步骤如下：

a）将速差器安全绳完全拉出，并用夹子夹住安全绳避免缩回，距速差器 1.0m 处切断安全绳；

b）在速差器顶端与安全绳末端之间施加测试力，并确保自锁功能不启动；

c）按表 1 加载测试力，织带与纤维绳索速差器拉伸速率不超过 150mm/min，钢丝绳速差器拉伸速率不超过 30mm/min；

d）保持 5min，观察是否有元件破损或断裂。

6.1.3　如果速差器超过一个挂点，每个挂点用新的样品按 6.1 测试。”

必须明确的是，由于 GB 24544—2009 规范的是产品型式试验，且为抽样试验，故预试中，凡是按 GB 24544—2009 进行静态和动态性能试验后的速差器试品，不论合格与否，一律不得再次在作业现场中使用，必须在试验完成后立即进行人为破口报废（委托第三方测试的单位应在委托协议中明确注明，并注明报废流程的一系列条件与要求）。如果试品测试合格，仅能代表该批次速差器经测试认为余下的为合格可用产品。

鉴于 GB 24544—2009 对速差器的静、动态试验作出了规定，且速差器又是处于防高坠系统中顶端部位的安全器具，根据建筑业的不完全统计，高坠事故在作业事故中大约占 43.8%，因此，为保证在用速差器的安全可靠，从而确保电力系统中高处作业的安全，本书建议速差器的预试工作应增加速差器的静态和动态性能试验，采用抽样方式进行试验。具体抽样比例可以根据速差器生产企业的信誉情况、结合速差器使用实际情况、同批次数量、日常使用中积累的使用完好率数据等，以单位文件或规章制度的方式加以规范。

6.18 自锁器（含导轨式、绳索式）

自锁器

自锁器是一种带有导向性的防坠装置，通常附着于刚性或柔性导轨上，可随使用者的活动而沿导轨滑动。当使用者发生坠落时，自锁器自动引发制动，以此来保护使用者不会发生坠落事故。应该注意的是，自锁器不一定具有缓冲能力，但应可重复使用。

自锁器通常附着于刚性或柔性导轨上使用，适用的产品标准分别为 GB 24542—2009 和 GB/T 24537—2009。

6.18.1 外观检查

DL/T 1476—2015 要求对自锁器定期进行预试。预试前，应先对被试自锁器进行外观检查。

自锁器各部件应完整无缺失；本体及配件应无目测可见的凹凸痕迹；本体为金属材料时，应无裂纹、变形及锈蚀等缺陷；所有铆接面应平整、无毛刺，金属表面镀层须均匀、光亮，不允许有起皮、变色等缺陷；本体为工程塑料时，表面应无气泡、开裂等缺陷。

自锁器上的导向轮应转动灵活，无卡阻、破损等缺陷。

自锁器自锁功能应完好可靠。自锁器打开点应经至少 2 个连续且明确的动作方能打开。自锁器应有自动锁止功能，而不仅仅依靠惯性锁止。

自锁器与刚性导轨连接时，连接绳长度不应超过 50cm。与织带或纤维绳制成的柔性导轨连接的连接绳长度不应超过 1.0m；与钢丝绳等制成的柔性导轨连接的连接绳长度不应超过 0.5m。

6.18.2 预试项目、周期与技术要求

DL/T 1476—2015 中规定的自锁器预试的项目、周期和技术要求见表 6–26。

表 6–26　自锁器预试的项目、周期与技术要求

项目	周期	技术要求
静负荷试验	1 年	施加 2205N 静拉力，持续时间 5min，卸载后，不得出现自锁器金属件碎裂、连接器开启，自锁器无变形或破断

对比 GB 24542—2009 和 GB/T 24537—2009 后可以看出，无论是用于刚性导轨还是柔性导轨的自锁器，除因导轨材质不同而有些微不同外，对于自锁器的整体静态负荷性能要求和整体静态负荷测试方法都是一致的。GB 24542—2009 和 GB/T 24537—2009 中分别对带刚性和柔性导轨的自锁器的整体静态负荷性能和整体静态负荷测试作了详细规定，见 6.18.3。

将上述两份产品标准与 DL/T 1476—2015 进行对比，可见产品标准与预试规程存在较大差异，既存在方法上的差异，也存在施加荷载上的差异。为保证自锁器预试工作能满足基本目的，本书建议有条件的单位和实验室或认为有必要时应按照 GB 24542—2009 和 GB/T 24537—2009 中的相关规定进行整体静态负荷性能测试，或在对自锁器进行预试时至少应将所施加的静负荷提高至 3300N。同时，在 DL/T 1476—2015 修订前，允许仍然按照现行版本进行自锁器的预试。

6.18.3 预试方法

本书建议在防高坠试验台架（详见 5.1.4 节）上进行自锁器的预试工作，也有部分实验室采用立式拉力机紧固试验导轨的方法进行自锁器试验。不论采用哪种试验方法，在对刚性导轨用自锁器进行试验时，应配装与被试自锁器相配套的导轨，并在导轨末端安装止锁装置，防止自锁器因失效而自动滑出导轨。通常，末端止锁装置应经两个连续动作方能打开锁止，一旦闭合，则非经反向动作无法打开。试验前，正确装入自锁器，带动自锁器在导轨上自由上下滑动，并对末端锁止装置进行自锁器脱落止锁试验。经检查无误后方可开始试验。

6.18.3.1 DL/T 1476—2015的相关规定

依据 DL/T 1476—2015 的规定，自锁器静负荷试验连接形式与安全带整体静负荷试验相同，见图 6－31。

将自锁器安装在相应的静态力学试验导轨（刚性或柔性）或试验台架上，施加 2205 N 静拉力，缓慢加载，加载速度为（100±5）mm/min，持续时间 5min。卸载后，不得出现自锁器金属件碎裂、连接器开启，自锁器应无变形或破断。自锁器应能正常解锁、正常锁止，滑动顺畅。

6.18.3.2 GB 24542—2009和GB/T 24537—2009的相关规定

GB 24542—2009 对带刚性导轨的自锁器的静态负荷性能的测试方法规定如下：

“4.3 整体静态负荷性能

按照 5.1 规定的方法进行测试，不应出现织带撕裂、开线、金属件碎裂、连接器开启、绳断、缓冲器断（允许打开）、导轨、

转向器严重变形等现象，卸载后，自锁器应能正常解锁，顺畅滑动，并能正常锁止。

……

4.5 导轨静态负荷性能

按照5.3规定的方法进行测试，导轨与固定结构之间的连接件不应出现滑移、松脱、金属件撕裂以及导轨严重变形等现象，卸载后，自锁器应能在导轨上正常工作。

……

5.1 整体静态负荷测试

5.1.1 测试设备

量程不小于30kN，精度不低于1级的测力装置。

5.1.2 测试步骤

5.1.2.1 整体静态负荷测试如图1所示。

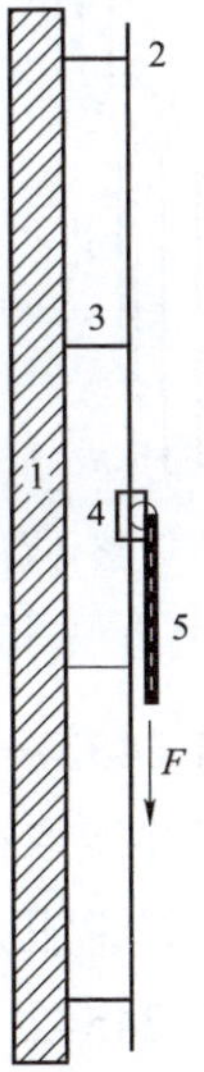

图1 刚性导轨整体静态负荷试验示意图

1—固定结构；2—导轨；3—固定支架；4—自锁器；5—连接绳

5.1.2.2　取足够长度的导轨，按制造商的安装说明固定好，但固定间隔不应小于1.5m，将接好连接绳的自锁器安装在上面。

5.1.2.3　施加一定外力，使自锁器锁止。

5.1.2.4　在连接绳末端沿垂直方向以大于150mm/min的速率施加力至15kN并保持3min。

5.1.3　测试结果

观察系统情况，应符合4.3的要求。”

GB/T 24537—2009中规定的带柔性导轨的自锁器的静态负荷性能测试方法与刚性导轨基本一致，见图6－33。

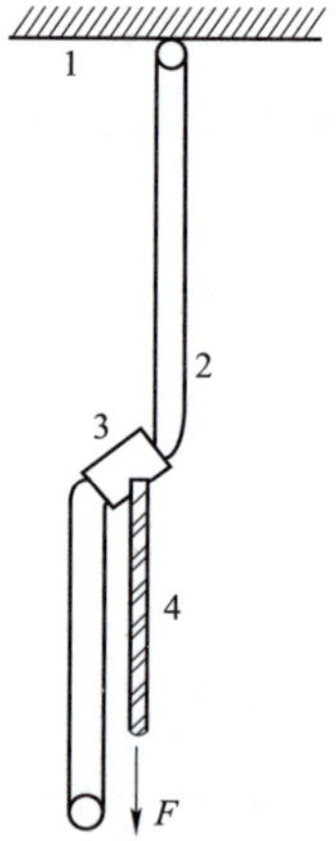

图6－33　柔性导轨的整体静态负荷测试示意图

1—固定结构；2—柔性导轨；3—自锁器；4—连接绳

由上述对比可见，GB/T 24537—2009、GB 24542—2009所提出的方法更贴近实际应用并能取得更准确的技术参数，对于自锁器合格与否的判定也更有说服力，故本书建议，应尽可能使用GB/T 24537—2009、GB 24542—2009要求的方法进行该项试验。同时，在DL/T 1476—2015修订之前，也仍然允许实验室采用该标准要求的测试方法进行预试。

6.18.4 注意事项

应该指出的是，由于刚性导轨和柔性导轨均无相应的产品标准对其进行规范，属于非标设备，没有互换性，因此在测试时选用的刚性导轨必须与被试自锁器相对应，否则不得进行测试，或即使测试，该测试结果也不得用作装置和器具的合格证明。柔性导轨一般采用钢丝绳，且对用于柔性导轨用钢丝绳的线材、加工方法、直径等均有明确规定，而用于柔性导轨的自锁器一般都能符合要求，故通常不作另行规定，除非自锁器允许锁止导轨的直径小于标准规定的柔性导轨直径，方才考虑是否还要进行试验或另行执行其他规定，甚至直接归入拒绝试验范围。

在对自锁器与导轨进行测试之前，应将自锁器正确安装于测试导轨上。安装完毕应进行安全性检查，自锁器应能够锁止并不经拆解无法退出导轨，此时方能开始测试。测试完毕应按照自锁器安装时的反顺序给予拆卸，并注意拆卸安全（特别是对于带刚性导轨的自锁器）。

对带柔性导轨的自锁器进行测试时，由于 GB/T 24537—2009 和 DL/T 1476—2015 均未对测试用钢丝绳绳径作出明确的规定，一般要求试验用钢丝绳的绳径应与被试自锁器相配套，即自锁器应能嵌入试验用钢丝绳，并保证自锁器在锁闭状态下可以沿钢丝绳自由移动，但其框量不宜过大或过小，通常试验用钢丝绳绳径为 10～14mm。

6.19 缓冲器（仅指Ⅱ型缓冲器）

缓冲器

缓冲器是串联在系带和挂点之间，发生坠落时吸收部分冲击能量、降低冲击力的零部件。

缓冲器分为Ⅰ型缓冲器和Ⅱ型缓冲器两大类，在 DL/T 1476—2015 中仅指Ⅱ型缓冲器，因此本书中所述的也仅为Ⅱ型缓冲器。

目前，缓冲器执行的产品标准为 GB/T 24538—2009。

6.19.1 外观检查

缓冲器外观检查的内容包括：各部件应平滑，无材料和制造缺陷，无尖角或锋利边缘；织带型缓冲器的保护套应完整，无破损、开裂等现象；端部环眼内配有的保护套（支架）应完好。

6.19.2 预试的项目、周期与技术要求

DL/T 1476—2015 对缓冲器的预试仅要求进行静负荷试验，试验方法与安全带的预试方法相同。

将 GB/T 24538—2009 与 DL/T 1476—2015 进行对比可见，两者的规定存在较大差异，主要如下：

（1）前者规定在对单一缓冲器、与安全绳为一体的缓冲器、与全身式安全带为一体的缓冲器进行静态负荷测试时缓冲器应展开，是破坏性试验，而后者规定在施加规定拉力时缓冲器不得打开，是静态平衡试验。

（2）GB/T 24538—2009 要求施加的测试力远远大于 DL/T 1476—2015 的规定值。

（3）GB/T 24538—2009 是产品标准，进行的是型式试验，DL/T 1476—2015 是预试标准，进行的是预防性试验。

鉴于产品标准和预试规程之间的差异，为保证缓冲器的安全可靠性，本书建议有条件的单位和实验室可参考 GB/T 24538—2009 的相关规定，在同批次中按比例抽取样品进行静态负荷测

试。凡是被抽检进行静态测试的缓冲器，由于已经打开，因此，不论其合格与否，均不得将其再次投入使用。同时，在 DL/T 1476—2015 修订之前，允许仍然按照现行版本进行缓冲器预试。

另外，鉴于电力行业内缓冲器与安全绳连接使用较多，因此建议对与安全绳为一体的缓冲器进行预试，预试方法与安全绳相同。

综上，本书建议缓冲器预试的项目、周期与技术要求见表 6－27。

表 6－27　缓冲器预试的项目、周期与技术要求

项目	周期	技术要求
静负荷试验	1 年	施加 3300N 静负荷，持续时间 5min，卸载后，无变形或破断

6.19.3 预试方法

6.19.3.1 DL/T 1476—2015的相关规定

DL/T 1476—2015 规定缓冲器预试工作仅做整体静负荷试验，且只需对单一缓冲器进行测试，无需对与安全绳为一体的缓冲器、与全身式安全带为一体的缓冲器进行整体测试。

缓冲器静负荷试验连接形式与安全带整体静负荷试验相同，见图 6－31。

测试方法如下：将缓冲器安装在相应的静态力学试验机（如卧式静荷拉力测试机）上，施加 1200N 静拉力，缓慢加载，加载速度为（100±5）mm/min，持续时间 5min，卸载后，缓冲器不得打开或破断。

6.19.3.2 GB/T 24538—2009的相关规定

GB/T 24538—2009 对缓冲器的静态力学性能和测试方法作出了详细规定，具体如下。

“5.2.1 静态力学性能

5.2.1.1 初始变形

按 6.2 测试，缓冲器变形不应大于 40mm。

5.2.1.2 静态负荷

按 6.3 测试，缓冲器应无破断。

……

6 测试方法

6.1 测试设备

6.1.1 测试绳

……

6.1.1.2 II 缓冲器测试绳：链式安全绳，悬垂状态下两端受力点间长度为（2000±25）mm，链条直径不小于 6mm，符合安全绳标准 GB 24543。

6.1.2 测试架

含刚性挂点的测试结构，挂点在承受 20kN 力时，最大位移小于 1mm。

注：刚性挂点的高度应能保障动态力学性能测试过程中测试重物不接触地面。

6.1.3 静态力学性能测试装置

量程：不小于 50kN；精度：1 级。

6.1.4 释放装置

可与测试重物的吊环或连接器相连，确保释放测试重物时

初速度为零。

6.1.5 测试重物

质量为（100±1）kg 的钢（铁）圆柱体，公称直径为（200±10）mm，顶端中心有吊环。

6.1.6 制动力测试仪

测量范围：1.2kN～20kN；精度：±2%；最小采样频率：1kHz。

……

6.3 静态负荷测试

6.3.1 单一缓冲器

测试步骤如下：

a）将缓冲器安装在静态力学性能测试装置上；

b）施加拉力，确保缓冲器展开；

c）……II 型缓冲器：3min 内继续加载至 15kN；

d）保持 3min，观察缓冲器是否破断。

6.3.2 与安全绳为一体的缓冲器

测试步骤如下：

a）将缓冲器自由端、安全绳自由端分别与静态力学性能测试装置相连；

b）施加拉力，确保缓冲器展开；

c）……II 型缓冲器：3min 内继续加载至 15kN；

d）保持 3min，观察缓冲器是否破断。

6.3.3 与全身式安全带为一体的缓冲器

6.3.3.1 可接入连接器时

缓冲器与全身式安全带连接处可接入连接器时，安装连接器，按 6.3.1 测试缓冲器部分。

6.3.3.2　不能接入连接器时

测试步骤如下：

a）将全身式安全带佩戴在模拟人身上，模拟人符合 GB/T 6096；

b）将缓冲器自由端、模拟人下端吊环分别与静态力学性能测试装置相连；

c）施加拉力，确保缓冲器展开；

d）……Ⅱ型缓冲器：3min 内继续加载至 15kN；

e）保持 3min，观察缓冲器是否破断。”

由于缓冲器有多种型号和组合，对于单一缓冲器可以采用静态力学试验装置进行试验，但对于某些普遍使用的组合式缓冲器则无法正常进行试验，为此，本书建议采用防高坠试验台架（见 5.1.4 节）对缓冲器进行预试。

6.19.4　注意事项

利用防高坠试验台架进行缓冲器的测试注意事项与自锁器预试的注意事项基本相同，具体可参阅 6.18.4 节。

利用立式拉力机进行测试时，由于缓冲器带长的差异，应特别注意拉力机量程等问题，测试前首先应对试验设备是否可以满足试验要求有明确的了解与掌握。测试中应注意夹具紧固可靠和试验安全。

6.20　登杆脚扣

登杆脚扣

登杆脚扣是一种穿戴于脚部，供作业者从事水泥质电杆攀登作业的专用工具。通常，一副登杆脚扣由扣带、踏板、顶扣、防滑块、钩体、扣体和限位钉等部件组成。

在穿戴脚扣进行登杆时，脚扣钩体所在的平面与作业者的脚部水平面产生一定的夹角，即摩擦角，由作业者自身体重在登杆过程中产生的自重下坠力与脚扣防滑块与电杆间产生摩擦形成的力构成合力，当防滑块摩擦系数足够大（即合力足够大）时，即能将脚扣使用者牢牢定位于电杆的相应作业部位，不发生下坠，以此来防止高处坠落事故的发生。

登杆脚扣使用中防滑块与电杆摩擦产生的合力以及脚扣的脚部扣带是否确保能将使用者脚部定位于脚部扣带处是登杆脚扣的关键技术性能，这两项性能的优劣直接影响到脚扣使用者的人身安全，因此，DL/T 1476—2015 明确规定，应定期对登杆脚扣进行预试。

登杆脚扣适用的产品标准为 AQ 6109—2012。

6.20.1 外观检查

登杆脚扣外观检查要求如下：

围杆钩在扣体内应滑动灵活、可靠、无卡阻现象；保险装置应能可靠防止围杆钩在扣体内脱落；小爪应连接牢固，活动灵活；橡胶防滑块与小爪钢板、围杆钩连接应牢固，覆盖完整，无破损；脚带应完好，止脱扣应良好，无霉变、裂缝或严重变形。

反复拉伸围杆钩多次，认真检查围杆钩伸出部分，不得有弯曲、裂痕等缺陷。

6.20.2 预试的项目、周期与技术要求

DL/T 1476—2015 对登杆脚扣预试项目、周期与技术要求见表 6-28。

表 6-28　　登杆脚扣试验项目、周期与技术要求

序号	项目	周期	技术要求
1	整体静负荷试验	1年	施加 1176N 静压力，持续时间 5min，卸载后活动钩（围杆钩）应符合外观检查要求，其他受力部位无影响正常工作的变形和其他可见的缺陷
2	扣带强力试验	1年	施加 90N 静压力，持续时间 5min，卸载后不应出现织带撕裂、金属件明显变形、扣合处明显松脱等现象

与 DL/T 1476—2015 相比，AQ 6109—2012 对于登杆脚扣的整体静负荷试验和扣带强力试验进行了较为详尽的规范，较为复杂而周全，考虑到登杆脚扣在电力行业内的实际使用情况，本书认为 DL/T 1476—2015 的规定已基本可以满足实际的使用需要，因此，建议按照 DL/T 1476—2015 的规定进行登杆脚扣的预试。

另外，本书建议在后续的标准修订中，增加登杆脚扣钩体的强度试验。在登杆脚扣实际使用中，曾经发生过伸缩式登杆脚扣钩体横向剪切断裂的事故。这是由于产品生产企业未严格按照生产工艺、生产流程和出厂检验等进行生产而造成的。由于产品标准和预试规程均未要求对产品进行类似的测试，因此，这类事故虽然属于偶发的小概率事件，但已对一线员工的人身安全埋下了安全隐患。本着对一线员工人身安全负责的态度，本书认为，生产企业和实验室有必要通过编制相关制度或规定，增加钩体强度试验，以切实保障脚扣使用者的人身安全。

6.20.3　预试方法

6.20.3.1　整体静负荷试验

登杆脚扣整体静负荷试验示意图见图 6-34。

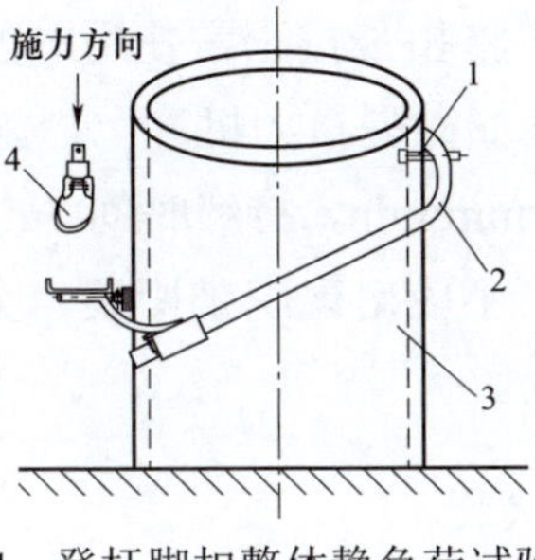

图 6－34　登杆脚扣整体静负荷试验示意图

1—限位装置；2—登杆脚扣；3—模拟电杆；4—鞋模

试验步骤如下：将脚扣安放在模拟的等径杆上，围杆钩应置于等径杆的支点上，将配套用的金属鞋楦装入试验用橡胶底鞋内，把试验用橡胶底鞋固定在试验拉力计上，缓慢加压，使拉力机上固定的试验用橡胶底鞋逐步接近脚扣踏盘，加载速度应均匀缓慢上升，逐步加力至 1176N 静压力，持续静压力下载荷时间 5min。卸载后，脚扣应无明显变形，脚扣钩体应在扣体内滑动灵活、无卡阻现象，且符合外观检查要求，其他受力部位无影响正常工作的变形和其他可见的缺陷。

6.20.3.2　扣带强力试验

登杆脚扣扣带强力试验试样装夹方法示意图见图 6－35。

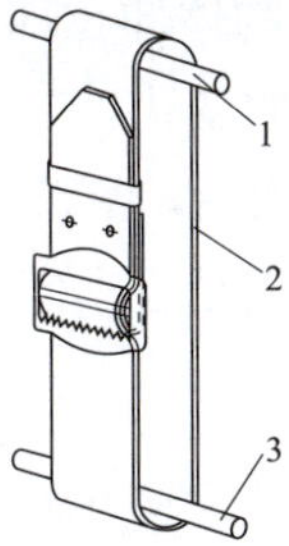

图 6－35　登杆脚扣扣带强力试验试样装夹方法示意图

1—上夹具销轴；2—扣带；3—下夹具销轴

试验步骤如下：将扣带按正常使用时的长度和方式扣合后装夹在拉力试验机（如微型拉力机）上，施加 90N 静压力，加载速度为（100±5）mm/min，持续时间 5min，保载过程中观察试样状态。卸载后，不应出现织带撕裂、金属件明显变形、扣合处明显松脱等现象。

6.20.3.3 钩体强度试验

建议采用整体静负荷试验方法进行钩体强度试验，但试验静负荷力应平稳加大，直至钩体发生断裂，同时记录发生断裂时施加的静负荷数据，并参照 AQ 6109—2012 中“6.3 测试步骤”进行计算。

对于钩体强度试验，建议采用抽检方式进行，可根据同批次脚扣的总数，确定一定的抽取比例进行试验。而且，该试验为破坏性试验，应严格遵守破坏性试验的相应管理办法，凡是用于进行破坏性试验的登杆脚扣，不论其是否合格，一律不得将其再次投入现场使用。

6.20.4 注意事项

由于登杆脚扣生产企业水平参差不齐，导致质量水平悬殊，实际使用中曾发生过围杆钩体伸拉部分横向断裂等缺陷，故在预试时应特别注意围杆钩的变化。

另外，在使用一段时间后，踏盘虚焊问题会逐渐暴露出来，因此还需重点检查踏盘焊接是否牢固。

6.21 登高板

登高板

登高板又称踏板、升降板。登高板主要由踩

板、绳索和铁钩组成。踩板通常采用坚硬的优质木材加工而成，并且板体应为有一定厚度、无结疤的整块木材，板体表面应刻有一定深度的防滑纹，距板体两端的两侧50mm左右处有12mm左右开口的凹槽，用于镶嵌登高用绳索。绳索镶嵌进凹槽后，多数生产企业采用金属扣板方式压紧绳索，以固定绳索位置。也有个别生产企业采用在板体背面通过铜丝一类耐锈金属丝将绳索前后拉紧固定的方式，但本书不建议采用此方法。登高系挂绳索以多股（不少于 3 股）编织的白棕绳或尼龙绳居多，绳径一般不得低于 14mm，绳的两端系结在踩板两端的扎绳槽里，绳顶端通过环扣系结有铁挂钩，绳的长度在一人一手长左右。踩板和绳应能承受的最大负荷为300kg。

登高板是一种传统的低压线路登杆作业用电力安全工器具，随着登杆脚扣和绝缘斗臂车的逐步推广应用，登高板的使用范围已大大缩小。

登高板无适用的产品标准，实际工作中，一般都参照登杆脚扣适用标准的相关要求和技术参数来对其进行产品质量评估。

6.21.1　外观检查

登高板的板体应无裂纹、严重变形、破损，尤其是系捆登高绳处不得有破损、缺口等缺陷。板体表面脚踏防滑纹应完好，磨损应在允许范围内。板体凹槽不得有裂纹，更不允许凹槽断裂或缺齿。凹槽金属扣板完整，固定牢靠。如板体背部采用不锈金属丝固定踏板，则金属丝应完好，无断股、毛刺等缺陷。

登高挂绳用的金属钩子不应有裂纹、变形和严重锈蚀，金属心型环应完整，登高板负荷绳应是不少于 3 股的多股绳，多股绳绳径不应小于 14mm。绳体不应有断股、散丝、霉变或严重磨损。绳体末端插花应采用折回、缝合、编织等方式形成环或套，绳扣接头有编花，绳扣接头每绳股连续插花不得少于 4 道，绳扣接头编花前应经燎烫处理，编花部分加有保护套，绳体构造上无打结。绳扣与踏板间应套接紧密。所有零部件应顺滑、无材料或制造缺陷，无尖角或锋利边缘。

6.21.2 预试的项目、周期与技术要求

按照 DL/T 1476—2015 的规定，登高板预试的项目、周期与技术要求见表 6－29。

表 6－29 登高板预试的项目、周期与技术要求

项目	周期	技术要求
静负荷试验	半年	施加 2205N 静压力，持续时间 5min，卸载后，围杆绳无破断、撕裂，钩子无变形，踏板无损伤

6.21.3 预试方法

登高板静负荷试验示意图参照图 6－34。

试验方法如下：将登高板安放在拉力机上，使踏板自然水平放置，通过拉力机的模具逐渐向踏板中间部位加力，加载速度应均匀缓慢上升，施加至 2205N 静压力，持续保持静压力，载荷时间 5min，保载过程中观察试样状态。卸载后，如围杆绳不破断、撕裂，钩子不变形，踏板无损坏，则认定该登高板为合格可用。

由于登高板的踏板中间部位是作业中使用频率最高的部位，故试验时要求对该部位进行试验，以取得最佳试验效果。但是，在使用登高板登杆过程中，为保持平衡，作业人员也会随机变换使用位置。另外，也不排除由于作业人员使用习惯的

不同而可能对登高板造成的非常规性损伤。因此，本书建议，如在试验前的外观检查中发现踏板其他部位磨损较大，即应增加对该部位的试验，以保证被试登高板的使用安全。

6.21.4 注意事项

对登高板进行试验时，试验人员应注意个人安全防护，严禁拉力机外不设安全防护围栏，以防止加压过程中踏板断裂致使部件飞出伤害试验人员。

6.22 硬梯（含竹梯、木梯、铝合金梯、复合材料梯及梯凳）

梯具的分类较为复杂，总的来说，可按其材质分为硬梯和软梯两大类，通常又将硬梯统称为梯子。硬梯主要包括竹梯、木梯、铝合金梯、复合材料梯、梯凳等。

硬梯

目前涉及电力行业用硬梯类的国标和行标主要包括：

（1）GB/T 17889.1—2012《梯子　第 1 部分：术语、型式和功能尺寸》；

（2）GB/T 17889.2—2012《梯子　第 2 部分：要求、试验和标志》；

（3）GB 7059—2007《便携式木梯安全要求》，仅适用于木质基材的梯子，不适用于目前电力行业内大量使用的复合材料硬梯和铝合金硬梯；

（4）GB/T 17620.1—2008《带电作业用绝缘硬梯》；

（5）DL/T 1209.1—2013《变电站登高作业及防护器材技术要求　第 1 部分：抱杆梯、梯具、梯台及过桥》，虽然该标准所述工器具不属于通用电力安全工器具的范畴，但由于电力行业作业的特殊性，该标准中的相关内容可在特定场合作为安全防护的参考。

由于竹梯没有专用的产品标准，加之竹梯结构简单，没有相应的技术参数制约，因此对竹梯进行预试时应参考木梯标准中的相关参数。另外，竹梯是以天然毛竹为基材制作加工而成的，竹子的一些天然不足必然会在竹梯中表现出来。比如，竹梯的梯架、梯档随使用时间的增加可能发生爆裂，形成一定长度的爆裂口，如何界定爆裂口长度、宽度的合格与否，如何修复，修复后能否再次使用等一系列问题均尚无定论。但是，从安全生产的角度出发，这些都是值得相关专业尽快解决的技术问题。

对照 GB/T 17889.1—2012 和 GB/T 17889.2—2012 可见，DL/T 1476—2015 中规定的硬梯预试项目及技术要求基本与之相一致。

GB/T 17889.1—2012 对梯子的定义与分类十分细致，共计 17 大类，20 个分项。简而言之，梯子最基本的定义为：包含有踏棍或踏板，可以供人上下的装置。

GB/T 17889.2—2012 详细规定了 16 个大项的试验方法和要求。DL/T 1476—2015 结合电力行业应用实际，突出了硬梯预试的实用性。

6.22.1 外观检查

硬梯外观检查要求如下。

踏棍（也叫踏档、踏板）与梯梁（框）连接应牢固，整梯无松散，各部件无变形，梯脚防滑良好，梯子竖立后应平稳，无目测可见的侧向倾斜。

升降梯应升降灵活，锁紧装置可靠；铝合金折梯铰链应牢固，开闭灵活，无松动。

折梯限制开度装置应完整、牢固；延伸式梯子操作用绳应无断股、打结等现象，升降灵活，锁位准确、可靠。

竹梯、木梯应无虫蛀、腐蚀、断档、过度熏烤，无连续贯穿节疤的裂纹，无浅表裂纹等。

6.22.2 预试的项目、周期与技术要求

GB/T 17889.2—2012 中描述的型式试验极为详尽，而出于实用性的考虑，DL/T 1476—2015 中仅规定硬梯的预试应进行静负荷试验。实际应用中，由于硬梯的性能下降主要集中在踏档和梯子本身的强度上，因此本书建议有条件的单位和实验室或认为有必要时可进行硬梯水平强度试验。对于人字梯则应增加限张装置强度试验为宜。同时，在 DL/T 1476—2015 修订前，允许仍然按照现行版本进行硬梯的预试。

硬梯预试的项目、周期与技术要求见表 6－30。

表 6－30　　硬梯预试的项目、周期与技术要求

项目	周期		技术要求
踏档静负荷试验	竹梯、木梯	半年	施加 1765N 静压力，持续时间 5min，卸载后各部件不应发生永久变形和损伤
	其他梯	1 年	

根据上述有关硬梯试验的阐述，本书认为除 DL/T 1476—2015 预案规定的试验项目外，还应增加硬梯的水平强度试验和人字梯的限张强度试验项目，同时根据产品标准规定的试验方法，经过对施加力的分解，并认真分析计算，认为应将硬梯踏档静负荷试验的施加参数由 1765N 调整为 1600N 为宜。新增的

水平强度试验则为施加 880N 静负荷，人字梯限张装置强度试验施加 765N 静负荷，施加试验时间均为原来的 5min。这样对硬梯较细的分类及试验，对硬梯的安全可靠性会更具有可操作性。

6.22.3 预试方法

6.22.3.1 踏棍静负荷试验

根据 DL/T 1476—2015 的规定，硬梯的预试仅进行静负荷试验，但标准未明确静负荷施加的位置与方法。本书认为，应对硬梯的踏棍逐级施加静负荷，且应将静负荷施加于踏棍的中间部位。

通常，可采用硬梯力学性能试验装置（详见 5.1.6 节）进行试验。硬梯踏棍静负荷试验布置见图 6－36。将梯子置于工作状态，与地面的夹角呈 75°±5°，在梯子的经常站立部位对梯子的梯踏棍（板）施加 1765N 静压力，踏棍（板）受力区应有 100mm±2mm 宽，加载速度应均匀缓慢上升，持续静压力下载荷时间 5min。试验时施加的载荷不得为冲击力。卸载后，梯子各部件不应发生永久变形或损伤。

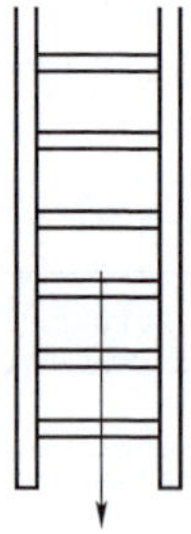

图 6－36　硬梯踏棍静负荷试验布置

6.22.3.2 水平强度试验

如图 6－37 所示，将硬梯水平、居中放置在试验支架上，两个支点到硬梯两端头的距离均为 200mm，支点采用直径 25～100mm 的圆柱。对梯框中间部位施加 2000N 静压力，施加宽度为 100mm±2mm，试验时施加的载荷不得为冲击力。

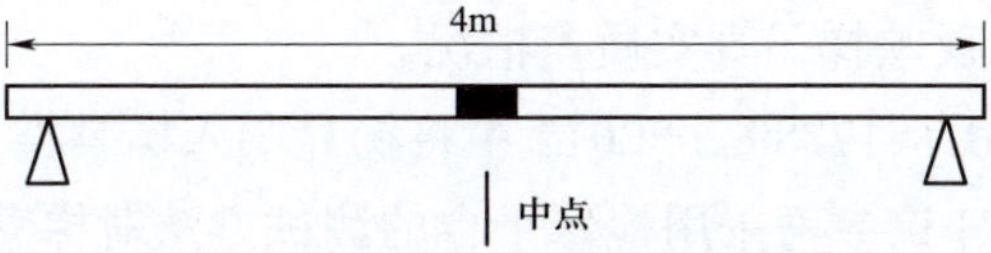

图 6－37 硬梯水平强度试验示意图

6.22.3.3 人字梯限张装置强度试验

人字梯是硬梯的一种，实际作业中常常使用到。为保证使用安全，人字梯设置有限张装置，目的就是通过限张，使人字梯的开张局限于一定程度，以此保护梯上作业人员的安全。由此，必须对限张装置有一定的强度要求。GB/T 17889—2012 中规定了人字梯的限张强度要求，同时也规定了限张装置的试验方法与测试参数。人字梯的限张装置强度试验方法为：施加 765N 静负荷，持续时间 5min，见图 6－38。

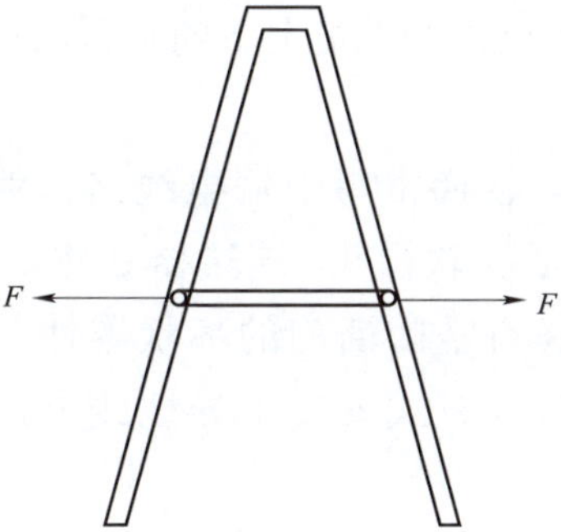

图 6－38 人字梯限张装置强度试验示意图

6.22.4 注意事项

（1）在进行硬梯预试时，应逐个对踏棍（板）进行试验，一方面可以客观地反映梯子的实际使用状态，另一方面也可尽可能全面地反映梯子真实质量情况。

（2）GB/T 17889.2—2012 中将梯凳归入梯具类，鉴于梯凳的特殊性，建议参考采用检修平台的测试方法对梯凳进行预试，即采用定位、定重的砝码测试方法进行预试。

（3）由于竹梯、木梯与复合材料硬梯、铝合金硬梯在材质上具有本质区别，因此应严格按照 6.22.2 中表 6－31 规定的项目和周期分类进行预试。另外，应尽可能做到对硬梯踏棍（板）逐个进行测试，或至少应对硬梯上经常性踩踏或站立部位的踏棍（板）进行测试。对于竹梯，则应在熏烤或爆裂较严重部位（竹梯最薄弱区域）逐级进行测试。

6.23 软梯

软梯

软梯由边绳、踏档和环眼组成，采用悬挂安装方式，是一种可供作业人员上下的装置，通常以绳索型居多。

电力行业中，软梯常用于输电线路作业。使用软梯时，通常需配用连接器和软梯头。连接器是将两种或两种以上部件连接在一起、具有常闭活门的环状零件。软梯头由轮组和梯架组成，采用悬挂方式安装于导地线上，下端可与软梯相连接。

软梯按使用特性可分为普通型和绝缘型两类。DL/T 1476—2015 及本书中所述的软梯仅指普通型软梯，故仅针对普通型软梯提出预试相关要求。根据悬挂方式的不同，又可将软梯分为无软梯头的不可移动软梯和加装软梯头的可移动软梯。

软梯适用的标准为 DL/T 1659—2016《电力作业用软梯技术要求》。另外，普通型软梯的边绳和环形绳应符合 GB/T

21328—2007《纤维绳索　通用要求》的规定。

6.23.1 外观检查

软梯的标识应清晰，每股绳索及每股线均应紧密绞合，不得有任何松散、分股的现象。环形绳与边绳连接牢靠，不得有断股、断丝、毛头等现象。软梯边绳和环形绳如含有钢丝绳，则应检查其包覆完整性。环眼心形环表面应光洁、无毛刺、疤痕、切纹、锈蚀等缺陷，边缘圆弧光滑；金属心形环镶嵌在环眼内应紧密、无松动。软梯头表面应光滑，无尖边、毛刺、缺口、裂纹、锈蚀等缺陷。软梯头轮组与轴润滑，转动可靠；各部件连接紧密牢固。软梯头防止导地线从轮组滑出的保险装置应有效且可靠。金属连接器边缘不得有钩及锋利边缘，无裂纹和褶皱，保险装置应有效且可靠。

6.23.2 预试的项目、周期与技术要求

DL/T 1476—2015 规定软梯的预试项目为静负荷试验，并要求对软梯施加 4900N 静拉力，持续时间 5min，但没有明确施加静压力的具体部位。一般理解是对软梯踏档进行静负荷试验，实际预试工作中实施的也是此项试验，然而对于软梯而言，其易损部件不仅仅是踏档，还有软梯边绳，故对于软梯边绳和软梯踏棍都应定期进行预试。结合软梯实际使用情况，并参照 DL/T 1659—2016 中对于软梯预试的要求，本书建议在软梯的预试项目中应增加边绳静负荷试验和软梯头踏档静负荷试验，并在 DL/T 1476—2015 修订时及时进行完善。

软梯预试的项目、周期及技术要求见表 6－31。

表 6-31　　软梯预试的项目、周期与技术要求

序号	项目	周期	技术要求
1	软梯边绳静负荷试验	半年	两边绳上下端绳索套扣并施加 4900N 静负荷，持续时间 5min，卸载后，各部件不应发生永久变形和损伤
2	软梯踏档静负荷试验	半年	对踏档施加 1500N 静负荷，持续时间 5min，卸载后各部件不应发生永久变形和损伤
3	软梯头踏档静负荷试验	半年	对软梯头踏档施加 1500N 静负荷，持续时间 5min，卸载后各部件不应发生永久变形和损伤

6.23.3　预试方法

由于软梯长短不一，对于边绳和踏档，通常选用卧式拉力机进行试验；而对于软梯头踏档，一般则选用门式梯具试验架（如硬梯及检修平台力学性能试验装置）进行试验。

6.23.3.1　软梯边绳静负荷试验

如图 6-39 所示，在软梯两条边绳的两端分别安装平衡联板，保持软梯宽度及两边绳均衡受力。将平衡联板固定于卧式拉力机的两端试验轴，沿拉力机移动导轨移动拉力机被动轴至软梯全面展开，再将被动轴固定销插入拉力机对应左右销孔中，初步固定被试软梯，然后盖上并锁止卧式拉力机安全盖板，经检查安全措施无误和试验用拉力机处于完好备用状态后，在试验现场负责人指挥下依标准设定试验数据，启动拉力机，加载速度应均匀缓慢上升，要求以（100±5）mm/min 的速率加载负荷，逐步施加至 4900N 的载荷，持续静拉力下载荷时间 5min。加载过程中，应通过卧式拉力机的安全观测孔注意软梯变化情况，如发现软梯或试验设备有异常，必须立即停车，检查异常原因并排除后再重新加载，以保证试验有效和试验安全。卸载

后，软梯各部件不得发生永久变形或损伤。

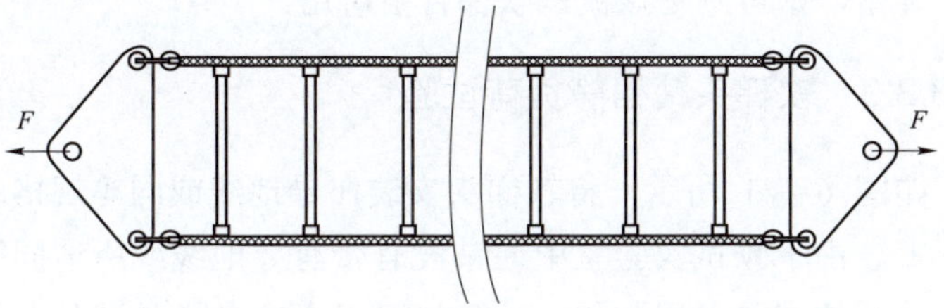

图 6－39 软梯边绳静负荷试验示意图

6.23.3.2 软梯踏档静负荷试验

如图 6－40 所示，将软梯一端用平衡联板固定于试验拉力机主动轴上，将被动轴一端接挂试验装具，将试验装具紧密扣压在被试软梯踏档中央，缓慢启动拉力机，使接挂主动轴上的平衡联板与接挂于被试踏档上的试验装具间基本拉直，停止拉力机施力，然后盖上并锁止卧式拉力机安全盖板，经检查安全措施无误和试验用拉力机处于完好备用状态后，在试验现场负责人指挥下依标准设定试验数据，启动拉力机，加载速度应均匀缓慢上升，要求以（100±5）mm/min 的速率加载负荷，逐步施加至 1500N 的载荷并持续 5min。卸载后，被试软梯踏档各部件完好，不应发生永久变形或损伤。然后，依照此方法逐级对

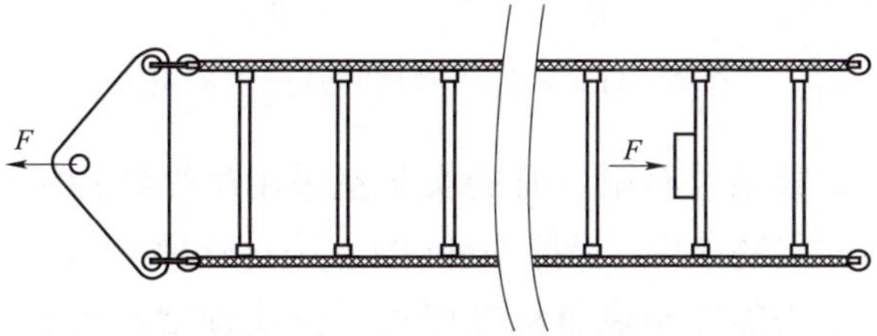

图 6－40 软梯踏档静负荷试验示意图

踏档进行预试，直至全部测试完成。如未发现有任何一级踏档存在异常，则可判定该被试软梯合格可用。

6.23.3.3 软梯头踏档静负荷试验

如图 6－41 所示，将软梯头安装在导地线或同等规格的金属管上。由于预试实验室中通常没有带有导地线或所谓同等规格金属管的试验专用装置，故建议可以考虑在梯具试验台架上附着相应的金属管用于软梯头的试验。然后对软梯头踏档进行静负荷试验，施力点应置于踏档中央，静负荷的加载速度应均匀缓慢上升，以（100±5）mm/min 的速率加载负荷，逐步施加至 1500N 并持续 5min。卸载后，软梯头轮组不得出现变形、卡阻，各部件不得发生永久变形或损伤。

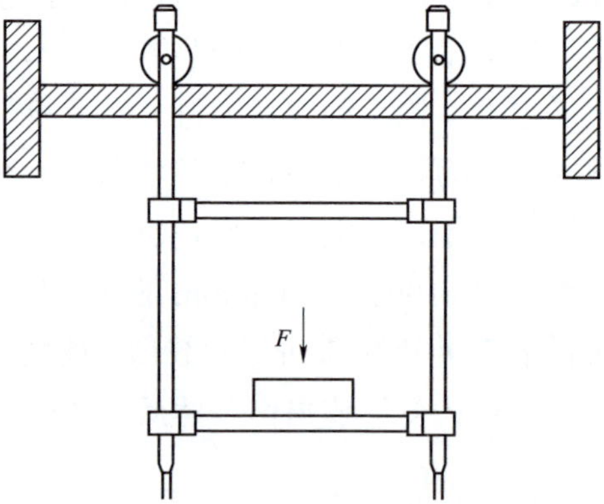

图 6－41　软梯头踏档静负荷示意图

由于试验条件有限，有的实验室采用吊挂经标定符合规定的荷重测试重物砝码、保持 5min 的方法对软梯头踏档进行静负荷试验，虽未能完全满足标准要求，但从预试目的和实际情况出发，本书认为应给予确认。同时应强调：由于砝码属于由国家法定计量单位监管与认定的计量器具，凡采用测试重物砝码的实验室，应根据国家对法定计量的规定，定期将砝码送至国家计量检测部门进行计量认定，并持证进行试验，以保证试验数据的准确性、严肃性和切合法律法规。

6.24 快装脚手架

快装脚手架

快装脚手架是指整体结构采用“积木式”组合设计，构件标准化且采用复合材料制作，不需任何安装工具，可在短时间内徒手搭建的一种高空作业平台，具有安装快速、便捷，拆装与使用灵活等特点，其结构见图 6-42。

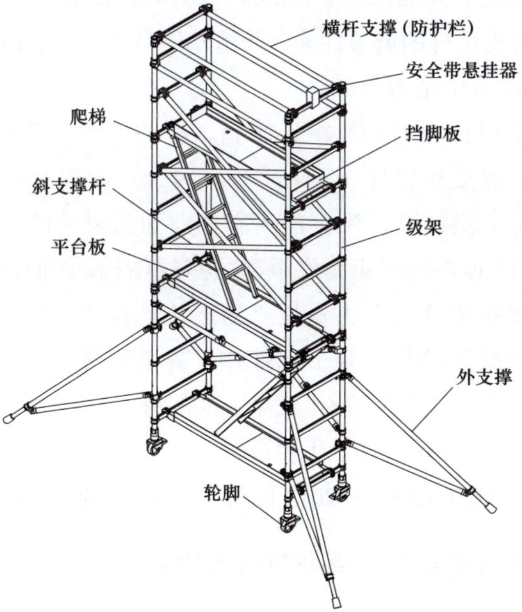

图 6-42　快装脚手架结构示意图

快装脚手架适用的产品标准是 DL/T 1209.4—2014。

6.24.1 外观检查

快装脚手架的复合材料构件表面应光滑，绝缘部分应无气泡、皱纹、裂纹、绝缘层脱落、明显的机械或电灼伤痕，纤维布（毡、丝）与树脂间粘接应完好，不得开胶。

节间连接器连接可靠，所有支撑、爬梯、平台板、级架、挡脚板等零部件连接紧固，安全有效，无超出 DL/T 1209.4—2014 要求的晃动或摇摆等缺陷。平台板卡扣完好，卡扣牢靠，无松动、歪扭等缺陷。

止滑轮组移动灵活，锁止有效，刹车性能良好。轮组组件无毛刺、锈蚀、裂痕等明显缺陷。检查轮组刹车后与脚手架的立杆同轴性是否符合 DL/T 1209.4—2014 的要求。

检查外支撑杆的调节性能、防滑功能是否符合 DL/T 1209.4—2014 要求，锁止是否有效。

所有金属件表面应光滑、平整，棱边倒角圆弧光滑，无尖锐棱角，防腐处理完好。

供作业人员站立、攀登的所有作业面防滑功能良好。

DL/T 1209.4—2014 允许组建成多层结构。然而，本书认为，随着近年来绝缘斗臂车大量投入用于检修现场，同时鉴于快装脚手架属于简易结构，且节间连接仅靠节间连接器，其材质决定强度与硬度的有限性，出于安全方面的考虑，快装脚手架更适于单层搭建，且应在顶层作业平台设置安全防护栏，该安全防护栏的高度应符合 DL/T 1209.4—2014 的要求，应为 1050～1200mm。

6.24.2 预试的项目、周期与技术要求

鉴于快装脚手架的用材、装配与使用特点，DL/T 1476—

2015 规定应定期对快装脚手架进行预试。DL/T 1476—2015 中规定的快装脚手架预试项目为平台强度试验和踏档强度试验，详见表 6-32。

表 6-32　快装脚手架预试的项目、周期与技术要求

序号	项目	周期	技术要求
1	平台强度试验	1 年	施加 1960N 静压力，持续时间 5min，卸载后，各部件不得发生永久变形和损伤
2	踏档强度试验	1 年	

将 DL/T 1209.4—2014 中的预防性试验要求与 DL/T 1476—2015 相比较可以看出，两者在预试项目上是一致的；而对于平台强度试验应施加的静负荷，前者要求为 1.0 倍额定载荷，即试验载荷根据快装脚手架的额定载荷确定，后者则根据现场实际明确给出了一个固定值 1960N，更为严格且便于操作。另外，由于 DL/T 1476—2015 仅考虑在停电或无电情况下使用快装脚手架，因此不考虑 DL/T 1209.4—2014 中规定的电气试验。

应该指出的是，快装脚手架是一种由复合材料构件组装而成的结构简单的装置，强度有限，且随着时间的推移，复合材料部件会发生老化，产品的使用、存放环境等也直接影响到产品的性能变化。但是，无论是产品标准，还是预试规程，均只对平台和踏档的强度提出了预试要求，在使用多层快装脚手架时仅要求对其最高层进行预试，对于起连接与紧固作用的支撑杆和卡扣等部件，只提出了型式试验要求，却未提出预试要求。这是一个缺失，本书建议在上述两份标准修订时应及时对此进行完善。同时，由于 DL/T 1476—2015 是现行预试标准，应在其未修订前仍然沿用目前的规定的内容与要求，待 DL/T 1476—2015 修订后依据新版预试规程进行。

6.24.3 预试方法

快装脚手架平台强度试验和踏档强度试验的试验布置分别见图 6－43 和图 6－44。

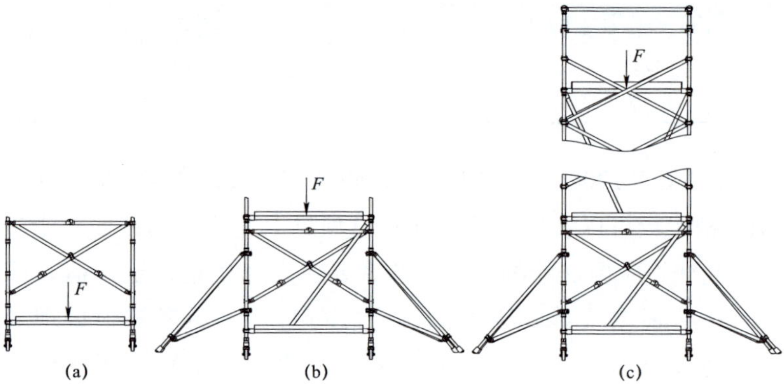

图 6－43 快装脚手架平台强度试验布置示意图

（a）第一层作业面测试；（b）第二层作业面测试；（c）最高层作业面测试

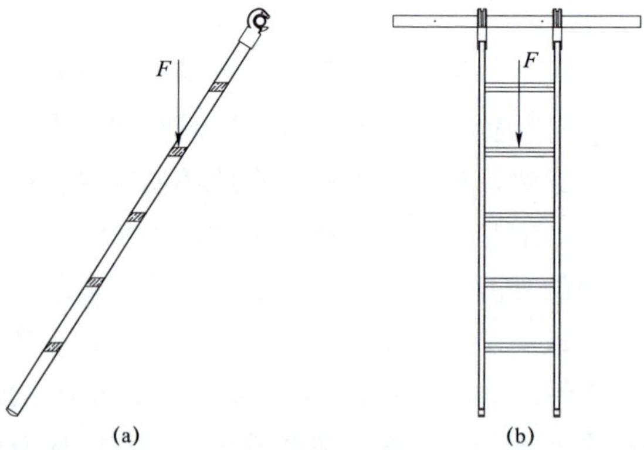

图 6－44 快装脚手架踏档强度试验布置示意图

（a）左视图；（b）正视图

DL/T 1476—2015 规定的预试方法如下：将快装脚手架按工

作状态组装好，对其平台和踏档分别施加 1960N 载荷，受力区应有 100mm 宽，不允许冲击性加载，加载速度应均匀缓慢上升，持续静压力下载荷时间 5min。卸载后，快装脚手架各部件不得发生永久变形、倒塌、构件断裂、平台板开裂、连接件破裂等损伤。

进行平台强度试验时，如果为单层平台，则仅对该层平台进行试验；如果为多层平台，则仅对最高层平台进行试验。

DL/T 1209.4—2014 规定的测试方法如下：将标定过的标准测试重物砝码通过机械搬运设备置于被试脚手架规定测试部位，持续 5min，然后卸载检查被试脚手架测试情况，各部件不得发生永久变形、倒塌、构件断裂、平台板开裂、连接件破裂等损伤。

以上两种测试方法中，施力的方式有所不同。本书认为，两者均可，而后者更便于快装脚手架预试工作的开展。

快装脚手架的测试分平台强度试验和踏档强度试验两项，应分别进行测试，且两项均合格方能判定该被试脚手架通过测试。

6.24.4 注意事项

对快装脚手架进行预试时，应按照 DL/T 1209.4—2014 中 5.4.2.1 和 5.4.2.3 规定的施加重物的方式进行。

测试过程中采用起吊设备放置测试重物砝码时，现场测试人员必须特别注意自身安全，防止被重物碰撞。

快装脚手架是通过锁紧关节（节间连接器）和卡扣拼装而成的，锁紧关节（节间连接器）和卡扣的强度受基材材质影响极大，同时也是快装脚手架的薄弱点，测试时应特别注意锁紧关节和卡扣等连接部件的变化情况。

6.25 检修平台

检修平台

检修平台主要包括拆卸型检修平台和升降型检修平台，适用的产品标准分别为 DL/T 1209.2—2014 和 DL/T 1209.3—2014。

拆卸型检修平台分为单柱型检修平台、平台板型检修平台和梯台型检修平台。

升降型检修平台分为电动升降检修平台、手动升降检修平台、可放倒型升降检修平台和不可放倒型升降检修平台。

随着新装备的开发和应用，目前大量的现场检修工作中均使用斗臂车和小型履带式机械升降平台等现代化机械设备，检修平台的使用范围日益缩小。本书建议在有机械检修设备的情况下不应使用此类简单拼装搭建的检修平台。

6.25.1 外观检查

检修平台复合材料构件表面应光滑，绝缘部分应无气泡、皱纹、裂纹、绝缘层脱落、明显的机械或电灼伤痕，玻璃纤维布（毡、丝）与树脂间粘接应完好，不得开胶。

金属材料零部件表面应光滑、平整，棱边应倒成圆弧、不得有尖锐棱角，应进行防腐处理（铝合金宜采用表面阳极氧化处理；黑色金属宜采用镀锌处理；可旋转部位的材料宜采用不锈钢）。

升降型检修平台起升降作用的牵引绳索宜采用非导电材料，且应无灼伤、脆裂、断股、霉变和扭结等缺陷。

6.25.2 预试的项目、周期与技术要求

DL/T 1209.2—2014 和 DL/T 1209.3—2014 中对于检修平台

的预试都分为机械试验和电气试验两部分，由于 DL/T 1476—2015 仅考虑在停电或无电情况下使用检修平台，因此不考虑电气试验。

另外，与 DL/T 1209.2—2014 和 DL/T 1209.3—2014 相比较，DL/T 1476—2015 的预试内容与要求相对简单、直接，鉴于 DL/T 1476—2015 为现行预试标准，故本书建议按照 DL/T 1476—2015 进行检修平台的预试。同时，建议有条件或认为有必要的单位和实验室，可以按照 DL/T 1209.2—2014 和 DL/T 1209.3—2014 中规定的预试内容与要求开展相应的机械性能试验。

DL/T 1476—2015 对于检修平台的预试项目、周期及技术要求见表 6-33，卸载后各部件不应发生永久变形和损伤。

表 6-33　　检修平台预试的项目、周期与技术要求

序号	项目	周期	技术要求	
			试验静压力（N）	持续时间（min）
1	平台/悬挂装置强度	1 年	1960	5
2	踏档强度	1 年	980	5

6.25.3　预试方法

DL/T 1476—2015 规定，按照 DL/T 1209.4—2014 规定的方法对检修平台进行平台强度试验、悬挂装置强度试验和踏档强度试验。

图 6-45～图 6-47 分别为拆卸型检修平台强度试验、悬挂装置强度试验、平台踏档强度试验的布置示意图。图 6-48 为升降型检修平台强度试验布置示意图。

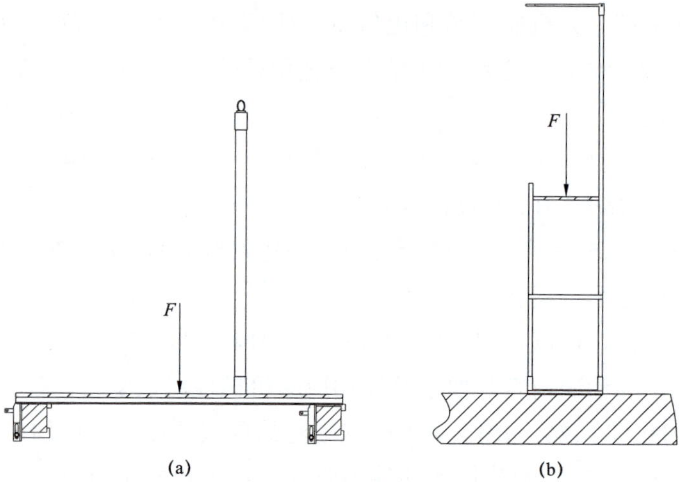

图 6-45　拆卸型检修平台强度试验布置示意图

（a）平台板型检修平台；（b）梯台型检修平台

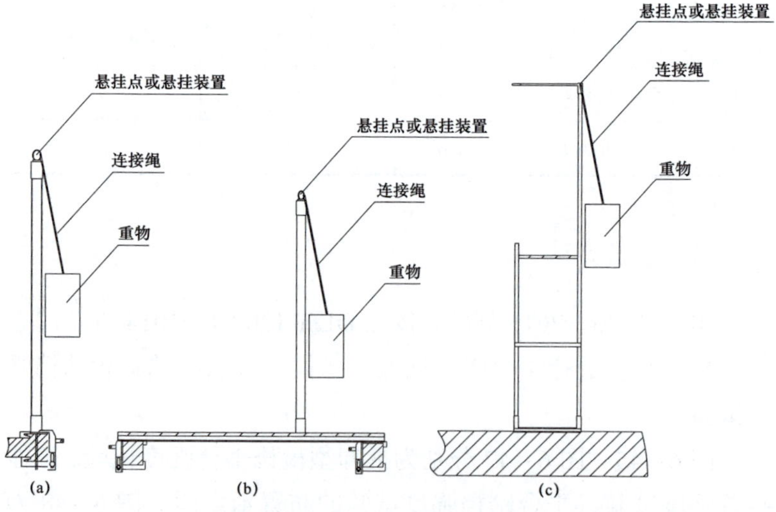

图 6-46　拆卸型检修平台悬挂装置强度试验布置示意图

（a）单柱型检修平台；（b）平台板型检修平台；（c）梯台型检修平台

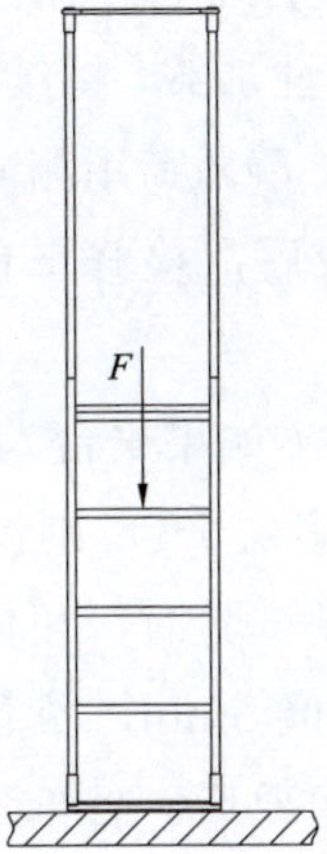

图 6-47 拆卸型检修平台踏档强度试验布置示意图

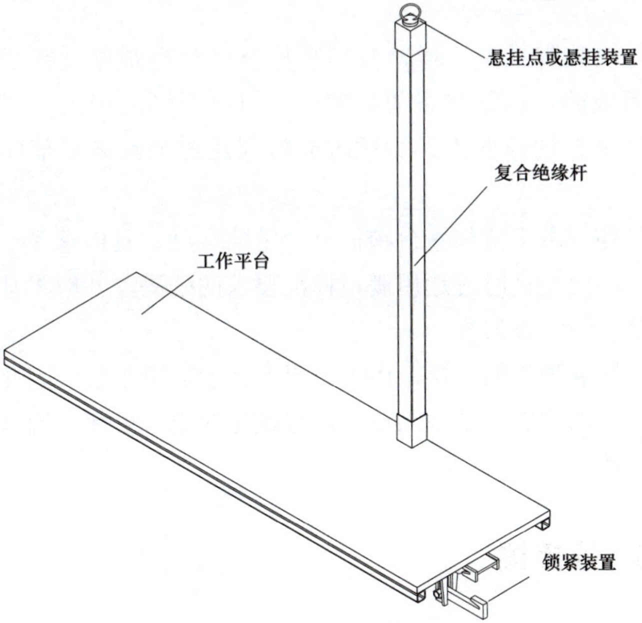

图 6-48 升降型检修平台强度试验布置示意图

预试方法如下：在进行平台/悬挂装置强度试验时，应施加1960N载荷，不允许冲击性加载，持续静压力下载荷时间5min。DL/T 1209.4—2014规定，静载荷用测试重物应为直径ϕ300mm±10mm的测试物件。卸载后，检修平台各部件不得发生永久变形和机械损伤。

进行平台强度试验时，如果平台为单层平台，则仅对该层平台进行试验；如果平台为多层平台，则仅对最高层平台进行试验。

在进行平台踏档强度试验时，可随机选取平台任一踏档施加980N静载荷，持续时间5min，负载施加的宽度为100mm，并应加载于踏档中间。卸载后，各部件不得发生永久变形和机械损伤。

6.25.4 注意事项

与快装脚手架一样，拆卸型检修平台也是通过锁紧装置拼装而成的，锁紧装置的强度受基材材质影响极大，同时也是检修平台的薄弱点，测试时应特别注意锁紧装置部件的变化情况。

另外，由于检修平台踏板有一定的宽度，且需承受一定的荷载，因此测试时应选用满足标准要求的砝码，并应将其置于测试踏板的中心部位。

同快装脚手架一样，由于砝码为计量标准单位，因此砝码必须定期由法定计量检测单位进行检测鉴定，以保证测试工作的合法性。

6.26 连接器

连接器是指可以将两种或两种以上的元件连接在一起，并具有常闭活门的环状零件。在电力行业登高作业中，常常使用连接器将相关防护工器具组成防高坠系统或将防高坠系统与挂点相连接，如安全带与挂点的连接、安全带与安全绳的连接、登高防坠系统与高处防坠挂点的连接等。连接器在防高坠系统中起着承上启下的关键作用，是一个不可忽视的重要环节，连接器性能、质量的优劣直接影响到整个防高坠系统的安全可靠性。

连接器有多种分类方法，电力行业主要使用的是经至少连续两个动作方能有效闭锁的连接器，并规定在使用过程中不得擅自通过逆动作将连接器解锁。

目前连接器适用的产品标准为 GB/T 23469—2009《坠落防护　连接器》。标准中较为系统地介绍了连接器的分类、用途，并规定了相应的技术要求和技术性能，性能测试方法、测试设备和测试参数等。

虽然电力行业预试规程 DL/T 1476—2015 未对连接器的预试提出要求，但是，鉴于连接器在电力行业作业中的重要作用，本书认为，应对连接器及其预试重要性给予充分认识，并建议在 DL/T 1476—2015 修订时增加连接器的预试内容，使之更完整。同时建议，在 DL/T 1476—2015 修订前，各电力企业可在电力安全工器具预试的相关制度或管理文件中增加连接器预试的相关规定，以保证电力安全工器具预试工作的完整性。相关实验室也应充分认识连接器在电力安全工器具安全可靠性中的重要性，积极主动地开展此项预试工作。

连接器的预试工作可参照 GB/T 23469—2009 进行。

6.26.1　外观检查

连接器永久标识和产品说明等标识应清晰完整。表面应光滑，无裂纹、褶皱、锈蚀，无材料和制造缺陷，无尖角或锋利边缘。活门应有保险功能，应在两个明确的动作下才能打开，且开闭灵活、无卡涩，当处于闭合状态时，应闭合紧密、无缝隙。活门应向连接器锁体内打开，不得松旷，与预定打开平面的倾斜不得超过 20°。

6.26.2 预试的项目、周期和要求

根据 GB/T 23469—2009 规定，连接器性能要求包括工作静负荷、活门性能、活门静负荷和耐腐蚀性能等。结合电力行业内连接器使用的实际情况，确定连接器的预试项目为静负荷试验，预试周期和技术要求见表 6－34。

表 6－34　连接器预试的项目、周期和技术要求

项目	周期	技术要求		
		种类	试验静拉力（N）	载荷时间（min）
静负荷试验	1 年	坠落悬挂用连接器	3300	3
		围杆作业用连接器	2205	3
		区域限制用连接器	1200	3

6.26.3 预试方法

连接器静负荷试验布置见图 6－49。

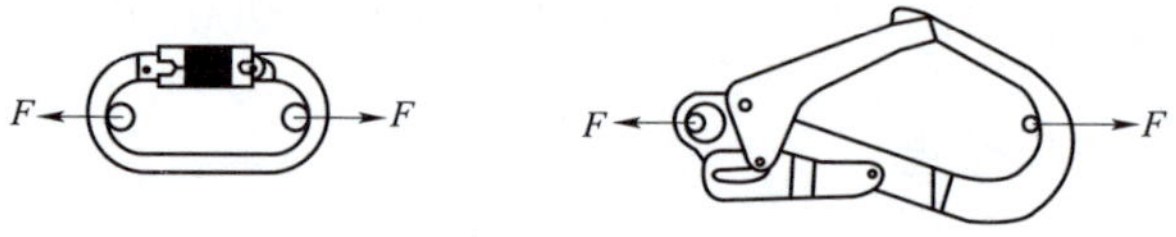

图 6－49　连接器静负荷试验示意图

预试所用拉力机的量程应小于 50kN，精度达到 1 级，工作受力方向加载轴直径为（12±0.1）mm，活门开启方向加载轴直径为（10±0.1）mm。

预试时，将连接器置于拉力机的加载轴上，连接器在两加载轴之间尽可能平稳、无滑动，施加静负荷时的拉伸速度为 20～50mm/min。当拉伸负荷达到表 6－35 中相应的规定值时，保持 3min，卸载。

应该注意的是：如果因无法克服滑动导致的偏移而无法完成测试时，则应添加必要的辅助支架；连接器包含纺织物时，拉伸速度应为 50～200mm/min。

如果加载无法达到规定负荷或卸载后活门不能保持闭合，则判定该连接器未通过测试。

6.26.4 注意事项

连接器预试是在普通拉力机上进行的，试验时应注意正确选用加载轴和试验方法。

由于试验时有可能产生连接器断裂等情况，因此试验时应特别注意试验现场的安全防护与试验人员的自我保护。试验时，拉力机防护门必须闭锁，现场试验人员应佩戴护目镜，加强监护，防止由于连接器断裂可能导致断裂部件或碎片伤人事故。

7 电力安全工器具预试实验室验收

电力安全工器具预试实验室按照产品测试标准或预试规程规定的方法及条件，通过在试验装置（设备）上进行相关试验获得被试产品的各项试验参数，然后将其与对应产品标准或规程中规定的参数进行比对，以此来判定被试产品是否合格可用。因此，预试实验室的测试工作在本质上是对被试产品质量性能的判定。

根据国家对于产品质量检测实验室的规定，实验室可分为第一方实验室、第二方实验室和第三方实验室。国家市场监督管理总局（原国家质量监督检验检疫总局）明确规定：第一方实验室是产品生产企业为保证自身生产的产品符合相关产品标准或相关产品参考标准规定的质量而建的实验室；第二方实验室是产品使用单位为保证其所购的产品或使用的产品符合相关产品标准或相关产品参考标准规定的质量而建的实验室。这两类实验室的建立均是为自身服务的，其测试工作仅对自身负责，不具有对外的性质，是一种内部认证认可形式。而第三方实验室承担着为社会服务的职能，提供具有法律效力的试验证明文件，其对于被试产品质量的结论代表了国家对产品质量的认证，这就决定了对其的要求必然远高于第一、第二方实验室，因此，第三方实验室的建设和试验装置配备等都必须严格按照国家相关规定或法律法规进行。

实验室建设是一项工程项目建设，根据国家关于工程项目建设的相关管理规定和工作流程，在实验室建好后都必须根据相关标准、规定及文件对实验室进行项目验收，只有通过工程项目验收的实验室才能交付使用。

目前，对于实验室建设，国家并未制定专门的成套验收标准或管理文件，但与其他工程建设项目一样，在实验室建设完成后，必须根据当初建设实验室时确定的既定要求和目标对其进行验收。验收工作是检验工程质量的重要手段，是工程项目流程中不可缺少的一环。只有通过验收，建有验收档案，绘制有竣工图，并收集、整理、归档所有相关文件等，方才完成整个实验室工程项目建设流程，继而可根据验收合格结论而将实验室投入正式使用。同样，电力安全工器具预试实验室也必须通过验收后方能投入使用，这也是实验室建设过程中必须进行的工作。

调研发现，目前的电力安全工器具预试实验室建设总体缺乏验收环节，这既是实验室建设过程中的一个缺项，也很可能因此而未能将实验室建设中遗留的某些缺失或不足加以排除，一旦各种条件汇聚，即有可能酿成事故。本书建议，凡是进行实验室建设，都必须遵照国家相关规定对实验室进行验收，以保证投运实验室的安全可靠性。

根据国家市场监督管理总局对于三种实验室的规定，从事电力安全工器具预试工作的第三方实验室必须通过获得国家授权的验收单位组织的验收并取得相应资质方才能为社会提供相关服务；而从事电力安全工器具预试工作的第一、第二方实验室，则由于其内部服务性质可以不经国家授权的验收单位进行验收，但仍应由建设单位自行组织相关验收，以保证实验室的建设质量以及实验室投入使用之后的试验质量。本书建议，在条件允许的前提下，第一、第二方实验室应尽可能委托国家授权的验收单位组织相关验收工作，以保证验收质量，从而确保实验室建设质量。

实验室建设单位可以通过招标或其他方式确定参与验收工作的第三方验收机构，同时审查被聘验收机构的资质等情况，在最终达成委托协议后，由第三方验收机构正式接手实验室验收工作。

承接实验室建设验收工作的专业验收机构在接受任务后，应依据双方协议要求组成具有对应专业知识和丰富实践经验的实验室验收专家组，并组织专家组就实验室验收工作开展工作。

7.1 实验室验收的基本项目与要求

实验室建设的验收，要结合实验室的工作用途与性质、实验室建设可行性报告、实验室建设时的项目任务书、实验室设计规划书及设计规范、实验室施工记录、监理记录、设计更改单等基建工程文件以及国家相关标准规范和行政法规等要求，按照一定的流程分析和确定验收项目，并形成最终的验收基本项目。对于安装在实验室内的各种装置（设备），则除查核相应的设备产品标准或参考标准与规范外，主要依据产品使用说明书等文件，并经相关行政、技术人员共同讨论认同后形成对装置（设备）验收的流程与基本项目，并形成最终文件用于验收。

虽然总体来说对于电力安全工器具预试实验室的要求相对较低，但作为向社会提供服务的第三方实验室，仍然应严格遵守实验室建设的各方面规定和要求，以保证实验室全面符合国家规定要求，也为实验室测试质量奠定可靠基础。

电力安全工器具预试实验室主要包括电学实验室、力学（机械）实验室和附属区域及建筑物等，其中最为核心的是电学实验室和力学（机械）实验室。实验室内安装布置有用于各种试验用的装置（设备），这些用于电学、力学（机械）试验的装置（设备）在经过安装调试后也必须进行验收，只有验收合格方才能投入测试。

由于电力安全工器具预试实验室建设主要分为土建基建和装置（设备）安装两大部分，因此实验室的验收项目与流程也随之分成土建基建验收和设备验收两部分，具体包括试验厂房的建造验收、试验环境与条件的验收、厂房条件的软硬件验收、实验室试验装置（设备）安装调试验收等。

所有工程验收工作都必须事先编制好验收大纲。验收大纲则一定是在充分掌握被验收物件的基本情况，调取被验收物件的相关标准规范、行政管理要求以及被验收物件的相关文件后，经梳理、分析，明确要点、重点，且在验收专家组共同讨论确认的原则基础上编制而成的。验收工作的实施，则应根据验收大纲中的总体要求和细目内容，逐项逐件依照标准规范及相关文件一一对照进行，直至最终完成验收。

7.2 实验室验收大纲的编制

电力安全工器具预试实验室的验收工作是从编制验收大纲开始的。

在验收大纲开始编写之前，应根据实验室验收的具体内容，尽可能全面地搜集相关标准和法律法规，做到验收工作项项有出处、有依据。对于某些暂无针对性标准或法律法规的项目或内容，或无相关行政管理文件的，则尽可能搜寻相近的或可参考的标准或法律法规、管理文件作为验收依据。对于确因缺失、暂缺或无标准或法律法规、无相关行政部门管理文件的项目或内容，则依据实验室建设单位的文件或制度进行验收，同时建议大纲列明可参照的相类似实验室验收案例，在综合评估后进行参照性验收。验收大纲体现的总体原则应该是所有验收工作都应有据可查，事出有因，这也是保证验收质量的重要前提。所有验收依据均应在验收大纲中的对应验收项目中得到充分的反映，以供验收时的直接评定比对。

在明确了实验室验收的基本项目、要求与原则并形成具体文件后，验收专家组结合这些文件，着手编写实验室验收大纲。在编写验收大纲时，应对验收的基本项目、基本要求与原则逐条逐项进行描述。一般来说，先写明验收大纲的总原则，然后对土建基建部分和装置（设备）的验收项目进行逐项细分和描述。在验收大纲中详述可能发现的问题，并要求对验收工程中的问题提出意见和建议、整改要求及整改时间表等。验收大纲中还应对分项验收时间进度、验收环境、验收时的实验室工作人员或陪验人员及数量作出相应规定，并针对验收过程中可能存在的风险或危险源，制订相应的安全技术措施、组织措施、应急预案等。在验收大纲的最后部分，应明确提出要求：在工作结束时应对所持验收大纲中各验收项提出验收质量意见或详尽的整改要求建议。

验收大纲编制完成后，首先应交由验收机构进行内部审核；在针对内部审核提出的问题进行修订后，再交实验室建设单位进行审核或召开联席会议共同对验收大纲进行会审；会审后，根据会审意见加以修订，再经双方认可通过审批后，交验收专家组，成为现场验收时的重要文件。验收大纲的编、审、批均应留下书面的原始记录。

验收机构在审批验收大纲的同时，应对已经组成的验收专家组成员进行再次审核，并进行必要的调整与补充。在批复验收专家组分组名单时，应确定各分组成员及分组召集人、验收工作协调人、验收工作总负责人等相关事宜。

为此，第三方专业验收机构必须结合验收大纲的描述与阐述、任务的性质、内容和特点等配备具有相应技术知识和能力的验收专家，并要求参加验收工作的专家在进入验收现场前充分了解和掌握实验室技术文件、建造情况等相关资料，做好必要的事前准备工作。

下面，就预试实验室验收大纲的编制过程进行详细介绍。

7.2.1 收集整理验收依据文件

预试实验室验收工作主要分为土建基建验收和装置（设备）验收两部分。在开始编制验收大纲之前，验收专家组首先应依据实验室项目计划书、设计图纸、设计技术要求等技术文件，收集、整理建筑工程质量检验检测相关标准、实验室建设技术要求与规范、建筑工程项目设计规范、工程施工技术要求与质量评定规范、实验室涉及装置（设备）的诸多国家有关部委办、国家行业社团组织编制的相关国家标准规范、行标以及相关管理文件等。

土建基建验收主要依据的是土建基建相关国家标准规范、住建部为主编制的行标及基建工程项目验收相关要求等，部分涉及环保部、自然资源部、国家气象局等政府部门牵头编制的相关标准规范。装置（设备）验收引用的依据要复杂一些，其中有些设备有产品标准（比如成套升压变压装置、拉力机、示波器、电流表等），而更多的装置（设备）为非标设备，并没有专门对应的标准规范，因此，既要参照相关设备产品的国家标准，同时还要参考国家机械行业协会牵头编制的机械类国标、行标，国家电工协会牵头编制的涉电国标、行标，国家质监总局（现国家市场监督管理总局）牵头编制的产品质量监督管理行标和产品计量国家标准和行标，以及涉及机械、工程控制等方面的行政管理法规等。另外，还要收集实验室建设单位的相关管理规定与制度等，以供验收专家组编制验收大纲和验收过程中进行查阅。

在尽可能全面收集相关验收依据文件的同时，还应收集以下相关资料，以备验收大纲编制使用：

（1）实验室项目土建基建工程的总体情况，包括立项可行性报告与评估意见、批复意见，可能涉及的各种标准规范及法律法规，实验室建设单位的建设目的与基本要求等；

（2）涉及实验室建设的各项文件，包括实验室设计、施工、监理单位的基本情况，实验室建设过程中选址、评估、设计、施工、监理等情况与相关记录等文件资料，比如设计阶段的设计现场踏勘及记录、基础情况设计前分析会及会议记录、设计方案论证会记录与纪要、设计方案预选及排序、设计方案确定会记录及纪要、设计方案确定确认书（含设计单位与实验室建设单位确认签字盖章）等涉及实验室土建基建有关的所有资料；

（3）地方政府或行政管理部门当地水文、地质、气象、土壤、环境、消防、电源、上下给排水、甚至中长远发展规划等。

7.2.2 确定验收项目

验收大纲的总体架构确定之后，应根据验收大纲的架构按土建基建验收和装置（设备）的顺序分别将经讨论后的细分项目逐一列入验收大纲中。编写过程中，对每一个子分项还可以根据验收物件的具体情况再细化、分解和补充，使每一个子分项的验收工作具体、细致、具有可操作性。

7.2.2.1 土建基建验收项目

在实际工作中，电力安全工器具预试实验室的建设分新建和改造两种。一般来说，省级及以上等级电力安全工器具预试实验室大多是新建的，通常设置于省级电科院或集团总部电试研究机构内，而地市级预试实验室则以利用原有厂房或闲置房屋进行改造后建成的居多。新建实验室厂房建设和原有厂房改造各有其特点，在验收工作中，应当结合不同的特点和实际情况分别编写不同的验收大纲用于指导验收。

实验室土建基建验收分为试验厂房验收和附属建筑物及附属工程验收。在编写试验厂房验收项目时，应进行进一步细分，以体现厂房建造与设计探勘的一致性，厂房基础处理、厂房结构与设计的一致性，厂房主结构与设计的一致性，厂房外墙建造质量，厂房电源水源引入与危险防护等。附属建筑物及附属工程验收项目主要包括实验室办公区域、实验室临时仓库（包括待试样品临时存放库、合格试品临时存放库、不合格试品临时存放库）、办公用基础条件建设、电源引入及处理（根据 GB 26861—2011，实验室电源宜采用独立专供方式，如确实无法达到标准要求，则必须检查电源引入最大允许容量及相关保护处置情况）、水源引入处理（水源达标情况测定，必要时还应对水样进行水质分析）、试验厂房的酸碱盐尘控制方法与控制效果评估、厂房防避雷与接地网评估检查、厂区各类消防设施与措施、相应消防管理评估、进出实验室道路建设、应急通道、应急处置设施及场地等。这些项目的验收工作也必须在验收大纲中得到充分的阐述和描述。

试验厂房的验收可以整体验收，也可以分阶段进行验收。所谓整体验收，就是试验厂房完全建造完成后再进行厂房验收。

所谓分阶段验收，即：在厂房基础建设基本完成后进行厂房验收（甚至有些实验室建设单位在厂房基础完成后先对厂房基础进行验收，在厂房主体完工后再对厂房主体进行验收）；然后，在厂房避雷地网工程结束后进行避雷地网验收、消防验收等。采用分阶段、分项验收方式的好处是可以在分项验收过程中及时对不达标工程进行整改，整改工程简单易行且工程量相对要小许多，整改成本也较整体验收时发现问题再整改要低很多；但是，此种方式下，在厂房基建全过程中需要多次组织验收，组织与管理工作量会大幅增加，也就可能造成验收大纲的编写趋于复杂化或者碎片化。总而言之，具体采用何种方式，应由验收专家组结合被验收实验室的具体情况，考虑验收机构的专家人员安排，并在与实验室建设单位充分沟通的前提下来确定，同时在验收大纲中得到体现。

验收大纲应列明土建基建验收的子分项要求，并在验收时真实记录验收情况，允许在必要时可以附图或现场照片，对验收过程中的问题与评定结果应如实记录，形成验收实录。验收大纲中还应明确要求，验收专家小组应根据整个验收进度与细分验收计划，提出所发现问题的处理意见或建议，提出整改意见和整改时间表，供设计、施工监理及实验室建设单位整改时使用，也为最终验收评审评定联席会议作出结论提供参考。

（1）新建实验室厂房验收。新建实验室厂房的结构形式有多种，如钢结构厂房、砖木结构厂房、砖混结构厂房等。近年来，随着钢架构技术应用的日趋成熟，加上其特有的相对简单、快捷、安全、可靠等特点，采用钢架构建设新实验室在电力行业省级电科院和大型发电企业中较为多见（有的发电集团采用集约化检修作业的方式，组建专门的检修公司从事特定片区内本集团发电企业的设备、设施与装置的检修工作)。新建钢结构厂房相对较为简单,其厂房验收大纲较易编写,一般情况下仅需依照涉及批复图纸、图纸更改单、施工记录等,比对相应的标准规范、政府管理文件与法规(主要有 GB 50017—2017《钢结构设计标准》、GB 50011—2010《建筑抗震设计规范》、GB 50205—2020《钢结构工程施工质量验收标准》、GB 50661—2011《钢结构焊接规范》、JGJ82—2011《钢结构高强度螺栓连接技术规程》等),结合或参考实验室建设单位的管理制度或文件进行编写。待大纲通过相关审查批准后,逐件逐项验收即可。如发现不合规或存在问题,则记录在案,通过与实验室建设单位联系,或召开实验室建设单位、实验室施工单位与监理单位、验收机构联席会议,针对存在的不合规或不达标问题进行讨论沟通,提出协调解决方案,并排出整改时间表限时改正,然后再依据验收大纲进行二次验收,直至厂房建造通过验收。由于目前砖混、砖木等结构的厂房已较为少见,本书不再进行介绍。有需要的读者可参考工农民建中该类建造结构的相关技术要点、验收方法等开展验收工作。

(2)对原有厂房改造而成的实验室厂房验收。对于在原有厂房基础上改建而成的实验室厂房,应参照新建厂房的要求进行验收,应符合和满足实验室用厂房建设的相关内容与要求。

改建厂房的验收较新建厂房的验收难度大很多,原因在于原有厂房建造于早期,多数为砖木结构和砖混结构,加上原有厂房以前的用途各不相同,必然与实验室厂房要求有不同程度的差异。因此,在编写验收大纲时,除了考虑与新建厂房同样的诸多问题的解决方案以外,更多的还应注重结合被改造厂房原有基本条件与改建成实验室之间存在的差异及满足试验条件的基本方法和改造效果。编写时需要参考的文献及历史资料会很多，要找出其历史沿革与变动情况，有针对性地形成特定的验收大纲。当然，为保证原有厂房经改造后能顺利投入使用，编写验收大纲时更应谨慎，应从多角度出发，考虑各种因素，对验收项目的细化分析尤其要争取做到客观、全面、深入，提出的验收方案尽可能周全，且不可有任何错项、漏项等。

7.2.2.2　试验装置（设备）验收项目

试验装置（设备）是保证实验室正常运行的最基本条件之一，试验厂房内按照设计规划和设计功能分区分批安装试验装置（设备）。编写验收大纲时，应尽可能详尽地描述涉及装置（设备）使用寿命、测试精度、获取参数准确性等的验收要求、规定、参数等。编制装置（设备）验收大纲必须严格、细密，保证验收项目不出现漏项、错项等，同时也和土建基建验收大纲一样，要求详细做好包括参数、状况、问题、评定初步结果等的验收记录。

由于实验室内安装的试验装置（设备）基本都是单件，因此需根据实验室装置（设备）的配置情况，有针对性地逐一编制验收大纲（也可认为是对实验室厂房内装置（设备）验收的子分项验收），根据不同的子分项验收大纲分别对相应装置（设备）进行验收和出具子分项目验收报告。小容量工频试验变压器成套装置和某些拉力机可能因计划承接的试验任务较多或实验室中长期发展规划的要求会配置 2 件套以上，则复件的验收大纲可完全使用同种大纲，但需分别进行逐件验收并出具子分项目验收报告。

电气试验设备大部分有成熟的产品标准，相应的验收大纲编写较为简单，主要是掌握引用参数、验收方法及质量保证体系。而大多数电气试验装置（设备）由于相应的产品标准中多数强调技术参数的考核与掌握，提出测试达到或取得参数的方法，多数不提及装置（设备）的详细要求与规定，因此在对装置（设备）验收时，编写验收大纲必然要参考较多的资料或标准规范等文件，以求尽可能将验收大纲编写得齐全完美，能达到有效考核被验收装置（设备）的目的。对于电学试验时常用到的特定装置则应根据其用途的对应的标准要求进行验收考核。比如：核相器试验架及其环状屏蔽环则必须对照 DL/T 971—2017 的规定核实验收；绝缘操作杆的试验架（横放式或竖向整杆式）则必须以 DL/T 1476—2015 的有效试验长度为基本依据，兼顾绝缘操作杆总体长度的处理等，检查测评试验装置是否符合标准要求，是否可用于实际试验。

由于电力安全工器具预试实验室，特别是力学实验室内有大量的试验装置（设备）属于非标设备，没有对应的产品标准或技术规范可依，装置（设备）产品生产过程也是参照某些借鉴的标准或规范进行生产的，因此在编写这类非标试验装置（设备）的验收大纲时，除参照这些相关标准或规范外，还应重点结合装置（设备）适用的被试产品标准中的有关试验要求、试验技术条件、试验方法和标准中规定的其他必要技术要求等限制性条件与内容，分析其中要求装置（设备）必须达到或满足的基本条件，并将其写入验收大纲中。正因为这类装置（设备）的非标性，因此，各个生产企业在同一性能与技术条件的产品生产中存在较大的差异性，在编写验收大纲时，还应认真阅读和分析对应生产企业提供的产品使用说明书，从中辨识出可能会影响产品试验的参数，以及影响质量或试验效果的因素，将其写入验收大纲，在验收过程中严加考核和评价。

电气实验室的试验装置（设备）主要包括工频试验变压器

成套装置（通常为50～200kV级，有些实验室还配置了500kV级）和与之相配套的控制装置、鞋靴（手套）试验装置、耐压试验平台、绝缘杆工频耐压试验架（含横式和立式整杆）、验电器试验装置、核相器试验架及其他试验设备与装置等。

力学实验室试验装置（设备）主要包括大吨位（50～100t，如有）卧式试验拉力机、各专项试验用拉力机、微型专用试验拉力机（脚扣扣带用）、安全带试验机、脚扣（登高板）试验机、门式梯具试验架、防高坠试验台架等。

试验装置（设备）安装调试的验收工作是一项要求较高的细致性工作，直接涉及装置（设备）投入运行后的安全性、试验参数取得的真实可靠性等，触及实验室社会责任、经济效益、实验室声誉影响等的根本利益，是实验室安身立命的基础。因此，实验室装置（设备）安装调试验收工作对于实验室来说至关重要，必须将验收大纲写细、写实，以保证验收工作的质量。

7.2.2.3 小结

总的来说，验收大纲中的项目应该围绕以下六个方面展开，逐一根据细化的验收基础项目与流程确定具体内容和验收要点，并一一列出验收所依据或借鉴的相关标准规范等。

（1）检查实验室周边环境、厂房结构与质量、交付使用条件、电源、取排水、通风、温湿度控制、污染防控及避雷接地网架与实验室交通条件等是否符合设计及相关要求。

（2）检查试验厂房功能分布。

（3）检查试验装置（设备）规格型号、安装位置及调试质量是否符合设计与试验要求。

（4）检查安全防护装置是否齐全、可靠且符合设计要求。

（5）检查试验厂房内安全疏散通道分布与应急处置条件等。

（6）检查实验室综合管理及相关制度与文件。

7.2.3 验收大纲编写实例

验收大纲应类似于电力行业的现场作业指导书，较为详细地描述实验室验收的基本过程，确保验收工作有序进行。

下面，以面积为 500m^2、厂房设计高度 12m、采用钢结构新建的电气实验室的钢结构部分工程验收大纲为例，介绍验收大纲的基本内容与评价要求。该验收大纲主要分为四个部分：工程施工质量验收大纲、安全功能检验、工程观感质量检查、综合检查结果评定。

7.2.3.1 工程施工质量验收大纲

（1）检查各种进场物件、连接件、焊接材料、防火涂料等的基本物料，其出厂合格证书及质量保证书必须一应齐全。构件型号规格、数量、尺寸等须符合设计要求。

（2）根据标准规定，要求钢结构厂房必须先逐根竖立独立柱，形成钢柱的基础框架，然后再进行梁的吊装，组成厂房框架。检查施工过程的施工记录，检查是否合规合矩，并在验收大纲中定量化检查指标。

（3）检查柱脚轴线、柱高及柱脚预埋螺栓的规格型号及其紧固情况是否符合设计要求。应根据实验室占地实测面积与设计图纸实测柱脚标高若干点，并在验收大纲上明确标注实测点的具体位置，同时还应在验收大纲上注明“允许验收专家组根据实验室现场情况增加测试点，但不得减少实测点”的规定，并且规定验收专家组组长或现场验收负责人在相应文件和验收报告上签字以示负责。逐一记录实测点的数据，并将其与验收大纲中引用的相关质量考核文件标定的允许偏差区间进行比较，据此判定每一实测点的合格与否，为验收工作的最终综合评估提供判据。一般要求钢结构的柱脚偏差应控制在+5～–3mm之间，混凝土基础中心线的偏移度小于5mm，基础两对角线之差小于5mm，预埋地脚螺栓露出长度偏差在5～15mm之间。根据施工纪录和现场实际验收检查，要求柱脚二次灌浆程序符合规范，检查是否采用C40细石混凝土灌浆料进行灌浆，检查灌浆是否密实。

（4）钢架构立柱间距复测偏差均不得大于10mm，立柱标高偏差均应在±5mm内。

（5）钢架构立柱垂直度偏差均不得大于20mm，规定实测钢架构验收时的实测垂直度点数，一般要求实测点数不得少于2点，偏差均应在15mm内，侧向弯曲矢高各1个点，偏差均应在5mm内，钢架构整体垂直度和整体平面弯曲各抽查4处，偏差均应在8～12mm之间。

（6）抽查钢立柱螺栓终拧20套（视实验室面积与钢立柱总量而定），不得发现有任一松动、滑动，方可认为全部合格。

（7）压型金属板安装应符合以下基本要求：压型金属板固定可靠、牢固，压型金属板支承构件上可靠搭接，搭接长度应符合设计要求；压型金属板安装平整、顺直，板面不得检出施工残留物和污物。

（8）钢结构焊接应符合设计要求：① 检查焊接纪录，所有参与焊接工作的焊工必须持有合格焊工证，持证上岗，且要求检查每位焊工所持焊工证所允许的施焊作业项目。焊工证上所注明的施焊项目应完全覆盖施焊现场参与的焊接作业项目，不得擅自跨项施焊。② 焊脚尺寸（用焊缝量规抽查）抽查偏差应在1～4mm之间。③ 焊缝表面不得有裂纹、焊瘤等缺陷。验收大纲应标明，焊接验收如发现重大隐患或验收专家组有疑议并认为必要时，允许使用探伤仪器进行检查，且应有检测合格报告。

（9）钢结构表面基本清洁，无油污、灰尘和泥砂等，部分构件掉漆后均已全部补刷同色油漆，并加做面漆。

（10）验收时，钢结构防火涂料涂装应符合设计要求。

7.2.3.2 安全功能检验

（1）应对现场所用高强度螺栓进行开箱见证取样，螺栓应符合设计要求和现行国家产品规定，符合 GB 50205—2017 第 4.4.2 的规定，同时应有复检合格报告。

（2）焊缝质量。严格根据钢架构设计要求和规范规定对二、三级焊缝进行超声波探伤检测，检测结果均应符合 GB 50205—2017 第 5.2.4、5.2.6、5.2.8、5.2.9 的规定，同时应有超声波探伤检测合格报告。

（3）高强度螺栓的施工质量。在现场对高强度螺栓的施工质量进行抽检，并根据钢结构实验室厂房的设计与实际占地面积规定抽检总量，一般需抽检 60 个点左右。经现场抽检，然后统计被检高强度螺栓的合格与不合格总数，据此计算得出合格率，根据 GB 50205—2017 第 3.0.5 的规定（对一般偏差项目设定了 1.2 倍偏差限值的门槛值），判定高强度螺栓的施工质量合格与否。

（4）柱脚及支座的施工质量。应在现场对柱脚及支座的施工质量进行抽检。方法是在现场对垫板、二次灌浆、锚栓坚固按比例进行总量抽检（抽检率由第三方验收单位与实验室建设单位根据具体情况事先约定成文后写进验收大纲。凡涉及抽检的验收工作均与此相同），分别统计抽检项目的合格与不合格总量，据此计算合格率，再在验收终审报告中判定柱脚及支座的施工质量合格与否，并在报告中作出明确结论。

（5）钢梁和钢柱的验收。对钢梁和钢柱进行变形垂直度和侧向弯曲验收，基本要求为：① 检查钢梁的变形垂直度和侧向弯曲，应根据钢结构厂房钢梁总量规定抽检比例，一般一间 500m^2 实验室应抽检 10 根左右。主要采用吊线、拉线、经纬仪和钢尺等器具进行现场实测，实测偏差应符合 GB 50205—2017 第 10.3.3 的规定。② 检查钢柱的垂直度，现场采用经纬仪和钢尺等器具，按一定比例抽检实测钢柱的垂直度，要求须均符合 GB 50205—2017 第 11.3.2 表中柱子安装允许偏差的规定。

（6）对主体结构的平面整体弯曲和整体垂直度进行检查。使用经纬仪测量主体结构的平面整体弯曲和整体垂直度，其偏差均应在 GB 50205—2017 第 10.3.4 表中允许的偏差范围之内。

7.2.3.3 工程观感质量检查

对实验室厂房进行工程观感质量检查内容如下。

（1）普通涂层。要求每轴线至少检查 5 处，观察构件表面应无误涂、无漏刷、无漏层、无脱皮和反锈等，涂层基本均匀，不得出现皱皮、流坠、针眼、气泡等现象。

（2）防火涂层。验收检查时，要求防火涂层应符合 GB 50205—2017 第 14.3.5 和 14.3.6 的规定，可查阅消防部门出具的消防验收检测合格报告。

（3）压型金属板表面。验收时，应对实验室厂房屋面压型金属板进行全面观察检查，要求压型金属板应符合 GB 50205—2017 第 13.3.4 的规定。

（4）应要求对试验厂房基础进行按规定要求的验收，重在厂房外墙地基防护，房屋雨水排泄通道不得冲刷厂房基础，对高坡厂房的厂房护坡堆砌质量进行检测等。

7.2.3.4 综合检查结果评定

实验室厂房验收工作中，在经过工程施工质量、安全功能检验、工程观感质量检查等几项最基本且必须进行的检查、评估后，还应该结合检查、评估的具体情况进行综合评定。

综合评定的主要内容应包括：

（1）厂房子分项工程质量评估，要求各子分项工程必须符合 GB 50205—2017 的规定和设计文件的技术要求。

（2）综合整理检查所有工程质量管控文件，要求所有质量管控文件与资料基本齐全，清晰、无漏项，且各分项工程完工报告均有负责人签字确认。

（3）所有有关安全功能检测和见证复试均须符合设计要求及规范规定。

（4）观感质量要求经验收专家组评定后，评定结论起码达到一般水准。

验收大纲必须明确，只有达到综上所述各最基本验收条件和验收合格的起码满足条件，方能认为被验收的实验室厂房钢结构施工质量为基本合格工程，然后再依据验收大纲开展对钢结构厂房的其他子分项目工程进行验收。

实验室土建基建项目验收工作的结束标志着实验室建造的土建部分完成，一旦实验室内试验装置（设备）安装调试完成，即可对电气实验室和力学实验室内根据设计与试验项目需要安装布置的试验装置（设备）及相关辅助设施等逐一依照设计平面布置图的位置、装置（设备）名称、规格型号等进行验收。验收前也必须依据试验装置（设备）的产品相关标准编制相应的验收大纲。

7.3 实验室验收的实施

实验室验收大纲编写完成并通过审批签署后，即可开始组织验收专家进入实际验收阶段。验收专家按专业分组，依据验收大纲进行各子分项的验收工作。验收工作主要分为土建基建验收和试验装置（设备）验收两大部分，且按照先土建验收后设备验收的顺序进行。其中，又可按验收顺序分为以下验收子分项：厂房结构验收，厂房基本条件验收（包括办公条件验收、接入条件验收、接地系统验收、避雷系统验收、电气实验室厂房屏蔽条件验收、应急装置（设备）验收等），试验设施与装置（设备）及其安装调试验收，试验装置（设备）计量检测验收，环境条件验收，附属项目验收，等等。

7.3.1 厂房结构验收

实验室厂房结构验收应严格按照厂房设计图纸规定的技术要求以及验收大纲中引用标准规定的技术条件或要求进行。

一般来说，在厂房结构验收时，先检查厂房的整体结构（包括厂房墙体、屋顶、地坪等）是否符合设计图纸要求；认为外观检查符合要求后，即开始对钢结构（此处仍以新建钢结构实验室为例）进行验收。实际验收时，有些验收项目往往是相互交叉进行的，具体验收顺序需视现场情况由验收专家组决定。验收过程中应严格按照验收大纲规定的检查要求和检验点进行检查，不得随意更改检查方法或减点、跳点，以保证检查数据的真实可靠、连续性、完整性，为验收结论最终判定打好基础。应该指出的是，对于在原有厂房基础上改建而成的实验室，其厂房的改造与验收也应严格按照实验室厂房要求进行，不能随意降低要求，以防投运后埋下隐患。

出于安全考虑，试验厂房通常设计为少窗（力学部分）或无窗（电气部分）。如设计有窗，则应认真检查窗户的结构与位置。通常，窗户应设置在上部，厂房下部不应有窗。对于在原有厂房基础上改建而成的实验室，如原厂房下部有窗，则应对下部窗户一律进行砌封，即坚持试验厂房下部不设窗户。目前，有些实验室建设单位对此类情况未作处理，故本书建议，从安全角度出发，起码应设置相应的安全防护设施，以保证实验室投运后的作业安全。

厂房墙体应密实，不应留有缝隙，砌体与砌体间勾缝无疏漏。墙体垂直度经垂线或其他检测方法检测得出结果均不得超越设计技术要求和墙体砌块技术要求。侧屋顶无漏孔，无泄雨漏风，屋顶处理完整，具有设计规定的强度。屋顶排水系统完整，衔接紧密，无破、残。厂房外护墙及墙基保护达到标准规定的技术要求，厂房外护坡无开口、裂缝等明显缺陷。厂房地坪处理满足设计要求，测查地坪单位面积承重达到或超过标准规定要求（对某些有地坪承重要求设备的安装区域的地坪承重测试尤其要严格执行标准规定），地面平整，地锚位置设置符合设计要求，底脚螺栓用材、露出地坪及垂直度满足设计要求。电缆沟道走向清晰，强弱电支架分层符合设计要求，通信与二次保护电缆沟道覆盖严密，符合设计。上下水沟道达到要求，平面覆盖严密。厂房内外接地点清晰且连接牢靠，环厂房接地排安装正确，接地桩头布置符合要求；厂房内各基础金属件均牢靠接地；厂房无孔洞，封堵完整。被检查项目均应按照验收大纲的要求和设计规范进行，并分别记录检查结果，如有缺陷或不足应如实记录在案，以供验收后会议评定时使用。

由于力学试验装置（设备）普遍高大重，因此对于布置试验装置（设备）的区域，在其地坪建造时就应特别注意地坪承受载荷的能力要求，做好地坪的建造施工工作，同时保留有详尽的建造施工与监理工作记录、承载负荷试验记录、地坪施工监理报告、承载负荷试验报告等原始记录与报告，供验收检查时作为重要的参考依据。验收时，须依照验收大纲对此逐一检查和复核，以保证力学实验室地坪完全达标，满足设备或装置安装基本条件，保证实验室启用后试验过程中的人身安全和装置（设备）安全，避免诸如装置（设备）塌陷、倒塌等重特大设备事故或人身伤害事故的发生。

电力安全工器具预试实验室包括电气实验室和力学实验室两部分，两者既可分别设置在两间实验室内（省级实验室通常采取此种方式），也可设置在同一间实验室内，而将实验室分隔成电气试验区和力学（机械）试验区两部分（地市级实验室大多采取此种方式）。不论采取何种方式，均应根据两者各不相同的试验要求和条件，分别列出各自的验收子分项，如厂房结构、墙体、地坪、电缆沟道、上下给排水等各大工程项目（子分项）；然后，依照上述各大工程项目（子分项），再从工程施工质量、安全功能检验、工程观感质量检查、综合检查结果评定等方面列出验收工作详细要求，以此形成一份综合性验收大纲。

依照综合性验收大纲所需专业组织形成验收专家组，然后按照验收大纲中相关各大子分工程项目（子分项）分别进行验收。在各大工程项目（子分项）验收组完成相关验收工作并形成子分工程项目验收报告后，则各大工程项目（子分项）验收正式结束；之后，将子分工程项目验收报告及相关文件、资料收集、整理后连同子分工程项目验收报告提交验收专家组，供最终验收判定会议作为重要的验收结论依据使用。如各大工程项目（子分项）验收工作中发现问题，则提出整改通知书，由业主单位会同工程施工单位、工程监理单位等有关各方协商并形成整改计划（整改计划中应确定整改措施及相应的工期排定），按计划进行整改，待整改结束后重新按验收大纲验收。对于整改过的子分工程项目在再次验收时尤其要严格检查，整改验收合格后出具验收报告，如依然存在问题则要求重新整改，下达更新过的重新整改通知书，然后再验收，直至该子分工程项目验收合格，然后出具验收分报告，且报告中应注明工程存在过的问题及整改过程等详尽内容。只有当所有子分工程项目（子分项）验收完成并均出具验收分报告，再经验收专家组全体会议对各大工程项目（子分项）验收分报告进行综合讨论、评判且得出合格结论后，才能出具实验室厂房结构验收合格报告，经盖章、签字等责任要件的完成，连同设计图纸、验收竣工图、引用标准规范附件、整改记录等相关资料一并移交业主单位，并由业主单位盖章、签字确认后，厂房整体结构验收工作正式结束。

7.3.2　厂房基本条件验收

在完成实验室厂房结构的验收后，还应对厂房的基本条件进行验收。

厂房的基本条件应该包括办公、通信系统、温湿控制、接地网系统、避雷系统、厂房电气屏蔽、静电处理、上下给排水、厂房安全防护、消防安全防护系统、急救及紧急处置装备等方面，设计上也同样有较为详尽的技术要求和条件，多数有相应的标准要求的技术参数作为检查验收依据，且这类设计技术要求和标准引用参数应均已经在验收大纲中得到充分的反映，验收工作应据此认真执行。

7.3.2.1 办公条件验收

办公方面，按照功能设计应设有相应的办公室、多功能室（通常为会议、视频交流、电视电话会议、培训等多种用途）等专门的工作区域，各类办公室应配有齐全的包括电话、网络等通信系统，且应适应实验室建设时的手段或通信版本。对应此类附件办公配置仅需要根据实验室业主单位的要求进行对应子分项目的验收即可，具体性能指标等则主要依据实验室业主单位的要求而定，比如通信网络的设置是选用专网，或内外网分置等。网络在通信与电力安全工器具全寿命管理中起着重要的作用，随着电力安全工器具全寿命管理的逐步推行，预试实验室的网络建设规范化和通畅性就愈加重要，因此，验收时应对此给予高度重视。

7.3.2.2 接入条件验收

所谓实验室厂房接入条件其实是一个笼统的说法。具体而言，厂房接入包括高低压电源接入、水源接入、通信网络接入、电源保护接入、磁波及场强防护、电子防护、消防监控与报警系统接入等。在对厂房建筑进行验收后应对接入系统进行全面验收，以保证实验室试验安全、装置（设备）运行安全、试验操作人员安全等。在实验室设计时，上述电源、水源、通信等的接入方式均已经过论证并写入设计方案；在验收阶段，主要是检查其落实情况，验证实际接入情况是否满足设计要求等。

接入电源应在容量上满足所有设备或装置同时启动时的最大容量要求，且留有一定的安全冗余，还要考虑瞬间启动时产生的涌流冲击等。电源接入应从配电变压器容量及引下线开始，以保证电源能满足试验要求。通常，电源接入实验室厂房应采用电缆接入的方式，检查验收时，应从电缆接入的电缆头开始进行检查验收，沿电缆走向逐一检查电缆头加工质量、压接是否规范，接入电缆和电缆走向是否符合设计要求等。

预试实验室的电缆包括动力电缆、照明电缆、二次保护电缆和通信电缆等。在实验室内，电缆一般都是通过电缆沟的排架将电缆分别接入各自对应的部位，因此，检查验收时，应当认真查看动力电缆、照明电缆与二次保护电缆、通信电缆（或光缆）等的排设方法。在条件允许和设计有明确要求的前提下，采用分设电缆沟道引入实验室为最佳，可以最大限度排除强弱电之间，电源电缆对通信光缆、二次控制电缆等的干扰。因受条件限制而不得不混架于同一电缆沟道的，则应将强弱电缆、电源电缆与通信光缆、二次控制电缆等在电缆沟道中按电缆架设规范实行分架排设，尽最大可能消除或减小相互之间的干扰，以保证试验装置（设备）的安全运行，保证数据传输的准确性，确保装置（设备）控制的有效性。

在对各类电缆进行验收时，应注意检查电缆抗干扰性能是否达到设计要求。如果设计明确要求选用屏蔽电缆或标明具体应用电缆规格型号的，则应一一查验。如发现有问题且必要时，可采取相应技术方法或手段对预埋电缆进行技术参数测试，以保证所选用的动力电缆、照明电缆能切实达到设计要求，保证二次控制保护电缆、数据回传用的电缆的厂房布置达到或满足设计要求。有些实验室可能采用电缆沟进行强弱电源、数据传输、二次控制保护电缆的接入，验收时应结合电缆沟设计和敷设要求进行检查和验收，尤其应当注意检查一、二次电缆决不可同架敷设，多条不同用途的电缆（特别是通信与数据传输电缆）架设时应用铭牌及彩色扎线予以区别，既保证安全也便于后期的检修维护。

由于有些电力安全工器具预试项目涉及用水，且对水质有一定的要求，因此在验收时也应按照设计要求和验收大纲的规定，对水源引入、水管走向、上下水回路与水质保证等内容逐一进行检查和验收。通常，城市给水系统能满足电力安全工器具预试的水源质量要求，但由于存在区域性差异，还是应根据实验室所在区域给水实际情况等进行验收。在验收给水系统的同时，还应结合实际和设计，检查和验收试验厂房的排水系统。试验厂房的排水不仅仅局限于给排水系统相关的排水，还涉及环境保护等，这部分主要是检查和验收厂房内的排水系统是否达到设计要求。试验厂房的排水系统还应包括厂房周边自然界来水的排放，一般要求对厂房基础质量不得有严重影响，且应对设计排放速度时考虑的实验室所在区域的可能最大来水排放是否达到要求、排水引出的合理性、排水系统的维护等进行逐一检查和验收。排水系统的验收还应特别注意对应急系统排水方式和防洪功能等特殊要求的设计要求及施工情况与质量的验收，并严格按照设计规范和相关标准、应急条例等规定，把好验收关，保证实验室在极端情况下的安全。

7.3.2.3 接地系统验收

预试实验室厂房内需要保护接地的试验装置（设备）种类、数量较多，包括强电设备、弱电设备、试验台架、一些在正常情况下不带电的导电设备，还包括力学试验用的各种设备和构架等。为此，应对预试实验室厂房设置电子设备的直流接地、交流工作接地、安全保护接地及普遍厂房建筑物的防雷保护接地等。此外，由于厂房内布有一定数量的精密电子设备和测试仪器，这些仪器、设备较易受到电磁波的干扰而导致仪器读数或指示数据产生偏差，预试实验室中大量使用计算机，整个预试厂房遍布消防与火灾报警系统，因此，厂房设计时应考虑防静电接地和屏蔽接地的要求，并采取必要的技术措施加以规避。

预试实验室的供电接地系统对于实验室正常开展工作，保证试验人员与试验设备的安全极为重要。通常情况下，凡是采取专用变压器接入系统的实验室，一般采用分别设置保护零线和接地零线的 TN 方式，TN 系统分 TN－S、TN－C、TN－C－S 三种方式，三种方式各有优缺点，具体采用何种形式，各实验室应根据具体情况加以确定。实际工作中，由于预试实验室对于电源的技术要求相对较低，绝大多数实验室都是由公用变压器引入电源的，而对于采用公用变压器系统的接入电源保护，一般采用公共接地系统作为供电接地系统的一个总的共同接地装置，即统一接地体。将这个统一接地体作为接地的基准点，由此分别引出各种功能接地引线，以此利用总等电位和辅助等电位的方式组成一个完整的统一接地系统。如果实验室的中长期发展规划要求实验室进行高电压相关试验项目，则应遵循 GB 26861—2011 的规定执行包括独立引入电源、采用隔离变压器等诸多特殊技术要求，相应地接线方式等也应按此标准执行。

（1）厂房统一接地系统的方式、组成与验收要求。统一接地系统可以利用厂房桩基钢筋构成，并用 40mm×4mm 镀锌扁钢将其连成一体，作为自然接地体。根据设计规范，该系统与防雷接地系统共用，接地电阻达不到要求的则应增加人工接地体或采用化学降阻法，使接地电阻满足规范要求。在配电室内设置总等电位铜排，该铜排通过构造柱或底板上的钢筋与统一接地体连接，另一端通过不同的连接端子分别与交流工作接地系统中的中性线连接，与需要直接接地的电子设备绝缘铜芯接地线连接。

对于用计算机房参与管理或使用计算机作为工作工具的，

其接地系统宜采用单点接地并应采取等电位措施。所谓单点接地就是指保护接地、工作接地、直流接地在设备上相互分开，各自成为独立系统。可以从柜机中引出三个相互绝缘的接地端子，再由引线引到总等电位铜排上共同接地，而绝不允许将三种接地联结在一起，再用引线接到总等电位铜排上。那种将三种接地联结在一起的连接方法称为混合接地，混合接地既不安全又会相互产生干扰，在规范中是明确禁止的，因此，在预试实验室建设中绝对不允许使用混合接地。验收时，应在验收大纲中提出明确要求，验收过程中应特别注意检查接地处理的正确、规范。

在对预试实验室进行验收时，除有国家规定的接地网专业测试部门的报告外，还应根据验收大纲校验预试实验室的接地网阻值。在进行预试实验室建造设计时，遵照 GB 26861—2011 规定，一般仍应要求实验室整体接地电阻阻值小于 0.5Ω，但还应考虑到预试实验室工作性质、内容与技术要求等客观实际，应当允许对预试实验室接地系统的接地电阻阻值加以适度放宽，具体阻值要求可以参考 GB 26861—2011 及普通工业建筑物接地电阻阻值标准要求、预试实验室所处当地地质、土壤导电率、气象等环境条件因素加以综合分析与必要的计算或调研后进行适当调整。但是，在条件许可的情况下，对于预试实验室的接地电阻阻值仍然要求阻值小于 0.5Ω，这是理想状态或称为追求目标。如果实验室业主单位有要求或出于中长期发展规划的需要（如向电力安全工器具型式试验或带电作业安全工器具预试或其他高等级涉电项目等方向发展），则必须严格执行 GB 26861—2011 规定的整体接地电阻要求，不得逾越。

预试实验室接地网应有足够的敷设引出接地桩头，验收时应按照验收大纲认真检查落实，同时还应检查接地网的接地成组是否可靠连接、建筑构架所有金属件接地状态、厂房内接地带及接地桩头设置与位置是否符合设计要求、检查实验室所有装置（设备）是否均可靠接地且方法正确。一般要求电气装置（设备）采用由地网引出敷设的接地桩头通过电解铜箔（一般要求宽度不小于 120mm）双螺栓（螺栓通常应为 M12～18mm）与之可靠连接。力学装置（设备）的外壳应可靠接地。

另外，对于预试实验室，还应在厂房内沿厂房墙壁距地坪底部 120～200mm 高度用镀锌扁钢板或扁铜板做环绕接地排，每间隔一定距离设置结点桩头，形成接地网，便于移动式试验装置（设备）随处可以有效接地，尤其是电气实验室厂房应特别注意做好环绕接地排。应当特别强调预试实验室的试验装置（设备）必须有工作接地。电气设备的金属外壳、钢构架等由于绝缘损坏就有可能带电，为保证人员和设备安全，就对此予以保护接地。保护接地是中性点不接地的低压配电系统和电力高压系统中电气设备和电气线路最常用的一种保安措施。

应严格按照规范规定的要求将预试实验室中的所有装置（设备）可靠接地，以确保试验安全，并根据验收大纲中对每一台装置（设备）的明确的接地验收要求加以验收。

由于预试实验室大量地使用计算机和数据通信等现代技术，存在大量的精密仪器设备，为保证此类装置（设备）的运行安全，同时还应防止静电可能引起的诸如火灾、电气事故等，因此，在电气实验室还应采取多种静电防护措施。最常见的处理方法为将二次设备、射频电缆布线屏蔽层、通信设备机壳等可靠接地，以防止诸如电磁耦合干扰、强电或雷击通信设备等引发的设备、仪表损坏及人身伤害。除此之外，一般还要求对电气实验室的地面进行防静电处理。由此，验收大纲中同样也应明确此项内容并进行相关检查与验收。

（2）厂房接地系统验收要点与注意事项。应该特别强调的是，预试实验室的接地系统对于预试工作的正常开展十分重要，既是对试验厂房、试验装置（设备）的有效保护，更是对现场参试人员重要的有效保护措施，因此，应严格把握预试实验室厂房接地系统的验收关，执行 GB 26861—2011 中规定的实验室接地网接地电阻一般不超过 0.5Ω 的技术要求，且该检测数据必须由实验室所在地的地市级气象部门接地网接地电阻检测机构经实地检测得出并提供检测数据报告。

这里应该指出的是，对于接地系统测试，电力部门很多单位认为电力系统所涉接地工作太多，有着丰富的经验，由此觉得接地系统有电试班测试完全能够胜任，就严格管理和对安全负责的角度考虑，国家将接地系统的测试工作用行政管理的方式划归、授权于当地地级以上气象测试单位是从国家层面上的综合考虑。接地是一个大系统，与当地气象、土壤、水文、地质、自然灾害评估等都有着密切的关系，而且，气象部门还承担着对所在地综合气象等环境数据的掌握、汇总、分析及提出灾害预防的权责，是承担着重要的地方防灾减灾工作与任务政府部门之一。因此，电力部门或企业所建实验室的接地系统测试工作必须交由当地气象部门的对应测试单位负责，而不得擅自测试，更不是简单地通过绝缘电阻表等工具简单测试即可的。

7.3.2.4 避雷系统验收

厂房避雷系统对于预试实验室而言是十分重要的，验收时应将避雷系统的检查作为重点验收项目之一。避雷系统应严格按照设计规定进行设计，并对照厂房避雷设计及技术要求进行检查与验收。

一个完整的避雷系统应该由雷电接收装置、引下线、接地线、接地体（极）、接地装置和接地网组成。随着钢结构厂房因安装快捷、简便、牢固等优点而逐渐被大量使用，现在在建的预试实验室多以钢构架为厂房主体支撑，屋顶覆以平压型金属板进行构建。通常，在厂房最高位布置接收雷电的避雷针，在厂房四周屋顶面布置架空接地线、屋顶布置避雷网格，并将其勾连成网。由于厂房为钢构架结构，虽然可以利用钢构架作为将雷电流传导至接地装置的导体，但仍建议采用避雷专用的引下线引导雷电流至大地。用于作为避雷接地体的金属导体，应按照设计要求直接与埋入大地的接地桩相焊接并保证可靠连接，与建筑物的接地网共同构成接地装置。在预试实验室厂房建造中，应按照设计要求和对周边环境、土壤等条件的勘测结果，经计算后确定具体的方案，敷设由垂直和水平接地体组成的具有泄流和均压作用的接地网。对避雷系统进行验收时，应检查接地极施工记录，核对是否符合设计要求，厂房墙外是否留有接地测试点，钢构架是否使用镀锌扁铁直接引至屋顶并与屋顶避雷网可靠连接，对已经专业避雷系统检测的所有数据、检测报告、检测单位的合法性等一一进行认真的审阅、检查，应重点检查系统接地电阻值，引下线利用钢构架部分的中间不得有断口、虚接等，厂房内各避雷点有明显可靠的接地。

结合厂房供电接地系统检查带电设备外壳应可靠接地，设备工作点的零线应接地，且接地网的做法与避雷接地方式相同。工作接地与保护接地由配电室独立引出，系统可合并为一个。所有接地系统应完全满足高压试验室的避雷与接地要求。

7.3.2.5 电气实验室厂房屏蔽条件验收

根据 GB 26861—2011 的规定，鉴于电力安全工器具电气实验室的具体工作任务和特点，通常不要求对预试实验室厂房实施屏蔽处理，但应坚决执行对电气实验室的操作室实行屏蔽的规定。虽然对于电气预试实验室的技术要求较低，但这是对于操作室的一项重要的安全防护要求，通常实验室设计与建造同样引用，故验收时应特别检查操作室的屏蔽情况是否满足 GB 26861—2011 的要求和设计规定，以保护操作人员的人身安全。因此，在对电气预试实验室进行验收时，应较为详细地了解操作室建造、用材、布置与屏蔽情况，检查屏蔽状况是否符合设计要求和实际工作要求。同时，了解和检查动力电缆、通信电缆、二次保护电缆等的屏蔽性能和屏蔽效果，必要时可以采取一定的技术手段加以验证。如果所建电气实验室的中长远规划中另有安排，比如向带电作业用安全工器具或高压装置（设备）的试验方向发展，则必须完全严格执行 GB 26861—2011 的规定，以保证电气实验室的安全运行。验收时应特别注意两者的用途、建造、适用标准等方面的区别。建议凡是中长期规划中有意向带电作业用安全工器具或高压装置（设备）的试验发展的实验室，在建造初期就直接严格按照 GB 26861—2011 的规定进行电气实验室的设计和建造，以免在以后改造时增加难度。

电气预试实验室的电源和控制、保护系统通常要求置于试验操作室内，在编制验收大纲时应根据设计图纸和设计要求分别编写和标注，验收时则应根据验收大纲所列内容与要求检查操作室内的电源及电源控制系统、设备二次保护系统是否满足要求，布置是否符合设计规定。

7.3.2.6 应急装置（设备）验收

根据《中华人民共和国安全生产法》《中华人民共和国突发事件应对法》等法律，以及相应的《生产安全事故应急条例》（国务院令第 708 号）、《生产安全事故应急预案管理办法》等行政法规，任何生产企业都应建立健全相应的应急管理体系，并按照法律法规的要求进行落实与管理。电力安全工器具预试实验室同样也应不折不扣地贯彻执行应急管理相关法律法规。因此，实验室厂房应具备必要的安防措施和对应的应急处理条件。

预试实验室基本的安防措施包括视频监控、事故警铃呼叫、厂房安全疏散通道、安全出口指示及应急指示照明，消防烟感及消防喷淋系统、急救用基本卫生用品、厂房现场应急抢救器材等。视频监控技术是成熟技术，验收时主要查看安装合理性、走线安全性和监控室的监控效果。事故警铃呼叫是预试实验室必须配备的，目的在于一旦预试现场发生各类事故，现场人员可以第一时间向预试工作管理部门报告及以最快的速度作必要的撤离，便于事故得到及时有效的处理，降低事故危害程度，避免和防止次生事故或灾害的发生等。验收时，应人为试启动，以校验警铃呼叫系统的反应性。消防烟感是成熟技术，根据国家消防预警系统安装使用要求，必须设计和使用该系统，系统选型可以依据实验室所处环境、条件等具体情况做不同选择。消防器材的选用应严格遵照国家相关规定，可以采用水质、粉末、气体等多种形式，但都必须根据消防对象的不同而不同。比如，电气实验室的消防材质遴选时应选用粉末或气体等电气设备设施灭火最佳的材质消防器材，而力学实验室的消防材质则建议采用水质或泡沫等类型。消防器材的配选不仅仅依靠自动喷淋等现代技术，同时还应适度配备手提式或便携式灭火器材，以保证一旦险情发生时可以多管齐下，及时有效地灭火，降低和减少火灾损害。同时，试验厂房现场应配备足够的灭火用砂（置于特定地点和专用存放箱中），灭火斧、铲、桶（置于专用区域的专用箱内），灭火水带（置于灭火箱内），厂房外合理布设消防栓、必要数量的正压呼吸器（置于专用个人防护箱内）、防毒面罩（置于专用个人防护箱内）、一定数量的应急手电和头戴式应急照明灯（置于专用个人防护箱内）等消防器材，以应对可能的突发火灾。

通常，在对实验室进行正式验收前，政府相关消防管理部门已经对实验室消防系统经过验收，并已出具有相应的消防验收合格报告。在实验室整体验收时，结合消防管理部门出具的消防验收报告，可以采用试启动方法，校验检查消防预警系统的烟感灵敏性以及消防指挥系统应急反应的灵敏性、可靠性等。对于消防喷淋系统，由于预试实验室主要分电气和力学两类实验室，且各种装置（设备）工作对象完全不同，对应的消防灭火介质也不同，建议有条件的实验室安装不同消防喷淋系统或其他自动消防介质喷淋系统。力学实验室采用通用的水喷淋系统即可基本达到消防安全要求，电气实验室则应该采用粉状灭火包或特定气体的喷淋用作消防介质。近年来，消防应急指挥系统大量采用现代科技成果，正逐步形成一套智能化的消防应急指挥系统，建议有条件的实验室可安装使用智能化消防管控指挥系统，使得发生火灾时将损失降到最低程度。同时，应在实验室适当位置分散布置必要的灭火器材，实验室厂房外设置消防专用消防栓等，实验室监控室安装相应的消防监控系统。检查与验收时，应将此作为重点进行了解、检查与验收。

由于预试工作具有一定的危险性，故预试现场应配备必要的急救用基本卫生用品，以供一旦发生小的人身伤害时，可以在现场及时进行处置或在现场紧急处置后及时送医治疗。实验室验收时应检查急救用基本卫生用品的配备情况以及相应的定期检查更新等制度。

根据国家应急管理条例的规定以及电力安全工器具预试实验室厂房情况和预试工作的特点，预试实验室现场应按照编制的应急预案配备急抢救器材等必要物资和器材。验收时，应根据验收大纲涉及应急的内容进行相关的验收工作，检查应急管理文件。

7.3.3 试验设施与装置（设备）及其布置验收

电力安全工器具预试实验室试验装置（设备）的验收是保证实验室试验质量的重要方面，也是取得实验室有效资质的前提和保障。

7.3.3.1 电气实验室验收

（1）操作室验收。操作室内的设备主要包括电源箱、二次保护柜、试验操作台等，是电气试验的必备设备和装置。操作室验收的主要内容如下：电源接入、输出的布置安全及可靠性，电气控制设备与保护系统的安装布置是否符合设计要求、施工就位等的规范性，电气控制设备与保护系统的安装与调试是否达标，试验作业人员的作业位置是否按照设计要求布置、是否便于操控电气控制设备与保护系统等。

操作室的各种管线均应通过电缆沟隐蔽进入电气操作室，仅允许少数短距离测试电缆临时性拖拽于实验室地面。验收时，应认真检查高低压电缆敷设与接入输出是否规范与安全，二次保护电缆、通信专用电缆进入/输出是否规范。特别应强调输入总电源电缆排线以及接入端电缆头的压接紧固程度和接入的规范性，因为这是直接影响电气实验室实际操作运行的关键。验收时，还应认真检查二次保护电缆、通信专用电缆的进入/输出路径，应与高低压动力电缆分隔接入/输出。如实验室规划中将承担带电作业用工器具试验任务或承担部分高压试验任务，则其电源接入应严格按照 GB 26861—2011 的规定执行，这既是保护实验室内各种电气试验装置（设备）的安全、也是保证试验人员安全的必备条件。

操作室内设备的整体布局应合理、安全、适于试验工作，符合设计要求。验收时，应严格按照验收大纲要求的内容和条件逐项逐件地进行检查和验收，对于不符合验收要求或存在缺陷的应当场指出，并提出整改要求与设定时限的整改通知书，限期整改。

（2）试验装置（设备）及其布置的验收。由于电气实验室是以主试验变压器成套装置为主进行布置的，且电气试验装置中有一部分采用移动式装置，因此，合理的设备布局尤显重要。一般而言，在对电气实验室进行总体规划设计时，首先划定主试验变压器成套装置的试验作业范围，然后划定较小容量的试验变压器成套装置工作范围，这时往往需要考虑到其他为之服务的配套试验装置的合理分布，最后是其他试验装置的布置。比如，成组接地线直流电阻测试仪一般只需放置于有 220V 市电插口的位置即可，可处于试验厂房相对较偏僻的地方。验收时，对试验装置（设备）的布局、设计布局及要求、验收要点都一一明确标注，并按照验收大纲列明的项目与技术要求进行逐件验收。

在试验装置（设备）验收完成后，还应根据设计和验收大纲对电气实验室的分区分隔进行检查验收。由于试验工作存在一定的危险性，因此，实验室内的装置（设备）应有明确的分区分隔。通常，可以根据装置（设备）在预试中的需要，分别采用固定的或移动的安全围栏方式加以分区分隔。本书建议，在实验室设计规划时即划定各功能试验区域，使之相对固定，并据此设置安全防护。通往试验区域的安全遮拦门与试验电源应设置联锁装置，当通往试验区域的安全遮拦门打开时，试验电源应无法接通并发出报警信号。验收时，应根据设计要求对照实际装置（设备）的布局情况进行全面检查，所有分区分隔都应满足设计要求和电气试验的安全规范，且围栏等安全装置符合设计要求（包括功能、高度、定距悬挂警示标识等）。地面分区分隔标注线应明确、清晰、规范。

所有依据验收大纲要求的子分项目验收完成后，对验收资料进行整理，形成初步判定与报告，并提交至验收工作联席会议进行终判，以确定电气实验室最终的验收结论。

7.3.3.2 力学实验室验收

（1）地坪承重验收。力学实验室在厂房建造方面与电气实验室的主要差异在于对于地面的承重要求不同。力学实验室厂房地坪承重应符合所需布置的试验装置（设备）产品标准（或参考标准）规定的承重要求。

由于力学试验中有一些试验装置自身质量较重、体积庞大，且试验过程中可能会对地坪产生较大冲击力（如防坠安全工器具的试验），故对试验装置安装区域的地坪和涉及试验可能触及的地坪都有一定的承重和抗冲击等的要求。因此，应对可能被下坠物冲击的该类装置试验区域下方的地面在进行防冲击处理。通常采取的方法是对此类装置试验区域进行软地坪处理（一般用作吸收下坠冲击力的介质为一定面积的沙坑），或在试验装置的下方铺垫具有足够大小和能够吸收足够大冲击能量的软垫。从有效吸收下坠冲击力的角度出发，本书建议设计时应尽可能使用沙坑作为软地坪，原因如下：试验时向下的冲击力带有一定的不确定因素，尤其是在试品着地的瞬间其冲击方向可能发生改变，而且在强大的冲击力与地面碰撞时还可能发生试品破碎，形成碎片飞蹦击打伤人等不可预料的事故；而相对于软垫，沙坑软地坪能瞬间吸收绝大部分的下坠冲击力，且下坠体落地后的冲击反弹较小，形成的碎片也较小且少，飞击力量相对软垫也较小，危害也就较小。采用软垫虽然整洁、视觉效果较好，但因其吸收下坠冲击力远远低于软地坪，且因再厚的软垫终因冲击力吸收能力较差而致使下坠冲击物近似硬着陆的方式着地，继而形成的碎片会较多且较大，飞溅物的飞击力量也大很多，危险性必然较软地坪大很多。因此，为尽可能减少碎片的产生和降低飞溅物飞击力量，采用软垫吸收下坠冲击力的实验室，应事先测试试品及试验辅助部件可能的最大下坠冲击力，并进行碎片模拟测试，得出较可信的结论，据此选用吸收下坠冲击力的软垫，即选用的软垫应具有足够厚度和铺垫面积。

在检查与验收时，应检查厂房地坪强度是否符合设计与验收大纲要求，并重点关注试验装置（设备）安装区域地坪承重性能的验收（拉力机等设备标准中对基座单位载荷有具体要求，非标装置（设备）可参考此类产品标准）。应根据验收大纲有目的地抽检设备区域实际承重是否符合设计要求，如合格即可认为通过，反之则应协调实验室业主单位，并与相关设计单位、施工单位、监理单位等进行分析评判，必要时下达整改通知建议书，待整改后再重新验收。

（2）试验装置（设备）安装调试验收。在对厂房内已安装的装置（设备）开始验收前，应对其基本情况有较为充分的了解。只有在确认这些试验装置（设备）基本符合设计要求后，才能开始对其安装、调试进行正式验收。

首先，检查试验装置（设备）在厂房内的布置情况，应与设计平面布置图基本吻合。如发现有装置（设备）的规格型号与设计不同，应立即向安装调试单位和实验室建造单位了解情况并检查设计更改单，经确认设计更改单符合实验室工程建造相关规定且所有手续、流程齐全，方可开始对试验装置（设备）逐一进行检查与验收。

验收时，应按照设备使用说明书、设计要求、安装条件等，通过使用必要的仪器仪表，对每一台（套）装置（设备）的安装规范性与安全可靠性进行检查和验收，并将采集取得的数据进行记录；通过比对产品标准规定、产品使用说明书参数及验收大纲的要求，确定装置（设备）安装、调试的实际情况，得出装置（设备）的安装、调试是否符合要求，能否通过验收，据此写出对该台（套）装置（设备）的专项验收报告。

对于有些拼接而成的力学试验装置（设备），验收时应重点关注部件的连接部位，一是连接是否正确，二是连接是否牢固。比如，对门式梯具试验台架和防高坠器具试验台架等高重大装置进行验收时，应检查固定装置（设备）的地脚螺栓、紧固螺栓是否符合设备安装书的规定，检查紧固件的紧固程度是否符合要求。凡是装置（设备）使用说明书明确有力矩要求的，应使用力矩扳手验核，检查力矩数据与对称性等紧固条件是否合规。由于此类试验装置整体高大，往往需要辅助支撑来保证装置的稳定性、安全性，故多数实验室采用前后左右斜拉支撑或依墙支撑的方法将其安装于试验厂房内。对于这两种方式，本书建议采用依墙支撑的方法为宜，并需事先检查厂房支撑墙体的坚固程度。只有达到或满足高重大试验装置支撑所需的支撑力且有一定冗余方可在被测墙体上布设高重大试验装置的支撑臂。另外，对于防高坠器具试验台架的安装布置，还有些实验室采用另建专用 $30m^2$ 小厂房的方法，利用小厂房四周的厂房钢结构作支撑来保证装置的稳定性。不论是将防高坠器具试验台架置于试验厂房内还是置于另建的专用小厂房内，均应保证其墙体具有足够的支撑力。本书认为，采用另建小厂房的方法，可以最大限度的保证试验的相对独立，便于试验的安全防护，能切实保证现场试验人员的人身安全。

在验收时，应检查高重大试验装置抓墙支撑件的抓墙强度是否符合设计要求、安装是否牢固等。另外，防高坠试验台架一类的高大试验装置一般都有登高专用爬梯，验收时应检查这类高大装置登高爬梯的安装是否规范，参数是否符合设计要求，登高爬梯踏板、安全护栏的安装是否正确，紧固是否安全可靠、符合要求等，并将检查数据记录，供验收评定时确认。

另外，在进行试验装置（设备）验收时，还应注意检查装置安装时的调平找正用的垫块是否使用正确、是否到位等，用校正仪测试装置（设备）是否达到规定的水平度，用铅锤仪测试高大设备或装置的垂直度是否达标，还应检查垫块一类校正装置（设备）的辅助部件是否牢固焊接等。这些虽然是小节，但如果不能达标，可能直接影响测试数据的准确性，严重的可能会导致设备事故，甚至引发人身伤害事故。

由于电力安全工器具预试工作量大，装置（设备）的日常维护和易损件的更换在所难免，因此，在建设预试实验室时就应该配齐需要用到的各种夹具、台架等，同时还应配备试验装置（设备）某些易损件的备品备件。鉴于此，验收时也应对这些设备部件一并进行验收。

（3）安全防护验收。力学实验室在试验过程中的最大危险是机械飞车及因飞车形成的机械碎片（试验装置（设备）损坏的碎片或被试物件的破碎片）等可能引发的打击伤害。一般来说，力学试验装置（设备）的生产厂家都会对其生产的产品做相应的安全防护处理，以保证装置（设备）使用时的安全，据此，在试验装置（设备）布置设计、编制验收大纲和进行验收时，都应重点控制。验收时，应检查试验装置（设备）的自身安全防护机构或部件配置是否齐全，安装是否牢固以及安全防护机构或部件是否安全可靠等。由于试验装置生产企业所做的安全防护措施针对的主要是装置（设备），与试验作业现场的安全要求有一定距离，因此在实验室设计上就应要求对力学试验装置（设备）做二次安全防护，将每台（套）试验验装置（设备）分别加以隔离，使之互不干扰，防止因二次保护缺失或不到位而引发次生伤害事故等。在验收时，应检查装置（设备）的二次安全防护是否按照设计要求和安全防护要求进行配置，且装配是否达标。

防高坠工器具试验装置通常都比较高大，往往需要试验人员登高放置试品，因此，试验装置上应设有安全可靠的登高爬梯，且爬梯应安装有登高防护和供登高者攀爬时使用的扶手，登高踏板应有防滑纹，以保证登高人员的安全。另外，还应在测试平台四周设有一般不低于 1.2m 高度的防护栏，平台踏板平整，置有防滑纹。防高坠工器具测试用试验装置必须配有放置试品用的吊具，放置人员不得随身携带试品等器具登高放置。验收时，除检查和验收悬坠装置外，还应检查登高爬梯、放置试品用的吊具、测试装置高端平台。只有所有这些都符合设计和安装技术要求，方能认为装置（设备）验收合格。

另外，应在这类高重大试验装置周围一定范围内设置和加装固定的、具有足够高度和强度的金属围框。通常采用可视金属网架结构用作安全防护，这样，既可起到安全防护作用，又使得试验区域外的相关人员可观察到试验全过程。对于有可能产生下坠冲击力的区域，同样需要安装安全防护围框。如采用软地坪作为冲击力吸收介质，由于其本身可以吸收绝大部分下坠力，可能产生的飞溅碎片相对也会较小，故相应来说允许围框高度可适当降低。反之，如采用软垫等一类吸收能力不十分好的物质作为吸收介质，则要求构建的安全围框应足够高且有足够的强度。对安全围框的验收也应据此进行。

7.3.4 试验装置（设备）计量检测验收

电力安全工器具预试实验室布置有大量的试验装置（设备），在接受国家质检部门现场审核之前，实验室建设单位应对这些装置（设备）进行整机自验收。整机自验收的内容与流程应该与质检部门审核内容相同，且要求应严于质检部门。自验收之前，应编制每台装置（设备）自验收大纲，列明内容、事项、要点、关键部位、计量器件等。在自验收过程中，对照自验收大纲进行全程记录，并在事后根据发生或暴露出来的问题编制限期整改方案，经整改后再进行二次自验收，直至符合设计要求并判定自验收合格。

电力安全工器具预试的本质是对被试产品进行质量评定，而判定合格与否的关键之一就是试验装置（设备）计量器件采集数据的准确性，当采集所得数据符合产品标准或 DL/T 1476—2015 规定数值区间的，即认为被试产品合格。由此可见，试验装置（设备）上计量器件的精度与准确率无疑起着极为重要的作用，这就是实验室存在的意义，也是国家质检部门重点审核的内容，同时也是自验收的重点内容。自验收时，应仔细核对装置（设备）计量部件的精度等级、执行标准、铭牌标识所列的规格型号等诸多内容，结合所依据标准、产品使用说明书等检查是否符合相关标准的技术要求。如发现计量部件不符合要求或不达标，则必须进行更换，以保证试验装置（设备）完全能够满足电力安全工器具预试的要求。凡是经更换计量部件的装置（设备），应在自验收记录上有明确的记录，以供预试实验室正式开展工作后对所涉设备进行进一步跟踪，保证预试质量。

7.3.5 环境条件验收

电力安全工器具预试实验室验收时，除了对厂房、装置（设备）等严加检查和验收外，还应就试验的作业环境进行检查，以确保实验室能满足试验要求。

在实验室分区规划设计时，通常在试验厂房外设有临时库房用于存放试品。库房应按照试品种类分为待检库房、已检合格库房和已检报废库房，且分别用色调差异很大很明显的彩色防水喷绘纸贴于库房大门上，以进行区别，防止误存误放。所有试品不论合格与否，存放期间都应按要求置于各自的专用存放架上，且应严格按照规程规范的规定进行摆放。同时，试验厂房内的区域划分也要明确，行走线、行车线、装置（设备）放置区域、试品存放区域（待检区域、已检区域）等都应用规范的标识标记加以标明。如，厂房行车走道应足够宽，以方便相关人员进出、试品运输车辆的行车并保证行车安全。另外，对于试品存放区中的已检区还要细分为合格区与报废区，且两区域之间有一定的间隔距离，防止合格试品与报废试品混淆，埋下安全隐患。

另外，还应结合实验室所处地域实际情况，根据设计文件和有关实验室客观环境进行检查与验收。对于电气实验室，应特别注意对温湿度控制的检查与验收，也要对水质酸碱度、实验室周边电磁环境影响等进行检查和验收，以保证实验室试验环境符合相关设计、试验要求。如实验室有必要采取酸碱盐尘防护措施与设备，则应测试投入使用效果等。经检查和验收后出具验收子分项目验收报告。

由于实验室内装置（设备）较多，各种装置（设备）作业方法与安全注意事项不尽相同，根据国家市场监督管理总局对于合格实验室管理的要求，对于实验室内每台（套）试验装置（设备），都必须在其安装布置的显著位置张贴该试验装置（设备）的操作规程、安全注意事项、装置（设备）责任人等设备管理要素，因此，验收时不得疏漏该项内容，应根据验收大纲的要求，结合国家试验管理要素对每台（套）试验装置（设备）进行检查与验收。检查每台（套）装置（设备）是否有相应的设备操作要求和安全防护规定，装置（设备）的责任人姓名，如需监护的是否有监护人姓名，检查此类要求张示的地点、时间或修订时间等是否合规，以保证其有效性。

7.3.6 附属项目验收

预试实验室附属项目验收主要包括实验室整体结构设计的合理性、装置（设备）布置状况及实验室整体安全防护与各分隔设备装置安全防护的协调性、合理性与安全性。验收时，对照设计平面图，对每台装置（设备）、厂房的各类线路、管道等逐一进行检查和验收。

电力安全工器具预试实验室是为安全生产服务的，因此，要圆满完成预试任务，首先要求实验室本身必须安全。在设计与验收实验室时，安全设施的有效性是必须加以重点关注的。

这里的安全不仅仅指装置（设备）的安全，还指试验时设施、装置、环境等对作业人员人身安全的影响，还指厂房本身的安全。

装置（设备）的安全，以及试验时设施、装置、环境等对作业人员人身安全的影响，前述已经较多，强调的是其一致性和协调性。验收时，可以通过过装置（设备）必要的空载启动运行进行实际验收，验证其安全性。

厂房安全的验收包括厂房基础安全、厂房防水地坪质量、高坡厂房的防滑坡用的护坡堆砌质量、上下水通道、进出电源通道、通信通道、接地与避雷系统的正确性、合理性、操作间与高压试验区域布设的协调性、车辆通道的合理性、人员出入通道的安全性、事故应急通道的布设及实用性、安全应急指示照明等。以上内容既要在设计、验收大纲中明确写明，验收时也应进行检查和验收。

7.3.7 小结

以上所有验收工作结束时，应核对检查验收流程，不得有缺项或漏项等。只有包括施工建造、装置（设备）安装调试以及综合验收大纲上所有验收子分项目全部验收完成并提交各子分项目验收报告，即意味着现场验收结束，才能进入综合评估阶段。在召开实验室验收工作综合评定联席会议时，应重点检查各子分项目验收合格报告、对应资料及档案的完整性，经确认资料及档案完全齐备、各子分项目全部验收合格，并经综合评定联席会议通过，编制综合验收合格竣工图，则认为实验室验收完成。同时，将所有相关文件和验收报告等资料按规定制作正副本，以供备案。通常，验收资料和档案编制一式两份，一份由业主单位及时归档，另一份则由承建单位或设计单位留存。如有必要，也应允许验收专业机构留存一份。

预试实验室验收工作结束后，即可向有关国家质检或资质颁发部门申请实验室现场审核工作。经现场审核通过后，有关部门颁发相关实验室的CMA资质认证证书。实验室取得带有认证内容与要求的附录表和CMA资质认证证书后可开展相关的电力安全工器具的预试工作。

8 电力安全工器具预试实验室资质

实验室是指为科学地阐明某一现象而创造特定条件，以便观察其变化和结果的机构。本书所讲的电力安全工器具预试实验室专指对电力安全工器具所用材料或所具备的性能进行测量、检查、试验、检定（校准）或其他测量的实验室。

8.1 国家产品质量检验检测体系概况

8.1.1 产品质量检验检测实验室分类

我国对实验室的建立、分类及资质有着严格的管理要求。按活动的性质，我国将实验室分为第一方（供方）实验室、第二方（需方）实验室和第三方（社会方）实验室。

第一方实验室是组织内的实验室，即产品生产企业内的实验室，仅针对自己生产的产品进行检测或校准；或者，产品生产企业委托某外部（即第三方）实验室代表其检测或校准该企业生产的产品，测得的数据为其所用，目的是为了提高和控制产品质量，通常使用企业标准或相关产品标准。简单来讲，第一方实验室是产品生产企业通过自建自检或通过经企业评估认可的社会化服务机构取得产品相关数据，并将数据与相关产品标准要求的技术参数或数据进行比对，以确定企业产品质量是否符合相关标准要求，仅仅对自身产品质量负责的实验室。

第二方实验室可以是组织内实验室，也可以委托某外部（即第三方）实验室检测或校准供方提供的产品，测得的数据为组织内所用，目的是提高和控制供方产品质量，以最终保证自身产品质量，一般使用产品的标准（国标、行标、企标）或双方约定等。简单来讲，第二方实验室是产品使用企业通过自建自检或通过经企业评估认可的社会化服务机构取得供方销售产品的相关数据，以检测采购或使用中的产品质量是否符合产品使用企业要求的实验室。

第三方实验室是独立于第一方实验室和第二方实验室的社会化实验室，是为社会提供检测或校准服务的实验室，数据为社会所用，目的是提高和控制社会产品的质量，一般使用国家标准、行业标准或国际标准。第三方实验室最突出的特点是具有经国家相关管理部门严格考核并认可的某一领域和范围的相应资质，具有对社会负责的独立性。第三方实验室出具的试验报告仅对测试产品的质量负责，出具的数据与产品试验报告具有法律效力。第三方实验室秉承独立、公正、公开、公平的基本原则，是社会公认的最可信赖的认证机构。

8.1.2 实验室资质

8.1.2.1 实验室资质认定制度和实验室资质认可制度

（1）实验室资质认定制度。为规范实验室和检查机构资质认定管理，提高实验室和检查机构资质认定活动的科学性、有效性，根据《中华人民共和国计量法》（以下简称《计量法》）、《中华人民共和国标准化法》（以下简称《标准化法》）、《中华人民共和国产品质量法》（以下简称《产品质量法》）、《中华人民共和国认证认可条例》（以下简称《认证认可条例》）等有关法律、行政法规的规定，国家认证认可监督管理委员会制定了《实验室和检查机构资质认定管理办法》，2006 年 2 月 21 日，国家质量监督检验检疫总局以第 86 号局长令予以发布，明确了资质认定包括计量认证和审查认可两种形式。质检总局 86 号令明确规定，在中华人民共和国境内，从事向社会出具具有证明作用的数据和结果的实验室和检查机构，以及对其实施的资质认定活动均应当遵守“质检总局 86 号令”。

2006 年 7 月 27 日，国家质量监督检验检疫总局正式颁布印发了《实验室资质认定评审准则》（以下简称《评审准则》），并于 2007 年 1 月 1 日开始实施。《评审准则》给出了实验室资质认定的定义，明确实验室资质是向社会出具具有证明作用的数据和结果的实验室应当具有的基本条件和能力。

认定是指国家认证认可监督管理委员会（以下简称国家认监委）和各省、自治区、直辖市政府的质量技术监督部门对实验室和检查机构的基本条件和能力是否符合法律、行政法规规定以及相关技术规范或者标准而实施的评价和承认活动。资质认定突出强调了实验室获得国家认监委或省级质量技术监督部门的认证认可所必备的基本条件和必有的能力要求。必备的基本条件包括实验室应当满足的法律地位、独立性和公正性、安全、环境、人力资源、设施、设备、程序和方法、质量管理体系和财务等方面的要求。必有的能力包括遵守和实施相关法律、行政法规规定以及相关技术规范或者标准等。实验室运用其基本条件和能力来保证其出具的具有证明作用的数据和结果的准确性、可靠性、稳定性，且积累必需的相关经验，达到符合认证认可水平，通过国家认监委或省级质量技术监督部门考核、审查、评价，获颁相应级别的认证认可证书。最常见的实验室资质认定制度管理下的实验室即为持有 CMA（China Metrology Accreditation 证书）的第三方实验室。简而言之，根据质检总局 86 号令规定，凡是第三方实验室，均必须经国家认监委考核、审查、评价并取得由国家质检部门颁发的资质证书后，方可开展相应工作，而对于第一方实验室、第二方实验室则没有资质要求。

（2）实验室资质认可制度。中国合格评定国家认可委员会（China National Accreditation Service for Conformity Assessment，CNAS，以下简称认可委员会）是根据《中华人民共和国认证认可条例》的规定，由国家认证认可监督管理委员会设立并授权的国家认可机构，统一负责对认证机构、实验室和检查机构等相关机构（以下简称合格评定机构）的认可工作。

CNAS 依照我国法律法规建立并运行合格评定机构国家认可体系；编制并颁布认可工作规则、准则、指南等规范性文件；对境内外提出申请的合格评定机构开展能力评价，作出认可决定，并对获得认可的合格评定机构进行认可监督管理；对认可委员会徽标和认可标识的使用进行指导和监督管理；组织开展与认可相关的人员培训工作，对评审人员进行资格评定和聘用管理；为合格评定机构提供相关技术服务，为社会各界提供获得认可的合格评定机构的公开信息；参加合格评定及认可相关的国际活动，与有关认可及相关机构和国际合作组织签署双边或多边认可合作协议；处理与认可有关的申诉和投诉工作；承担政府有关部门委托的工作；开展与认可相关的其他活动。

实验室资质认定与实验室资质认可的比较见表 8－1。

表 8-1　　实验室资质认定与实验室认可的比较

项目	实验室资质认定	实验室资质认可
法律依据	《计量法》《标准化法》《产品质量法》《认证认可条例》《实验室资质认定管理方法》	《认证认可条例》等相关法规
基本性质	强制性的，有法律规定	自愿的
对象范围	针对第三方实验室（为行政、司法、仲裁机构和社会公益活动、经济或者贸易关系人提供具有证明作用的数据和结果的实验室，以及其他法定需要通过资质认定的机构）	对所有实验室（包括第一、二、三方实验室）
主管部门	国家认监委	国家认监委
实施部门	国家认监委、省质监局	中国合格评定国家认可委员会
级别类型	分国家级、省级（二级）	国家一级
考核内容	公正性和技术能力	公正性和技术能力
评审依据	实验室资质认定评审准则（参考采用 GB/T 27025），以及特殊领域的评审准则，如《食品检验机构资质认定评审准则》《司法鉴定机构资质认定评审准则》（试行）等	检测和校准实验室能力认可准则（等同采用 ISO/IEC 17025）
评审准则	1. 吸取 ISO/IEC 17025 和 17020 管理理念，与国际实验室认可标准的管理理念相统一； 2. 包括有关法律法规要求、特定检测工作的要求	国际标准和特定要求
主要目的	提高管理水平和技术能力	提高管理水平和技术能力
批准结果	发证书，CMA、CAL 标志	发证书，CNAS 标志

目前，我国对于实验室资质的认定制度和认可制度是实验室资质管理中最重要、最基本的两个体系。认定制度的重点在于实验室运用自身基本条件及相关经验和水平来保证出具的具

有证明作用的数据和结果的准确性、可靠性和稳定性，具有法律效力。认可制度则是根据法律法规等相关文件，对提出申请的合格评定机构开展能力评价，作出认可决定，并对获得认可的合格评定机构进行认可监督管理等工作。

8.1.2.2 实验室资质分类

根据国家对于实验室监督管理的相关要求，实验室资质的主要形式分为资质认定和资质认可两大类。资质认定的实验室包括计量认证（CMA）和审查认可（CAL）两种类型实验室。资质认可的实验室包括实验室认可（CNAS）和国际认可（ilac－MRA）两种类型的实验室。

资质认定的实验室被授权代表国家出具相应的实验报告，并保证报告所陈述的数据真实、可靠，符合相应的标准规范，因此所出报告具有法律效力。

资质认可是对实验室能力认可的一种形式，实验室获得资质认可也就证明其具备了资质认可证书上所描述的试验能力，即有能力对资质证书所列项目内容依照规定的标准规范进行试验，并保证试验数据符合标准规范的要求。

获得资质认定和资质认可的实验室均是对被试产品质量依照产品及相关标准规范进行检测，取得相应的数据且数据真实、可靠。两者最大的区别在于：获得资质认定证书的实验室可以出具相应的试验报告，并代表国家对被试产品进行按照国家标准体系和行政法律法规判定被试产品的质量水平或程度，具有代表国家的法律效力，对全社会负责；获得资质认可证书的实验室不能代表国家证明或判定被试产品是否符合国家标准体系或相应的法律法规，不得提供试验报告，仅允许提供所做试验的必要文件材料，并且所提供的书面材料不具备法律效力。获得资质认可的实验室可以根据与约定单位或组织签订的协议提供试验数据，以供约定单位判定约定产品的质量状况。比如获得 CNAS 证书的实验室可以向社会证明自身具备的试验能力。获得 ilac－MRA 证书的实验室可以在约定的组织或某些特定的范围提供被试产品的质量数据与情况，供约定单位在判定产品质量时进行参考。国际上通常对于 ilac－MRA 实验室提供的文件材料进行互认，将其作为一项重要的试验参数佐证。

（1）计量认证（CMA）。CMA 是中国计量认证（China Metrology Accreditation）的缩写，CMA 标志见图 8－1。

取得实验室资质认定（计量认证）合格证的检测机构，允许其按照证书上所批准列明的项目依照项目核准标注的适用标准进行产品检测，并允许其在检测（检验、测试）的证书及报告上使用 CMA 标志。CMA 是检测机构计量认证合格标志，具有此标志的机构为合法的检测机构。根据《中华人民共和国产品质量法》《中华人民共和国计量法》及《中华人民共和国计量法实施条例》，计量认证是我国检验市场准入的必要条件。而《中华人民共和国计量法实施细则》进一步明确规定，计量认证是对检测机构的强制性考核，也是政府权威部门对检测机构进行规定类型检测所给予的正式承认。

图 8－1 CMA 标志

检验检测机构的目的就是要为社会提供准确、可靠的检测数据和检测结果。

计量认证合格的检测机构出具的数据和结果主要用于：政府机构依据有关检测结果制定和实施各种方针、政策；科研部门利用检测数据发现新现象、开发新技术、新产品；消费者利用检测结果来保护自己的利益；流通领域利用检测数据决定其购销活动等。

（2）审查认可（CAL）。CAL 是中国考核合格检验实验室（China Accredited Laboratory）的缩写，CAL 标志见图 8－2。

图 8－2　CAL 标志

CAL 是质量监督机构认证符号，属于国家授予的权威性标志（授权认可，带有执法性）。CAL 是质量监督部门根据有关法律法规的规定，对依法授权或依法设置承担产品质量检验工作的检验机构进行合理规划、界定检验任务范围，并对其公证性和技术能力进行考核后，准予其承担法定产品质量检验工作的行政行为。

国家认监委和地方质检部门依据法律、行政法规的规定，对承担产品是否符合对应标准的检验任务和承担其他标准实施监督检验任务的检验机构的检验能力以及质量体系进行审查，即只有从事生产领域产品质量抽查任务的检测机构才需要获得审查认可（验收）的授权证书。

2015 年国家质检总局颁布的 163 号令《检验检测机构资质认定管理办法》和 2015 年认监委发布的国认实〔2015〕49 号《关于实施〈检验检测机构资质认定管理办法〉的若干意见》调整了有关检验检测机构资质、资格许可权限的认定、认可的管理归属权。

因 CAL 具有质量检验工作的行政行为和执法性质，故国家质量监督部门一般仅将该资质授予其下属的专业质量监督检验机构。

（3）实验室认可（CNAS）。CNAS 是中国考核合格检验实验室（China National Accreditation Service for Conformity

Assessment）的缩写，CNAS 标志见图 8-3。

CNAS 是国家实验室的标志，是证明实验室通过了国家实验室认证委员会的考核、实验室检验能力达到了国家实验室水平的标志。CNAS 不设门槛，任何一方、企业，甚至个人都可申请，只要达到国家规定的条件与要求并通过考核就可获得该资质，是一种自愿认可行为。CNAS 在国际上也得到诸如美国、日本、英国、法国、德国等主要国家的承认。

图 8-3 CNAS 标志

（4）国际认可（ilac-MRA）。ilac 是国际实验室认证组织（International Laboratory Accreditation Cooperation）的缩写，该组织于 1977 年以代表大会的形式开始工作，最终目的为降低贸易壁垒。ilac-MRA 即是国际实验室认可合作组织多边相互承认协议（International Laboratory Accreditation Cooperation - Mutual Recognition Arrangement）的缩写，其标志见图 8-4。

ilac-MRA 是国际互认标志，使用该标志的检验报告可以在国际上得到 46 个经济体的 56 家实验室机构的认可。目前，我国经过 CNAS 认可的检测实验室所出具的检测报告，在出具 CNAS 标志的同时，也已经可以使用 ilac-MRA 标志，并得到签约国的认可。

图 8-4 ilac-MRA 标志

8.1.2.3 实验室资质比较

由于 ilac-MRA 主要用于国际互认，其对于电力安全工器具预试实验室资质认定认可意义不大，因此本书主要对 CMA、CAL、CNAS 这三种实验室资质的差异进行对比（见表 8-2），以进一步理解和掌握获得电力安全工器具预试实验室资质所需的最基本的要求与条件。

表 8-2　实验室资质对比

资质	CMA	CAL	CNAS
目的	管理水平和技术能力评定	管理水平和技术能力评定	管理水平和技术能力评定
法律依据	《计量法》第 22 条	《标准化法》第 19 条，《产品质量法》第 19 条	GB/T 27025—2008（等同采用 ISO/IEC 17025：2005）
评审依据	《检验检测机构资质认定评审准则》（2016 修改版，等同采用 ISO/IEC 17025：2005）	《检验检测机构资质认定管理办法》（国家质检总局 2016 年 163 号令）	CNAS/CL 01：2018《检测和校准实验室能力认可准则》（等同采用 ISO/IEC 17025：2005）
性质	强制性，未经计量认证的质检机构不得向社会出具公正数据	强制性，代表政府行使产品监督，给予授权可进行行业抽查、评比	自愿原则
评审对象	向社会出具公正数据的第三方检测/校准实验室	由质量技术监督部门依法设置或授权的质检机构	社会各界第一、第二、第三方检测/校准实验室
类型	国家和省两级认定	国家和省两级认定	国家实验室认可
实施机构	省级以上质量监督部门及国家计量认证行业评审组	省级以上质量监督部门及国家计量认证行业评审组	中国合格评定国家认可委员会
考核内容	《检验检测机构资质认定评审准则》，6 个方面，共 50 条，比实验室认可增加 19 条特殊要求	《检验检测机构资质认定评审准则》，6 个方面，共 50 条，比实验室认可增加 19 条特殊要求	公正性和技术能力，《检测和校准实验室能力认可准则》中的 25 个要素

续表

资质	CMA	CAL	CNAS
考核结果	发证书，使用 CMA 标志	发证书，使用 CAL 标志	发证书，使用 CNAS 标志
使用范围及特点	在通过认定的范围内，可提供公正数据，国内通用	对承担产品是否符合标准检验任务和承担其他标准实施监督检验任务的检验机构的检测能力以及质量体系进行审查，国内通用	国际通常做法，CNAS 已与亚太实验室认可合作组织和国际实验室认可合作组织分别签订了互认协议（APLAC－MRA 和 ilac－MRA），但不能取代审查认可和资质认定

注　APLAC－MRA 为亚太实验室认可合作组织互认协议。

由上表可以看出，CMA 和 CNAS 的相同点如下：目的相同；考核内容相同；都属于合格评定领域范畴。

CMA 和 CNAS 的主要差异如下。

（1）性质不同。CMA 是法制计量管理的重要内容之一，对于检测机构来说，就是检测机构进入检测服务市场的强制性核准制度，即：只有具备计量认证资格并取得认证法定地位的机构，才能为社会提供检测服务。也就是说，取得 CMA 即表示该实验室取得了对应范畴的法制计量认证，而计量认证是保证实验室进行产品质量测试的最基本的要素，取得 CMA 方才可以证明该实验室具有对产品质量进行认证与判定的权力。CNAS 与国外实验室认可制度是一致的，是自愿申请的能力认可活动，如果检测技术机构通过了 CNAS 考核，则证明其能力符合国际通行的检测/校准实验室的通用要求。

（2）对象和范围不同。CMA 一般只针对第三方实验室，也包括少数特定的第二方实验室，范围比较小，通常跟审查认可一起进行，只有经过政府的授权才有资格。CNAS 是所有实验室都可以申请的，只要具备相应的检测能力并通过考核就可以取得证书，包括第一方、第二方、第三方实验室，企业甚至个人实验室等，范围很广。

（3）依据不同。CMA 主要依据是国家标准，CNAS 主要依据是国际标准。

（4）组织和实施方不同。CMA 的组织和实施方是国家、省质检局（现国家市场监督管理总局、省市场监督管理厅），CNAS 的组织和实施方是国家认可委。

（5）要求不同。

CMA 共有 19 个要素：

1）管理要素：组织、管理体系、文件控制、检测和校准的分包、服务和供应品的采购、合同评审、申诉和投诉、纠正措施、预防措施及改进、记录、内部审核、管理评审。

2）技术要素：人员、设施和环境条件、检测和校准方法、设备和标准物质、量值溯源、抽样和样品处置、结果质量控制、结果报告。

CNAS 共有 25 个要素：

1）管理要素：组织、管理体系、文件控制、要求、标书和合同的评审、检测和校准的分包、服务和供应的采购、服务客户、投诉、不符合检测和校准工作的控制、改进、纠正措施、预防措施、记录控制、内部审核、管理评审。

2）技术要素：总则、人员、设施和环境条件、检测和校准方法及方法的确认、设备、测量溯源性、抽样、检测和校准物品的处置、检测和校准结果质量的保证、结果报告。

8.2 电力安全工器具预试实验室资质选择及认证过程

8.2.1 实验室资质选择

电力企业作为电力安全工器具的终端用户，一方面需要利用检测结果来保护自己的利益，另一方面还需要利用检测数据来挑选和决定自身的采购活动。因此也就需要由具有相应资质的第三方实验室来出具公开、公平、公正的检测结果和检测报告。

CMA 是进入检验检测行业的一项行政许可制度，具有强制性，体现国家意志，能够向社会出具具有证明作用的数据、结果，其检验结果具有法律效力。因此，电力安全工器具预试实验室必须取得 CMA 资质，才有资格提供检测服务。

CNAS 是一种自愿认可的行为，仅仅表明该检测机构已经通过中国国家实验室认证委员会的考核，检测能力已经达到了国家级实验室水平。也就是说，取得 CNAS 资质，只证明实验室具备了对某特定领域特定范围的检测/校准能力和水平，其可以出具相应的试验和数据报告（严格讲应该是书面文件），但不具备法律效力。

CAL 一般仅授予国家质检总局（现国家市场监督管理总局）系统内的质检或省质检局（现省级市场监督管理厅）授权的产品质量监督检验机构，故不适用于电力安全工器具预试实验室。

ilac－MRA 是国际互认的实验室标志，与电力安全工器具试验资质无关。

值得一提的是，目前电力行业中存在一种误解，认为持有电力设施承装（修、试）许可资质即可从事电力安全工器具的试验工作。2009 年 12 月 18 日，当时的国家电监会以电监会 28 号令发布了《承装（修、试）电力设施许可证管理办法》，旨在规范承揽各电压等级电力工程施工业务的基本资质条件，即电力工程施工企业必须取得电力设施承装（修、试）许可资质后方能承揽相关业务。电监会 28 号令在国家能源局成立后依然有效，并延用至今。但是，电监会 28 号令明确规定，该资质仅适用于输电、供电、受电的电力设施的承装（修、试），不得出具数据报告，不对产品质量进行任何评价。而电力安全工器具检测实验室则是依据国家相关标准和技术要求，通过严格规范的测试，取得相应的数据，经与相关标准比对判定被试产品是否符合标准要求，进而判定产品质量是否合格，同时将相关数据以检测报告的形式向社会公布，具有相应的法律效力。质检总局（现市场监管总局）资质与电监会（现国家能源局）资质之间具有本质的区别，前者强调的是对被试产品的质量认可，负责的是质量与性能，后者强调的是可承担工程的能力。因此，电力设施承装（修、试）许可资质不适用于电力安全工器具的试验工作。

8.2.2 实验室CMA认证

检验检测机构（如实验室）是一个依据相关标准、技术规范，利用仪器设备、环境设施等技术条件及专业技能，对产品或法律法规规定的特定对象进行检验检测的专业技术组织。

任何一个检验检测机构都必须是依法设立的法人和其他组织，其依法注册/登记的经营范围或业务范围中包括检验检测，但所经营范围或业务范围不得包括影响检验检测活动公正性的内容。

所谓其他组织包括：经工商登记注册的分公司、特殊普通合伙企业；经民政部门登记的民办非企业（法人）单位；经司法行政机关审核登记的司法鉴定机构等。

如某个检验检测机构是某机关或事业单位的内设机构，其自身不具备法人资格，则可由其归属的机关或事业单位的法人授权，申请检验检测机构资质认定。其对外出具的检验检测报告或证书的法律责任由其所在的法人单位承担，并予以明示。

企业内部检验检测机构的检测结果和检测报告如不对外，则不需要进行资质认定。

生产企业出资设立的具有法人资格的检验检测机构可以申请资质认定，但必须遵循检验检测机构客观、独立、公正、公开、诚实守信的相关从业规定。

（1）任何欲取得 CMA 资质认定的检验检测机构都必须满足以下认定要素，其中前 6 项是最基本的认定要素：

1）组织：依法成立并能够承担相应法律责任的机构或其他组织。

2）人员：具有与其从事检验检测活动相适应的检验检测技术人员和管理人员。

3）场所与环境：具有固定的工作场所，工作环境满足检验检测要求。

4）设备设施：具备从事检验检测活动所必备的检验检测设备设施。

5）管理体系：具有并能有效运行保证其检验检测活动独立、公正、科学、诚信的管理体系。

6）特殊领域：符合有关法律法规或标准、技术规范规定的特殊要求等。

7）组织要素方面，要有明确的机构地位与责任、内部组织结构清晰、明确机构的社会责任、秉持公正性和保密性的原则。

8）人员结构方面，对机构的所有人员必须提出基本的要求、明确机构最高管理者及其责任、明确机构的关键岗位、明确机构授权签字人、强化从业人员的能力确认和监督、编制详尽的培训计划并落实实施、详细记录机构的业务活动。

9）检验检测机构必须编制详尽的场所计划和具体要求，试验场所符合检验检测机构建设必备的环境条件与要求，具备为保证满足试验必备的环境条件而设置的环境控制措施，并能保证良好的运行、具有完备的内部控制系统和内务管理系统，保证机构正常有效的运转。

10）检验检测机构在设备设施方面必须满足申请检验检测机构资质内容所必备的基本条件（包括软、硬件），全套管理程序严谨、缜密、健全，所有量值记录清晰、备案完善、具备量值溯源功能，试验记录及操作制度严格并执行有力，具备完善的存储与查找功能，所有设备设施的异常、故障及其排除异常、修复设备故障等均有详尽的记录，严格计量测定，实行标准物质比对方法，遵循产品质量保证方法，确保试验数据的真实性、公正性。

在此基础上，建立完善的检验检测质量管理体系、技术控制与管理体系，据此方可向质检系统的资质认定部门申请相关资质认定，只有通过资质认定部门的严格审查和审核，并取得相应资质及证书，方能向社会出具最终检验检测试验的结果报告。

（2）CMA 资质认定办理流程见图 8–5。

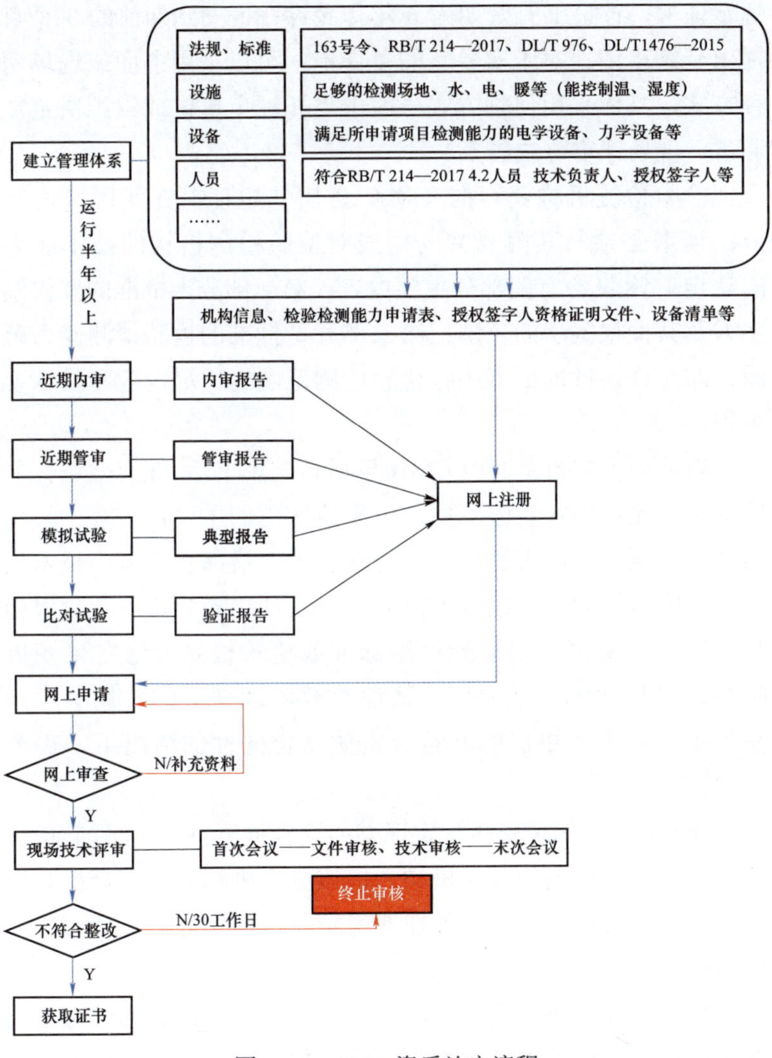

图 8–5　CMA 资质认定流程

（3）获得 CMA 资质认定后的基本效能如下。

检验检测机构在通过质检认监委评审后可获颁 CMA 资质认定证书，该证书有效期为 6 年，允许在证书到期前的 3 个月提出延续申请。对于实验室的复评审，可以采用书面或现场两种方式，具体采用何种方式一般由委托评审单位或组织决定。通常，现场评审方式居多。

检验检测机构获得的 CMA 资质认定证书在我国境内有效；证书必须与其附表共同构成对检验检测机构的技术能力的认定。附表含有两部分重要内容：第一部分为批准的授权签字人及其授权签字的范围；第二部分是批准的检验检测能力范围，即允许该批准证书进行检验检测范围的详尽内容和技术要求等。

当某一个实验室取得 CMA 资质认定证书后，在有效条件的情况下，允许进行有限变更。可申请变更的主要内容有：机构的名称、地址及法人性质；法定代表人、最高管理者、技术负责人、检验检测报告授权签字人；资质认定检验检测项目取消时必须进行变更；如检验检测标准或检验检测方法发生变更时必须进行认定认证变更；依法需要办理变更的其他事项；在扩项、重大变更影响其符合资质认定条件的情况下，需要申请评审。

（4）取得 CMA 资质认定证书的检验检测机构，允许其依法设立从事检验检测的分支机构，但该分支机构必须符合检验检测机构的资质认定条件，并在取得资质认定后方可从事相关的检验检测活动。

对于检验检测机构设立的分支机构，资质认定部门可以根据具体情况简化技术评审程序、缩短技术评审时间，以帮助其尽快进入检验检测的实际工作中。

（5）取得 CMA 资质认定证书的检验检测机构必须遵循以下基本从业规范：① 总体要求：遵守法律，客观独立，公平公正，诚实守信，恪守道德、社会责任；② 符合必需的独立性、客观性要求；③ 质量体系有效性和资质认定要求持续满足要求；④ 遵循数据和结果出具的相关规定；⑤ 满足人员从业、授权签字人要求；⑥ 严禁非法使用标志、证书；⑦ 严格执行检验检测报告标注标志的规定；⑧ 严格执行样品管理规定；⑨ 严格执行原始记录和报告的保存规定；⑩ 严格执行分包规定；⑪ 严格执行保密规定。

（6）取得 CMA 资质认定证书的检验检测机构必须遵循以下检测行为规范：① 必须在资质认定证书规定的能力范围内进行相关的检验检测工作；② 在进行相关检验检测工作时，必须严格执行资质认定证书批准使用的相关标准及技术规范；③ 所出具的检验检测报告涉及的数据和结果必须注明检验检测的标准、规范依据和相关法律依据；④ 检验检测报告用语必须使用认证委和国家相关规定的规范化用语；⑤ 出具检验检测报告的检测机构必须对其报告中所出具的数据与结果负责。

（7）检验检测机构的人员管理必须满足以下基本要求：① 凡是从事检验检测活动的人员，不得同时在两个及以上检验检测机构从业；② 检验检测机构的授权签字人仅允许在一家检验检测机构从业，且必须具备符合资质认定评审准则规定的能力与要求；③ 检验检测机构的非授权签字人不得签发检验检测报告。

（8）在检验检测机构向社会出具的具有证明作用的检验检测数据与结果的报告上，必须加盖检验检测专用章，同时标注资质认定标志，见图 8-6。

CMA
180021251806

№:DAZ2004109

检 测 报 告

产品名称：电容型验电器

委托单位：××××电气有限公司

检验类别：委托型式试验

电力工业电力安全工器具质量监督检验测试中心

(a)

电力工业电力安全工器具质量监督检验测试中心

检 测 报 告

报告编号：DAZ2004109　　第1页　共11页

产品名称	电容型验电器	检验类别	委托型式试验
型号规格	10kV，全回路自检，[illegible]型	样品状况	外观完好
委托单位	山东[illegible]电气有限公司	样品来源	送样
生产单位	××××电气有限公司	生产单位地址	山东省德州市庆云县滨德高速连接线以东、厚德路以北
检测地址	苏州市西环路1788号	送样者	刘洪建
检测依据	DL/T 740－2014《电容型验电器》	到样日期	2020年4月23日
检测项目	19项	样品数量	3组
样品编号	2002625	原始记录编号	YSJL2002625
检测日期	2020年7月3日至2020年7月13日		
检测结论	样品经检测，所测项目符合DL/T 740－2014《电容型验电器》标准规定的要求。（检验检测报告专用章）签发日期：2020[illegible]		
备注	报告试验项目中“——”表示该项不适用。		

主检：×××　复核：×××　审核：×××　批准：×××

(b)

图 8－6　标注资质认定标志的检验报告

（a）封面（资质页）；（b）检验报告（责任页）

（9）检验检测机构必须依据资质认定规定的要求加强试品样品的管理。

检验检测机构必须按照相关标准、技术规范及资质认定评审准则规定的要求，对所做检验检测的试品样品进行管理。

凡是委托送检的产品，其检验检测数据、结果仅仅证明送样试品所检验检测项目的数据及结果情况，而不代表送检单位的所有此类同批次、同型号规格的产品完全符合检验检测报告中提供的数据与结果。

客观地讲，样品管理是目前国家实验室普遍存在的薄弱环节，必须下大力气从源头上强化样品管理，以维护国家检验检测机构的权威性。

（10）在CMA资质认定评审中，对于分包问题的相关规定如下。

允许分包，但绝不能转包。这里的分包是指检验检测机构具备某一产品进行检测的部分能力，为了满足送检单位或企业的需求，允许检验检测机构将本机构不能检测的个别参数试验委托给具备资质认定资格的检验检测机构来完成检测。

允许分包的仅仅是个别参数，且个别参数必须是仪器设备使用频率低、价格昂贵及特种项目等三种情况。

在CMA资质认定评审中，原则上规定不允许因为未预知的原因（诸如工作量变化、仪器设备损坏、关键检测人员离职/休假）和持续性的原因（代理）进行分包，且必须对分包比例严加控制（在10%～20%之间），明确这不是指特定的定量比例，而只是一种定性的概念。另外，对于未经认可的项目不得进行分包，不允许分包自身有能力检测的项目。

在CMA资质认定评审准则中，对于分包仅有一些原则性的规定，而在实际评审时，各地方质检部门都有具体的规定，因此，必须与当地质检局沟通了解具体的分包相关要求。

对于承包方，则要求必须取得相应的资质认定，且有能力完成分包的检验检测任务。

含有分包项目内容的检验检测，在检验检测前必须征得委托方的书面同意，而承接检验检测任务的CMA资质认定检验检测机构必须保留委托方书面同意分包的文书及证据，以供备案和备查。

凡是有分包项目内容的检验检测报告，必须在报告中注明分包的情况，以避免误导或形成欺诈。

（11）取得CMA资质认定的检验检测机构必须随时接受监督检查。

国家市场监督管理总局（原国家质量监督检验检疫总局）下属的国家认证认可监督管理委员会（简称认监委），对于已经取得 CMA 资质认定的检验检测机构实行有效的监督检查。

通常，根据分级管理的要求，赋予县级及以上质检部门监管权限；实行分类监管的方式和对应的监管要求；提出能力验证要求；进行资质认定信息公开；对已经取得 CMA 资质认定的检验检测机构提出上报信息、自我声明等要求；颁发对已经取得 CMA 资质认定的检验检测机构的问询与告诫规定；执行对已经取得 CMA 资质认定的检验检测机构违规的机构注销规定；设置公开的对已经取得 CMA 资质认定的检验检测机构的举报规定等。

国家市场监管总局还根据不同情况，采取多种方式与方法进行监督检查，主要有自查、飞行检查、各省级组织专项检查、“在线检测”和其他监管措施五种。

要求质检系统各单位与 CMA 资质认定行业评审组对相应所属或辖区的检验检测机构进行 100%自查。凡未按规定如期进行自查的检验检测机构将被列入行为异常机构名单，并录入检验检测机构诚信档案，相关资质认定发证部门须按照《检验检测机构资质认定管理办法》的规定对其进行处理，并将其作为重点监督检查对象。

在组织全面自查的基础上，国家认监委还会采取双随机的方式对检验检测机构进行不预先通知的飞行检查。

各省市场监督管理厅也会根据监管需要和国家市场监管总局的要求另行组织开展对辖区内的资质认定进行专项检查工作，因地制宜确定检查对象、范围及检查检验检测机构的数量，同时鼓励创新监管模式，增大现场检查范围和突然性，不断提升监管效果。并将检查结果及时向国家认监委报告，国家认监委也将及时把各省级资质认定检查的情况给予通报。

近年来，国家认监委还对检验检测机构监管方式进行了创新，开展“在线检测”考核试点。具体做法是：委托专业技术机构以模拟客户委托检测的方式，委托相关检验检测机构进行检测；检测完成后，通过分析相关检测业务办理过程及检验检测报告的规范性，对不规范、不严谨乃至造假行为进行识别和查处，进一步规范检验检测市场。

国家认监委还在重点领域组织开展能力验证计划，要求取得国家认监委颁发资质认定证书并具备相关项目能力的检验检测机构必须参加。国家认监委还会同有关部门联合组织与开展对相关检验检测机构的专项检查。

国家认监委鼓励检验检测机构参加有关政府部门、国际组织、专业技术评价机构组织开展的检验检测机构能力验证或比对，以促进检验检测机构的能力提高与拓展。

这些管理手段和方法强化了监督与管理，也促使取得 CMA 资质认定证书的检验检测机构必须严格遵循相关法律法规及国家认监委的相关规定，保证依法依规开展工作。

（12）检验检测机构必须按照国家认监委规定的要求定期向资质认定部门上报包括持续符合资质认定条件和要求、遵守从业规范、开展检验检测活动等内容的年度报告，以及统计数据等相关信息。

检验检测机构必须在其官方网站或以其他公开方式，公布其遵守法律法规、独立公正从业、履行社会责任等情况的自我声明，并对声明的真实性负责。

（13）市场监管部门对 CMA 资质认定的监督管理还必须包含对负面行为的处罚规定。

负面行为包括：检验检测报告用语不规范，检测依据标注不准确，标志和检验检测专用章使用不规范等；人员聘用不规范，人事管理制度不佳；原始记录和报告管理不规范，出现档案缺失、错误或保存不当等问题；不规范实施分包；未依法办理实验室变更；未按规定参加能力验证、比对；未按时上报年报、统计数据；自我声明不真实可信；未自觉接受监督检查等。以上行为均属于取得 CMA 资质认定的检验检测机构的轻微违法，通常要求其在 1 个月内进行整改，对于未改正或改正仍不符合要求的，处罚 1 万元。处罚期间，检验检测机构仍可对外出具试验报告。

检验检测机构的如下行为：条件和能力不符合，仍擅自对外出具试验报告；超范围进行检验检测并擅自对外出具试验报告；试验报告数据、结构失真的、存在影响公正性行为；非授权签字人签发试验报告等，属于严重违法，要求其在 3 个月内进行整改，同时处罚 3 万元，且整改期间不得对外出具试验报告。

对于存在转让、出租、出借资质认定证书和标志的；伪造、变造、冒用、租借资质认定证书和标志的；使用已失效、撤销、注销的资质认定证书和标志的不合规检验检测机构，坚决责令其改正，并处 3 万元罚款。

对于不经检测即出具试验报告的；篡改数据出具试验报告的；停业整顿期间擅自对外出具试验报告的；停业整顿后仍不符合资质认定要求的；以欺骗、贿赂等非法方式取得 CMA 资质认定认证证书等几种严重违规违法的检验检测机构，处以撤销已发资质认定认证证书、3 年内不得再次申请的严肃处罚。

对于在申请资质认定时提供虚假材料或隐瞒有关情况的检验检测机构，资质认定部门不予受理申请或不予许可申请，并且对其处以在一年内不得再次申请资质认定的严重处罚。

《电力安全工器具预防性试验实验室》引用法律法规、标准规范索引

第一部分　法律法规

1.《中华人民共和国安全生产法》

2.《中华人民共和国计量法》

3.《中华人民共和国突发事件应对法》

4.《中华人民共和国标准化法》

5.《中华人民共和国产品质量法》

6.《用人单位劳动防护用品管理规范》

7.《计量法实施细则》

8.《生产安全事故应急条例》

9.《生产安全事故应急预案管理办法》

10.《中华人民共和国认证认可条例》

11.《实验室和检查机构资质认定管理办法》

12.《实验室资质认定评审准则》

13.《检验检测机构资质认定管理办法》

14.《关于实施〈检验检测机构资质认定管理办法〉的若干意见》

15.《承装（修、试）电力设施许可证管理办法》

第二部分　国家标准（按标准编号排序）

1. GB 12011—2009《足部防护　电绝缘鞋》

2. GB 13398—2008《带电作业用空心绝缘管、泡沫填充绝

缘管和实心绝缘棒》

3. GB 21146—2007《个体防护装备　职业鞋》

4. GB 24543—2009《坠落防护　安全绳》

5. GB 24544—2009《坠落防护　速差自控器》

6. GB 26859—2011《电力安全工作规程（电力线路部分）》

7. GB 26860—2011《电力安全工作规程（发电厂和变电站电气部分）》

8. GB 26861—2011《电力安全工作规程　高压试验室部分》

9. GB 2811—2019《头部防护　安全帽》

10. GB 2812—2006《安全帽测试方法》

11. GB 50011—2010《建筑抗震设计规范》

12. GB 50017—2017《钢结构设计标准》

13. GB 50205—2020《钢结构工程施工质量验收标准》

14. GB 50661—2011《钢结构焊接规范》

15. GB 6095—2009《安全带》

16. GB 6096—2009《安全带测试方法》

17. GB 7059—2007《便携式木折梯安全要求》

18. GB/T 12168—2006《带电作业用遮蔽罩》

19. GB/T 13035—2008《带电作业用绝缘绳索》

20. GB/T 16491—2008《电子式万能试验机》

21. GB/T 16826—2008《电液伺服万能试验机》

22. GB/T 16927.1—2011《高电压试验技术第 1 部分：一般定义及试验要求》

23. GB/T 17620—2008《带电作业用绝缘硬梯》

24. GB/T 17622—2008《带电作业用绝缘手套》

25. GB/T 17889.1—2012《梯子　第1部分：术语、型式和功能尺寸》

26. GB/T 17889.2—2012《梯子　第2部分：要求、试验和标志》

27. GB/T 20991—2007《个体防护装备　鞋的测试方法》

28. GB/T 21328—2007《纤维绳索　通用要求》

29. GB/T 23469—2009《坠落防护　连接器》

30. GB/T 24537—2009《坠落防护 带柔性导轨的自锁器》

31. GB/T 24538—2009《坠落防护 缓冲器》

32. GB 24542—2009《坠落防护 带刚性导轨的自锁器》

33. GB/T 2611—2007《试验机通用技术要求》

34. GB/T 3159—2008《液压式万能试验机》

35. GB/T 3608—2008《高处作业分级》

第三部分　行业标准（按标准编号排序）

1. AQ 6109—2012《坠落防护 登杆脚扣》

2. DL 408—91《电业安全工作规程（发电厂和变电所电气部分）》

3. DL 409—91《电业安全工作规程（电力线路部分）》

4. DL/T 779—2001《带电作业用绝缘绳索类工具》

5. DL/T 1082—2008《高压实验室技术条件》

6. DL/T 1147—2018《电力高处作业防坠器》

7. DL/T 1209.1—2013《变电站登高作业及防护器材技术要求 第1部分：抱杆梯、梯具、梯台及过桥》

8. DL/T 1209.2—2014《变电站登高作业及防护器材技术要求 第2部分：拆卸型检修平台》

9. DL/T 1209.3—2014《变电站登高作业及防护器材技术要

求　第 3 部分：升降型检修平台》

10. DL/T 1209.4—2014《变电站登高作业及防护器材技术要求　第 4 部分：复合材料快装脚手架》

11. DL/T 1475—2015《电力安全工器具配置与存放技术要求》

12. DL/T 1476—2015《电力安全工器具预防性试验规程》

13. DL/T 1659—2016《电力作业用软梯技术要求》

14. DL/T 740—2014《电容型验电器》

15. DL/T 803—2015《带电作业用绝缘毯》

16. DL/T 853—2015《带电作业用绝缘垫》

17. DL/T 880—2004《带电作业用导线软质遮蔽罩》

18. DL/T 879—2004《带电作业用便携式接地和接地短路装置》

19. DL/T 971—2017《带电作业用便携式核相仪》

20. DL/T 976—2017《带电作业工具、装置和设备预防性试验规程》

21. JJG 139—2014《拉力、压力和万能试验机检定规程》

22. JJG 475—2008《电子式万能试验机检定规程》

23. JGJ 82—2011《钢结构高强度螺栓连接技术规程》

第四部分　企业标准（按标准编号排序）

1. Q/GDW 162—2007《杆塔作业防坠落装置》

2. Q/GDW 1799.1—2013《国家电网公司电力安全工作规程（变电部分）》

3. Q/GDW 1799.2—2013《国家电网公司电力安全工作规程（线路部分）》

4. Q/CSG 510001—2015《中国南方电网有限责任公司电力安全工作规程》

5.《国家电网公司电力安全工作规程（配电部分）》（试行）

6.《电力安全工器具预防性试验规程（试行）》（国电发〔2002〕777号文）

参　考　文　献

［1］国家电网公司. 国家电网公司电力安全工器具管理规定［M］. 北京：中国电力出版社，2014.

［2］张劢，顾燕苏，许蔚，等. 电力安全工器具使用与管理［M］. 上海：上海科学技术文献出版社，2011.

［3］胡毅. 带电作业工具及安全工具试验方法［M］. 北京：中国电力出版社，2003.

［4］李瑞. 电力高处作业防坠落技术（第二版）［M］. 北京：中国电力出版社，2008.

［5］宋美清，陈连明.电力安全工器具使用与管理［M］. 北京：中国电力出版社，2015.

［6］李金雄. 携带型短路接地线应用技术［M］. 北京：中国电力出版社，2008.

［7］陈良，余虹云，方旭初，等. 电力作业个人防护器具实用技术问答［M］. 北京：中国电力出版社，2009.

［8］徐登伟. 电力安全工器具管理与使用问答［M］. 北京：中国电力出版社，2016.

［9］山西省电力公司. 电气安全工器具［M］. 北京：中国电力出版社，2001.

［10］福建省电力公司. 常用安全工器具的使用与维护［CD］. 北京：中国电力出版社，2009.